黄河中下游洪水泥沙分类管理研究

刘继祥　刘红珍　付　健　李保国　李荣容　等著

黄河水利出版社
·郑州·

内 容 提 要

本书以适应当前黄河防洪形势、更科学地治理和管理黄河洪水为背景,在充分吸收以往研究成果的基础上,采用理论探讨、实测资料分析、数学模型计算等多种研究手段,分析黄河中下游洪水泥沙分类分级的定量指标,提出不同类型、不同量级的洪水泥沙管理模式和控制指标。

本书可作为治黄科技人员、相关专业大专院校学生及研究人员的参考用书。

图书在版编目(CIP)数据

黄河中下游洪水泥沙分类管理研究/刘继祥等著. —郑州:黄河水利出版社,2020.6
ISBN 978 - 7 - 5509 - 1268 - 7

Ⅰ.①黄…　Ⅱ.①刘…　Ⅲ.①黄河 - 中游 - 河流泥沙 - 治理 - 研究②黄河 - 下游 - 河流泥沙 - 治理 - 研究
Ⅳ.①TV152

中国版本图书馆 CIP 数据核字(2015)第 250243 号

组稿编辑:王路平　 电话:0371-66022212　 E-mail:hhslwlp@ 126. com

出 版 社:黄河水利出版社　　　　　　　　　　　网址:www. yrcp. com
　　　　　地址:河南省郑州市顺河路黄委会综合楼 14 层　邮政编码:450003
发行单位:黄河水利出版社
　　　　　发行部电话:0371 - 66026940、66020550、66028024、66022620(传真)
　　　　　E-mail:hhslcbs@ 126. com
承印单位:河南新华印刷集团有限公司
开本:787 mm ×1 092 mm　1/16
印张:13
字数:300 千字
版次:2020 年 6 月第 1 版　　　　　　　印次:2020 年 6 月第 1 次印刷

定价:70. 00 元

前　言

　　黄河是中华民族的母亲河,也是闻名世界的多泥沙河流。黄河水旱灾害严重,暴雨洪水和冰凌洪水灾害上、中、下游均有发生,其中,下游洪水灾害尤为严重,频繁的洪水决口泛滥和河流改道给两岸人民带来深重的灾难,历史上被称为"中华之忧患"。

　　黄河防洪,历史悠久。从传说中的夏禹治河开始,到现在已有四千多年历史。中华人民共和国成立以来,先后四次对下游两岸临黄大堤进行了加高培厚,并开辟了东平湖、北金堤等滞洪区,修建了三门峡、小浪底、陆浑、故县等水库,初步形成了"上拦下排、两岸分滞"的防洪工程体系。同时,水情测报、通信和人防等非工程防护体系建设也在不断完善。依靠这些措施,黄河防洪减灾工作取得了巨大的成就,彻底扭转了黄河下游大堤经常决口的险恶局面,保障了黄淮海平原的安全。作为黄河中下游防洪工程体系中的核心工程,小浪底水库自运用以来,在防洪(防凌)、减淤、供水、灌溉、发电等方面发挥了巨大作用。以小浪底水库为主的调水调沙运用,更是通过主动塑造协调的水沙关系,冲刷下游河道,使下游中水河槽过流能力逐渐恢复,为黄河洪水泥沙管理奠定了良好的基础。

　　随着经济社会的快速发展、河流水沙情势和气候的变化,以及新时期治水思路的转变,深入研究黄河中下游洪水泥沙分类管理模式具有十分重大的理论与现实意义。

　　本书是在总结水利部公益性行业科研专项"黄河中下游洪水泥沙分类管理及效果评价"(200901017)项目研究成果基础上形成的。该项目由黄河勘测规划设计研究院有限公司承担,黄河水利科学研究院协作完成。项目研究提出了黄河中下游洪水泥沙分类方式、分级指标,洪水泥沙调控的技术手段,不同类型、不同量级洪水的洪水泥沙分类管理模式等,评价了洪水泥沙分类管理模式的短期、长期效果及风险。项目研究成果深化、丰富了对黄河中下游洪水泥沙特性的认识,推动了水沙演进技术与洪水泥沙调控技术的深度融合,为协调黄河下游防洪与减淤关系、实现洪水泥沙精细调度提供了技术支撑。参加研究的有黄河勘测规划设计研究院有限公司的刘继祥、刘红珍、付健、李保国、李荣容、张建、钱胜、靖娟、许明一、崔鹏、廖晓芳、万占伟、宋伟华、王鹏、钱裕、仝亮等,黄河水利科学研究院的董其华、赵连军、顾霜妹、曹永涛、李军华、吴国英、任艳粉、刘杰、刘燕等。在研究过程中,全体研究人员密切配合,相互支持,圆满地完成了研究任务。在此对大家的辛苦劳动、大力支持表示诚挚的感谢!

　　本书共分9章:第1章绪论,介绍项目研究背景,国内外研究现状及技术路线;第2章介绍黄河中下游流域概况,分析黄河中下游暴雨、洪水、泥沙特性;第3章介绍近期黄河中下游防洪工程和非工程措施,分析总结近期洪水泥沙调度情况及特点,提出黄河下游现状防洪存在的问题;第4章结合以往研究成果,研究洪水泥沙分类方式、分级指标,分析不同类型洪水泥沙特点;第5章介绍黄河中下游防洪工程体系联合调度模型,探讨浑水调洪计算的关键技术;第6章研究黄河下游防洪保护区、滩区及河道的防洪减淤要求,提出不同类型、不同量级洪水的洪水泥沙分类管理模式和调控指标;第7章分析不同洪水泥沙调控模式对黄河下游洪水的调控作用、对小浪底水库拦沙库容使用年限和保持长期有效库容的影响、对黄河下游河道的冲淤演变及中水河槽维持的效应等;第 8 章推荐提出洪水泥沙分类管理模式;第 9 章总结本书研究的主要结论。

本书第 1 章由刘继祥、刘红珍撰写;第 2 章由李保国、李荣容撰写;第 3 章由刘红珍撰写;第 4 章由李保国、张建撰写;第 5 章由李荣容、付健撰写;第 6 章由李荣容、付健、钱胜撰写;第 7 章由刘红珍、付健、李荣容、张建撰写;第 8 章由李荣容撰写;第 9 章由刘继祥撰写。全书由刘继祥、刘红珍、付健、李保国、李荣容统稿。

本书的编写得到了黄河水利委员会原副总工李文家、黄河水利委员会水旱灾害防御局张素平处长、黄河水利委员会科学技术委员会教授级高工李世滢,以及黄河勘测规划设计研究院有限公司翟才旺、安催花、李海荣、张志红、张厚军等多位领导、专家的指导,向所有支持本书出版的单位及个人一并表示感谢!

由于黄河洪水泥沙管理工作涉及范围广、问题复杂,作者水平有限,书中难免存在谬误和不妥之处,欢迎读者批评指正。

作者

2019 年 9 月

目　录

第 1 章 绪 论

1.1 研究背景

黄河是一条多泥沙、多灾害河流。"水少沙多、水沙关系不协调"的自然特性,造成黄河下游持续淤积抬高,使河道高悬于两岸黄淮海平原之上,成为举世闻名的"地上悬河"。

黄河特殊的河情决定了治黄工作的长期性、艰巨性和复杂性,且随着经济社会的快速发展、河流水沙情势和气候的变化,以及新时期治水思路的转变,黄河中下游现有的洪水泥沙管理方式已不能完全满足当前的防洪需求。具体表现在以下几个方面:

第一,受气候变化、上游大型水库和中游水利水保工程等人类活动的共同影响,黄河中下游洪水发生了较大变化,主要表现为洪水量级减小、频次减少。另外,自 20 世纪 90 年代以来,黄河下游河道主槽过流能力减小、"二级悬河"形势严峻,黄河上中游干流河段泥沙淤积、河道排洪能力降低,黄河流域的防洪条件和防洪形势也都发生了巨大变化。同时,随着黄河水沙调控体系、下游防洪工程体系的逐步完善,以及科学技术的发展为黄河防洪非工程措施和管理水平带来的提高,现有的洪水调度方案已不能适应当前的防洪形势。

第二,目前黄河下游系按花园口 22 000 m^3/s 洪水设防,考虑河道的滞洪削峰作用和东平湖滞洪区的分洪作用,艾山至渔洼河段设防流量为 11 000 m^3/s。三门峡、小浪底、陆浑、故县四座水库联合运用使黄河下游能够防御花园口 22 000 m^3/s 洪水,设计防洪方式中对设计 5 年一遇洪水的控制流量为 8 000 m^3/s。近期在制订黄河中下游洪水调度方案时,结合黄河中下游洪水变化特性及下游滩区防洪要求,利用小浪底水库初期库容较大的特点,对预报花园口流量小于 8 000 m^3/s 的洪水,按不大于下游平滩流量运用。该调度方式贴近实际,有效减少了下游滩区淹没损失。但是,黄河是多泥沙河流,水库和河道泥沙淤积严重。小浪底水库的拦沙库容宝贵且有限,若对常遇量级洪水按照控制不超过下游平滩流量运用,水库的拦沙库容将很快淤满,影响大洪水的防洪运用;如果按照设计防洪方式,对常遇量级洪水不进行保滩运用,下游滩区的洪水淹没损失巨大。因此,对常遇量级洪水泥沙的管理问题已经是制约黄河下游防洪的瓶颈。

第三,目前对黄河流域洪水泥沙管理的研究多侧重于伏秋大汛洪水,现行调度方案没有针对黄河中下游洪水泥沙进行具体分类及有针对性的管理,洪水特点的多样性与洪水泥沙管理模式的有限性、调度方案的可操作性要求(简单、明确、易行)与实际调度情况的复杂性存在一定程度上的矛盾。究其原因,一方面是受资料和样本系列代表性、预报技术水平的约束;另一方面,调度方式的制定是通过对大量个性鲜明的洪水过程和不同时期独具特色的防洪边界条件进行统计、概化、提炼得到的,它往往是针对设计条件最优的调度方式。然而,近年来随着人民对防洪安全要求的不断提高、洪水资源化呼声的日益高涨,以及科学技术的发展为洪水泥沙管理水平带来的提升,多目标个性化的管理模式将成为今后洪水泥沙管理研究的方向之一。因此,有必要开展洪水泥沙分类管理研究,提出适应不同特性的洪水和不同时期边界条件的管理模式,为黄河洪水泥沙调度提供理论依据。

第四,近几十年黄河洪水泥沙管理的理念发生根本转变。"十六大"以来,党中央相继提出了"坚持以人为本,树立全面、协调、可持续发展"的科学发展观,建设社会主义和谐社会、构建资源节约型和环境友好型社会的战略部署;水利部党组提出了从传统水利向现代水利、可持续发展水利转变的治水新思路;黄委党组以科学发展观和水利部治水新思路为指导,研究提出了"维持黄河健康生命"的治河新理念和新的治河体系。因此,在制定洪水泥沙管理模式的过程中,必须坚决贯彻科学发展观、治水新思路和维持黄河健康生命的治河理念,由过去单纯的控制洪水,向管理洪水转变。

第五,经济社会的发展对洪水管理提出了新的更高要求。随着经济社会的快速发展,洪水灾害造成的损失增大;人民生活水平的提高使下游滩区群众防洪保安全的呼声越来越高,各地区、各部门对防洪保障体系的要求提高。这对现阶段洪水泥沙的管理提出了新的更高要求。

以"维持黄河健康生命"为根本,对黄河中下游不同特性洪水泥沙进行分类管理,实现在防洪的同时兼顾洪水资源化、在保证下游防洪安全的同时减少水库淤积并延长水库寿命的目的,对目前黄河中下游水库群的调度具有指导作用,具有广阔的推广应用前景,对今后治黄科技发展也有促进作用。

1.2　　国内外研究现状

人与自然和谐与可持续发展,是国际上洪水管理追求的共同目标,不同国家的国情不同,所选择的洪水管理模式差异很大。美国是世界上最早倡导洪水管理的国家。美国的防洪事务早先以陆军工程兵团兴建防洪工程为主,其后增设的紧急事务管理署(FEMA)又加强了对洪泛区的管理,形成了工程措施与非工程措施并举的洪水管理模式。日本的洪水,具有源短流急、暴涨暴落的特点。为保障防洪安全,日本选择了建设高标准防洪工程体系辅以应急管理体制的模式,强调完善的防洪工程体系是人与自然和谐的基础,百折不挠、重建家园是人与洪水共存的体现。我国的基本国情决定了我们只能选择有风险的洪水管理模式,即在深入细致地把握我国各流域水系洪水风险特性与演变趋向的基础上,因地制宜,将工程与非工程措施有机地结合起来,以非工程措施来推动更加有利于全局与长远利益的工程措施,辅以风险分担与风险补偿政策,形成与洪水共存的治水方略。

长期以来,黄河水少沙多、水沙关系不协调问题一直困扰着治黄决策者和泥沙工作者。要解决黄河存在的问题,除分流量级调度洪水外,也必须分泥沙量级调度管理洪水,尽可能对黄河的泥沙进行有效处理。

在黄河流域暴雨洪水方面,国内多家单位进行过大量研究,研究多集中于大洪水,洪水系列多针对天然系列,洪水场次多为典型年洪水。对于中小洪水,在《黄河中常洪水变化研究》中进行过较为深入的研究,提出了现状工程条件下潼关站的洪水特性及中小设计洪水值。对于洪水调度中花园口站洪水量级划分,在《黄河中下游近期洪水调度方案》

及有关年度洪水调度方案中,划分的量级为 4 000 m^3/s 以下、4 000 ~ 8 000 m^3/s、8 000 ~ 10 000 m^3/s、10 000 ~ 22 000 m^3/s 和 22 000 m^3/s 以上。

在黄河流域泥沙问题上,对于水库调度运用所关心的高含沙洪水的定义和划分,国内学者都有大量的研究。目前,在一般含沙量和高含沙量的分类问题上,形成了较为一致的认识。张瑞瑾等在河流泥沙动力学领域,以流体特性与挟沙能力的变化为判别,结果表明,对黄河中下游干流而言,当水流含沙量为 200 ~ 300 kg/m^3 时,水流即属于宾汉流体,便可成为高含沙水流;而齐璞从泥沙存在对水流结构,流速在垂线上的分布特性上分析,判定黄河水流含沙量 200 kg/m^3 左右的时候,泥沙输送最为困难;赵文林对渭河高含沙洪水的输沙特性研究表明,平均含沙量 100 ~ 200 kg/m^3 的洪水,较含沙量大于 200 kg/m^3 的高含沙洪水,与含沙量小于 100 kg/m^3 的低含沙洪水所需的不淤流量都大,也说明含沙量在 200 kg/m^3 左右,输送最困难;万兆惠收集的黄河干支流及渠道挟沙水流资料,考虑水流中含沙量的增加,引起流体的黏性大幅度增大和容重增加对输沙影响,挟沙力值随着含沙量的增加而增加,含沙量大于 200 kg/m^3 后,挟沙水流的挟沙力反而减小,研究结果也说明含沙在 200 kg/m^3 左右时输送最困难。在不少的学者研究当中,也曾经用 300 kg/m^3 甚至 400 kg/m^3 来判定高含沙洪水,这些判定往往没有从高含沙机制上去解释,仅仅是为了统计分析需要。

在洪水管理方面,1985 年国务院批复的《黄河防御特大洪水方案》,针对黄河下游不同量级特大洪水给出了三门峡水库、陆浑水库,以及下游分洪区、滞洪区的具体安排,它在此后的黄河中下游防洪调度中起到了重要的指导作用。2005 年国家防总批复的《黄河中下游近期洪水调度方案》,结合防洪工程体系现状、贴近实际,提出对于潼关含沙量超过 200 kg/m^3 且预报花园口流量小于 8 000 m^3/s 的高含沙洪水,小浪底水利根据入库流量按维持库水位或敞泄的方式运用;对预报花园口流量小于 8 000 m^3/s 的一般含沙量洪水,水库按不大于下游平滩流量运用,在维持水库长期有效库容的前提下,大大减少了下游滩区淹没损失。2006 年通过水利部审查的《黄河下游长远防洪形势和对策研究》,全面、系统地研究了小浪底水库运用后黄河下游的洪水、泥沙、河道演变、现状河防工程等防洪形势和防洪减淤工程布局、水沙调控体系、下游河防工程等对策,提出了小浪底水库初期防洪运用阶段划分和防洪运用方式,进一步研究了小浪底水利枢纽建成后蓄滞洪区的调整方案。2011 年通过水利部审查的《黄河下游滩区综合治理规划》提出了滩区治理方案、"二级悬河"治理方案、安全建设方案、生产堤的处理对策及工程管理、非工程措施意见;研究提出了滩区补偿政策及适应滩区行滞洪特点的经济发展建议。在泥沙管理方面,20世纪 70 年代末,已故治河泥沙专家方宗岱提出利用黄河高含沙水流伪一相流及非牛顿流体特性,通过渠道将泥沙输送入海,当时引起强烈反响,这不能不说是治黄史上一个有开创性的见解。十几年以后,一些从事黄河泥沙研究的专家又论证了高含沙水流能够塑造出窄深的河流断面,进而使河道输沙能力大大提高,甚至能将含沙量高达 800 kg/m^3 的水流通过河道排沙入海,这些方面引起了有关领导的重视。"八五"国家重点科技攻关项目"黄河治理与水资源开发利用",其研究成果进一步深化了对黄河水沙条件和河道演变特点的认识,扩展了小浪底水库运用方式研究的思路;其后的"八五"攻关"小浪底水库初期防洪减淤运用关键技术研究"专题以小浪底水库初期防洪减淤关键技术问题为攻关目标,对小浪底水库初期运用入库水沙预测、小浪底水库初期调水调沙运用减轻下游河道淤积关键技术、小浪底水库初期运用对下游河道演变的影响和对策、小浪底水库初期调水调沙运用库区及下游河道的泥沙动床模型试验、小浪底水库初期运用条件下以防洪减淤运用为中心的综合利用调度方式等内容进行了系统研究。2013 年通过水利部审查的《黄河水沙调控体系建设规划》以实现黄河长治久安为根本,以改善黄河水沙关系不协调为核心,从战略高度对黄河水沙调控体系建设进行了全面规划,近远期目标结合、工程措施和非工程措施结合,提出了黄河水沙调控体系的建设方案,研究了水沙调控体系联合调度运用目标、原则及运用方式,为黄河流域防洪保安、实现水资源的有效和可持续利用创造了条件。

近年来提出的"维持黄河健康生命"治河理念,其初步理论框架为:"维持黄河健康生命"是黄河治理的终极目标,"堤防不决口,河道不断流,污染不超标,河床不抬高"是体现其终极目标的四个主要标志。对于黄河下游的洪水泥沙管理来讲,维持黄河健康生命的内涵具体可描述为:利用中游水库群的水沙联合调度塑造协调的水沙关系,恢复、维持下游主槽过流能力;利用人工、自然的措施逐步缓解"二级悬河"严峻形势,调整滩槽洪水期分流比,减少"横河、斜河、滚河、顺堤行洪"概率,确保黄河安澜;将具有典型滞洪沉沙功能的黄河下游滩区纳入蓄滞洪区管理,滩区享受国家蓄滞洪区补偿政策,从政策层面上构筑人、河、沙和谐的管理环境,以使洪水泥沙管理能够实施和延续。

小浪底水库是解决黄河下游防洪减淤等问题不可替代的关键工程,在以"维持黄河健康生命"为目标的治黄实践中具有极其重要的地位,其运用方式对黄河的治理产生重大影响。为有效地对黄河洪水泥沙进行管理,2004 年水利部批复了《小浪底水利枢纽拦沙初期运用调度规程》,2009 年水利部批复了《小浪底水利枢纽拦沙后期(第一阶段)运行调度规程》,为小浪底水库调度提供了指导。在中游水库群联合调度方面,已有研究主要考虑三门峡、小浪底、陆浑、故县四水库联合调度,建立了三门峡、小浪底、陆浑、故县四水库联合防洪调度模型和水库泥沙水动力学数学模型。在《沁河河口村水库枢纽初步设计》中,曾进行过河口村水库加入后五库联合调度计算,但研究偏重于河口村水库运用方式分析,其他水库运用方式仍采用小浪底水库初步设计中拟定的方式。在以小浪底水库为主的调水调沙运用方面,调水调沙技术运用实现了治河观念上的突破,转变了一直以来与河底赛跑加高堤防的被动方式,通过主动塑造协调的水沙关系冲刷、恢复中水河槽,降低河床高程,实现了洪水位的降低,这在治黄史上是第一次。调水调沙的一些基础模式和指标、研究方法也通过调水调沙试验和实践得到了检验,水库泥沙调控技术、多库联调技术等得到了丰富和发展,深化了对水库泥沙及河道泥沙输移规律的认识,所有这些都为今后黄河治理开发奠定了很好的基础。

1.3　技术路线

以水文学、泥沙运动力学、河床演变学等理论为基础,充分总结和合理利用以往研究成果,突出课题的理论和技术研究重点,加强调查研究,采用理论探讨、实测资料分析、数学模型计算、实体模型试验等多种研究手段进行研究,相互印证。

首先，研究洪水泥沙分类分级指标。根据黄河中游暴雨、洪水、泥沙特性及变化趋势，结合已有研究成果，并综合考虑黄河中下游防洪工程体系现状及下游防洪减淤要求，研究洪水泥沙的分类分级指标。根据确定的分类分级指标，选取或生成典型洪水泥沙过程。

其次，研究洪水泥沙分类管理模式。分析水库和下游各种防洪减淤要求，提炼洪水泥沙调控的约束条件；分析防洪工程体系实际调度特点和对洪水泥沙的调控能力；完善水库洪水泥沙调控模型；拟定不同类型洪水泥沙调控模式，根据不同类型场次洪水样本和水沙代表系列，分析各种模式对洪水的调控作用、对小浪底水库库区河床演变的影响，以及下游河道冲淤响应。根据中游水库、下游河道滩区防洪减淤等多目标要求，确定黄河中下游洪水泥沙分类管理模式。这部分是本书的研究重点。

最后，评价管理模式的效果。根据不同类型场次洪水样本和水沙代表系列，评价推荐管理模式下水库、下游河道滩区防洪减淤的效益，包括对减小滩区淹没概率和淹没损失、对水库和下游河道的冲淤、对黄河下游防洪保护区的防洪效果等。

第2章 黄河中下游流域概况及洪水泥沙特性

2.1 黄河中下游流域概况

2.1.1 自然地理条件

黄河是我国的第二大河,发源于青藏高原巴颜喀拉山北麓海拔4 500 m的约古宗列盆地,流经青海、四川、甘肃、宁夏、内蒙古、陕西、山西、河南、山东等9省(区),在山东省垦利县注入渤海。干流河道全长5 464 km,流域面积79.5万 km²(包括内流区4.2万 km²)。黄河流域位于东经95°53′~119°05′,北纬32°10′~41°50′之间,西起巴颜喀拉山,东临渤海,北抵阴山,南达秦岭,横跨青藏高原、内蒙古高原、黄土高原和华北平原等四个地貌单元,地势西部高,东部低,由西向东逐级下降。

黄河水系的特点是干流弯曲多变、支流分布不均、河床纵比降较大。流域面积大于1 000 km²的一级支流共76条。其中流域面积大于1万 km²或入黄泥沙大于0.5亿 t的一级支流有13条。上游有5条,其中湟水、洮河天然来水量分别为48.76亿 m³、48.25亿 m³,是上游径流的主要来源区;中游有7条,其中渭河是黄河最大的一条支流,天然径流量、沙量分别为92.50亿 m³、4.43亿 t,是中游径流、泥沙的主要来源区;下游有1条,为大汶河。根据水沙特性和地形、地质条件,黄河中下游干流共分为7个河段,各河段特征值见表2-1。

表2-1 黄河中下游干流各河段特征值表

河段	起讫地点	流域面积(km²)	河长(km)	落差(m)	比降(‰)	汇入支流(条)
中游	河口镇至桃花峪	343 751	1 206.4	890.4	7.4	30
	1.河口镇至禹门口	111 591	725.1	607.3	8.4	21
	2.禹门口至小浪底	196 598	368.0	253.1	6.9	7
	3.小浪底至桃花峪	35 562	113.3	30.0	2.6	2
下游	桃花峪至河口	22 726	785.6	93.6	1.2	3
	1.桃花峪至高村	4 429	206.5	37.3	1.8	1
	2.高村至陶城铺	6 099	165.4	19.8	1.2	1
	3.陶城铺至宁海	11 694	321.7	29.0	0.9	1
	4.宁海至河口	504	92.0	7.5	0.8	

注:1.汇入支流是指流域面积在1 000 km²以上的一级支流;
　　2.落差以约古宗列盆地上口为起点计算。

河口镇至河南郑州桃花峪为黄河中游,干流河道长 1 206 km,流域面积 34.4 万 km²,汇入的较大支流有 30 条。河段内绝大部分支流地处黄土高原地区,暴雨集中,水土流失十分严重,是黄河洪水和泥沙的主要来源区。河口镇至禹门口河段(也称北干流)是黄河干流上最长的一段连续峡谷,水力资源较丰富,峡谷下段有著名的壶口瀑布,深槽宽仅30～50 m,枯水水面落差约 18 m,气势宏伟壮观。禹门口至潼关河段(也称小北干流),黄河流经汾渭地堑,河谷展宽,河长约 130 km,河道宽浅散乱,冲淤变化剧烈,河段内有汾河、渭河两大支流相继汇入。潼关至小浪底河段,河长约 240 km,是黄河干流的最后一段峡谷;小浪底以下河谷逐渐展宽,是黄河由山区进入平原的过渡河段。

桃花峪以下至入海口为黄河下游,流域面积 2.3 万 km²,汇入的较大支流只有 3 条。现状河床高出背河地面 4～6 m,比两岸平原高出更多,成为淮河和海河流域的分水岭,是举世闻名的"地上悬河"。从桃花峪至河口,除南岸东平湖至济南区间为低山丘陵外,其余全靠堤防挡水,历史上堤防决口频繁,目前悬河、洪水依然严重威胁黄淮海平原地区的安全,是中华民族的心腹之患。

黄河流域东临渤海,西居内陆,位于我国北中部,属大陆性气候,各地气候条件差异明显,东南部基本属半湿润气候,中部属半干旱气候,西北部为干旱气候。流域年平均气温6.4 ℃,由南向北、由东向西递减。近 20 年来,随着全球气温变暖,黄河流域的气温也升高了 1 ℃左右。降水量总的趋势是由东南向西北递减,降水最多的是流域东南部湿润、半湿润地区,如秦岭、伏牛山及泰山一带年降水量超过 800 mm;降水量最少的是流域北部的干旱地区。流域降水量的年内分配极不均匀,连续最大 4 个月降水量占年降水量的68.3%。流域降水量年际变化悬殊,湿润区与半湿润区最大与最小年降水量的比值大都在3 倍以上,干旱、半干旱区最大与最小年降水量的比值一般在 2.5～7.5。根据黄河流域1 204 个站的实测降水资料统计,黄河流域 1956～2010 年多年平均降水量 455.6 mm。

表 2-2 为黄河流域及各河段 1956～2010 年不同时段的年降水量计算成果,可见1956～2010 年流域多年平均年降水量为 455.6 mm,1956～2000 年为 456.9 mm,2001～2010 年为 450.0 mm。2001～2010 年均值与 1956～2000 年相比变化不大,仅偏少 1.5%。

表 2-2　黄河流域及各河段 1956～2010 年不同时段降水量统计表　　（单位:mm)

时段	唐乃亥以上	唐乃亥—兰州	兰州—河口镇	河口镇—龙门	龙门—三门峡	三门峡—花园口	花园口以下	全流域
1956～1960 年	461.3	477.4	276.5	487.5	562.3	703.1	670.9	472.3
1961～1970 年	489.7	493.8	277.2	465.7	584.4	693.8	692.7	481.9
1971～1980 年	487.9	474.9	257.1	421.6	527.8	646.9	652.5	450.2
1981～1990 年	501.1	489.1	251.9	431.2	558.8	671.1	592.4	461.9
1991～2000 年	477.1	458.5	253.5	388.6	479.6	604.3	641.9	425.8
2001～2010 年	487.6	478.9	235.8	438.1	531.1	651.3	666.1	450.0
1956～2000 年	485.9	478.9	261.8	433.5	540.4	659.5	647.8	456.9
1956～2010 年	486.2	478.9	257.1	434.3	538.7	658.0	651.1	455.6

黄河流域水面蒸发量随气温、地形、地理位置等变化较大。兰州以上气温较低,平均

水面蒸发量 790 mm;兰州至河口镇区间,气候干燥、降雨量少,多沙漠干旱草原,平均水面蒸发量 1 360 mm;河口镇至花园口区间平均水面蒸发量约 1 070 mm;花园口以下平均水面蒸发量 990 mm。

2.1.2 经济社会概况

黄河中下游涉及内蒙古、陕西、山西、河南和山东等多个省(区)。据 2007 年统计,黄河中下游总人口 8 722 万人,城镇化率约 38.1%,人口密度为 238 人/km²。流域人口分布见表 2-3。

表 2-3 黄河中下游 2007 年人口分布表

河段	人口(万人)			城镇化率(%)	人口密度(人/km²)
	总人口	城镇人口	农村人口		
河口镇至龙门	871.00	265.03	605.98	30.4	78
龙门至三门峡	5 119.48	2 066.34	3 053.14	40.4	268
三门峡至花园口	1 340.27	529.66	810.61	39.5	319
花园口以下	1 391.90	463.68	928.22	33.3	633
中下游流域	8 722.65	3 324.71	5 397.95	38.1	238
黄河全流域	11 368.23	4 543.27	6 824.96	40.0	143

黄河流域大部分位于我国中西部地区,由于历史、自然条件等原因,经济社会发展相对滞后,与东部地区相比存在着明显的差距。近年来,随着西部大开发、中部崛起等战略的实施,国家经济政策向中西部倾斜,黄河流域经济社会得到快速发展。

黄河流域及相关地区农业在全国具有重要地位。小麦、棉花、油料、烟叶、畜牧等主要农牧产品在全国占有重要地位。中游汾渭盆地、下游防洪保护区范围内的黄淮海平原,是我国主要的农业生产基地之一。黄河下游流域外引黄灌区横跨黄淮海平原,目前已建成万亩以上引黄灌区 85 处,其中 30 万亩以上大型灌区 34 处,耕地面积 5 990 万亩,农田有效灌溉面积约 3 300 万亩,受益人口约 4 898 万人,是我国重要的粮棉油生产基地。

中华人民共和国成立以来,依托丰富的煤炭、电力、石油和天然气等能源资源及有色金属矿产资源,流域内建成了一大批能源和重化工基地、钢铁生产基地、铝业生产基地、机械制造和冶金工业基地,初步形成了工业门类比较齐全的格局,为流域经济的进一步发展奠定了基础。能源、原材料行业是黄河流域各省(区)国民经济发展的主力行业,且其在全国的地位也相当重要。

20 世纪 80 年代以来,流域第三产业发展迅速,特别是交通运输、旅游、服务业等发展速度较快,成为推动第三产业快速发展的重要组成部分。

随着国家推进西部大开发、促进中部崛起等发展战略的实施,黄河流域近年来经济增长速度高于全国平均水平,工业发展保持快速增长,尤其是能源、原材料工业的发展更加突出。今后随着能源基地开发、西气东输、西电东送等重大战略工程的建设,预计在未来相当长一段时期内,黄河流域特别是上中游地区发展进程将明显加快,经济社会仍将以高于全国平均水平的速度持续发展。

2.1.3　下游河道及滩区概况

黄河下游为强烈堆积的冲积河流,横贯于华北大平原之上。黄河北岸自沁河口以下、南岸自郑州铁路桥以下,除东平湖以下至济南为山岭外,两岸都建有大堤。由于大量泥沙淤积,河床逐年抬高,现状河床一般高出背河地面 4～6 m,局部河段高出背河地面 10 m 左右,比两岸平原高出更多,成为淮河和海河的分水岭,是举世闻名的悬河。行洪时,势如高屋建瓴,对黄淮海平原的威胁巨大,历史上黄河下游的堤防也决口频繁,是中华民族的心腹之患。

黄河下游河道具有上宽下窄、上陡下缓、平面摆动大、纵向冲淤剧烈等特点。按河道特性划分,高村以上为游荡性河段,河长 207 km,堤距一般 10 km 左右,最宽处有 24 km,河槽宽一般 3～5 km,河道泥沙冲淤变化剧烈,河势游荡多变,历史上洪水灾害非常严重,重大改道都发生在本河段,现状两岸堤防保护面积广大,是黄河下游防洪的重要河段。高村至陶城铺为过渡性河段,河道长 165 km,堤距一般在 5 km 以上,河槽宽 1～2 km。陶城铺以下为弯曲性河段,陶城铺至宁海段,河道长 322 km,堤距一般 1～3 km,河槽宽 0.4～1.2 km。宁海以下为河口段,河道长 92 km,随着入海口的淤积—延伸—摆动,入海流路相应改道变迁,摆动范围北起徒骇河口,南至支脉沟口,扇形面积约 6 000 km²。现状入海流路是 1976 年人工改道清水沟后形成的新河道,位于渤海湾与莱州湾交汇处,是一个弱潮陆相河口。随着河口的淤积延伸,1953 年以来至小浪底水库建成,年平均净造陆面积约 24 km²。

黄河下游河道内分布有广阔的滩地,总面积为 3 154 km²,占下游河道总面积的 65% 以上。滩区现有耕地 340 万亩,村庄 1 928 个,人口 189.52 万人,涉及河南、山东两省 49 个县(市、区),其中河南省 23 个县(市、区),山东省 26 个县(市、区)。滩区经济是典型的农业经济,农作物以小麦、大豆、玉米为主,受汛期漫滩洪水影响和生产环境及生产条件制约,滩区经济发展落后,并且与周边区域的差距逐步扩大。目前,黄河下游河道的最小平滩流量虽已恢复至 4 300 m³/s 左右,但漫滩机遇仍较大。根据现状地形调查分析,当花园口站发生 8 000 m³/s 洪水时,下游绝大部分滩区将受淹。

2.2　黄河中下游洪水泥沙特性

2.2.1　暴雨特性

2.2.1.1　**基本特性**

1. 暴雨成因

黄河流域的暴雨均是大气环流运动,冷暖气团相遇所致。

黄河中游的大面积暴雨与西太平洋副热带系统的进退和强度变化关系最为密切,其直接影响暴雨带的走向、位置、范围和强度。黄河中游大暴雨的成因,从环流形势来说分为经向型和纬向型。在经向环流形势下,西太平洋副热带高压中心位于日本海,青藏高压也较强,二者之间是一南北向低槽区,这是形成三花间(三门峡至花园口区间,下同)大暴雨的环流形势。西太平洋副热带高压呈东西向带状分布时,其脊线在25°~30°N或更北,西伸脊点在105°~115°E时,对形成中游的东西向与西南—东北向大面积暴雨是有利的。

当黄河中游发生较强的大面积暴雨时,在天气图上可以看到一支西南—东北向的强风急流,经云贵高原东侧北上到黄河中游地区,这是主要的水汽输送通道,将南海和孟加拉湾的暖湿空气输向本地区。在经向型暴雨时,有一支东南风急流,此时东海一带水汽对黄河中游有重要贡献。

2. 暴雨中心位置

黄河中游是主要暴雨中心地带,暴雨主要集中在六盘山东侧的泾河中游,山陕北部的神木一带,三花间的垣曲、新安、嵩县、宜阳,以及沁河太行山南坡的济源、五龙口等地。

3. 各区间暴雨特性

黄河流域的暴雨主要发生在6~10月。开始日期一般是南早北迟,东早西迟。中游河口镇至三门峡区间,大暴雨多发生在8月,三花间较大暴雨多发生在7、8两月,其中特大暴雨多发生在7月中旬至8月中旬。黄河下游的暴雨以7月出现的机会最多,8月次之。

黄河中游河口镇至龙门区间,经常发生区域性暴雨,其特点可概括为强度大、历时短,雨区面积在4万km²以下。龙门至三门峡区间,泾河上中游的暴雨特点与河口镇至龙门区间相近。泾洛渭河暴雨强度略小,历时一般2~3 d。在其中下游,也经常出现一些连阴雨天气,降雨持续时间一般为5~10 d或更长,降雨强度较小,总量较大。

在出现有利的天气条件时,河口镇至龙门区间与泾洛渭河中上游两地区可同时发生大面积暴雨,这种大面积暴雨还有间隔几天相继出现的现象。

三花间暴雨,发生次数频繁,强度也较大,暴雨面积可达2万~3万km²,历时一般2~3 d。

2.2.1.2 近年黄河中游暴雨特点

分析1956~2010年各年代黄河中游各分区6~9月暴雨日数、暴雨总量、平均雨强、笼罩面积等暴雨特征指标(见表2-4)。总体来看,黄河中游1991~2000年属降雨偏枯期,2001~2010年6~9月25 mm以上降雨笼罩面积有所增大、暴雨总量有所增加,雨强变化不大、100 mm以上暴雨雨强减小。与1956~2010年多年均值相比,2001~2010年中游大雨、暴雨、大暴雨日数依次增加了2.8%、13.3%、50%,其中龙门至三门峡区间大暴雨日数显著增加;中游大雨、暴雨、大暴雨笼罩面积依次增加了5.1%、15.2%、35.1%,其中河口镇至龙门区间、龙门至三门峡区间暴雨、大暴雨笼罩面积显著增加;中游大雨、暴雨、大暴雨总量依次增加了7.1%、16.2%、34.0%,同样是河口镇至龙门区间、龙门至三门峡区间暴雨总量显著增加;中游大雨、暴雨、大暴雨平均暴雨强度依次变化了2.0%、1.2%、-0.4%。

表 2-4 黄河中游不同年代 6~9 月暴雨特征指标统计表

降雨量 （mm）	年份	暴雨日数 （d/a）	笼罩面积 （万 km²/a）	暴雨总量 （亿 m³/a）	平均雨强 [（mm/d）/a]
大雨 25~49.9	1956~1960 年	3.28	138.83	558.5	40.2
	1961~1970 年	3.00	127.14	510.9	40
	1971~1980 年	2.75	117.30	472	40.2
	1981~1990 年	2.86	117.38	457.3	38.9
	1991~2000 年	2.39	100.71	403.1	39.8
	2001~2010 年	2.91	125.61	513.1	40.8
	1956~2010 年	2.83	119.56	479.2	40
暴雨 50~100	1956~1960 年	0.70	25.91	178.9	68.8
	1961~1970 年	0.64	23.75	163	68.6
	1971~1980 年	0.62	22.69	153.3	67
	1981~1990 年	0.52	18.91	127.7	66.6
	1991~2000 年	0.50	18.37	124.6	67.2
	2001~2010 年	0.68	25.60	176.2	68.5
	1956~2010 年	0.60	22.23	151.7	67.7
大暴雨 100 以上	1956~1960 年	0.05	1.78	22.4	129.5
	1961~1970 年	0.05	1.69	20.7	121.7
	1971~1980 年	0.04	1.40	17.6	119
	1981~1990 年	0.03	1.17	14.8	121.8
	1991~2000 年	0.03	1.14	14	120.6
	2001~2010 年	0.06	2.04	25.2	121.2
	1956~2010 年	0.04	1.51	18.8	121.7

2.2.2 洪水泥沙特性

2.2.2.1 基本特性

1. 水沙特征

黄河以泥沙多而闻名于世。在我国的大江大河中，黄河的流域面积仅次于长江而居第二位，但由于大部分地区处于半干旱和干旱地带，流域水资源量极为贫乏，与流域面积相比很不相称。据 1956~2010 年统计，黄河多年平均天然径流量仅 482.4 亿 m³（利津站），龙门、华县、河津、洑头四站合计平均实测输沙量 10.76 亿 t，平均含沙量 32.0 kg/m³；三门峡站平均实测输沙量 9.78 亿 t，平均含沙量 29.8 kg/m³。黄河流域水沙特征主要表现为：

（1）水少沙多，水沙关系不协调。水沙关系不协调主要体现在干支流含沙量高和来沙系数（含沙量和流量之比）大上，河口镇至龙门区间的来水含沙量高达 123.10 kg/m³，来沙系数高达 0.67 kg·s/m⁶，黄河支流渭河华县的来水含沙量也达 50.22 kg/m³，来沙系数也达到 0.22 kg·s/m⁶。

（2）水沙异源。黄河流经不同的自然地理单元，流域地形、地貌和气候等条件差别很大，受其影响，黄河具有水沙异源的特点（见表 2-5）。黄河水量主要来自上游，中游是黄河泥沙的主要来源区。

上游河口镇以上流域面积为 38 万 km²，占全流域面积的 47.8%，年水量占全河水量的 55.7%，而年沙量仅占 9.4%。中游河口镇至龙门区间流域面积为 11 万 km²，占全流域面积的 14.1%，该区间有祖历河、皇甫川、无定河、窟野河等众多支流汇入，年水量占全河水量的 14.1%，而年沙量却占 57.1%，是黄河泥沙的主要来源区；龙门至三门峡区间面积 19 万 km²，该区间有渭河、泾河、汾河等支流汇入，年水量占全河水量的 22.0%，年沙量占 37.3%，该区间部分地区也属于黄河泥沙的主要来源区。三门峡以下的伊河、洛河和沁河是黄河的清水来源区之一，年水量占全河水量的 9.6%，年沙量仅占 1.8%。

（3）水沙年际变化大。受大气环流和季风的影响，黄河水沙，特别是沙量年际变化大。

（4）水沙年内分配不均匀，主要集中在汛期（7~10 月）。黄河汛期水量占年水量的 60% 左右，汛期沙量占年沙量的 80% 以上，集中程度更甚于水量，且主要集中在暴雨洪水期，往往 5~10 d 的沙量可占年沙量的 50%~90%，支流沙量的集中程度又甚于干流。如龙门站 1961 年最大 5 d 沙量占年沙量的 33%，三门峡站 1933 年最大 5 d 沙量占年沙量的 54%；支流窟野河 1966 年最大 5 d 沙量占年沙量的 75%，岔巴沟 1966 年最大 5 d 沙量占年沙量的 89%。

表 2-5　黄河主要站区水沙特征值统计表（1919~2008 年）

站名（区间）	水量（亿 m³）			沙量（亿 t）			含沙量（kg/m³）		
	7~10 月	11~6 月	7~6 月	7~10 月	11~6 月	7~6 月	7~10 月	11~6 月	7~6 月
贵德	114.44	86.43	200.87	0.12	0.05	0.17	1.02	0.53	0.81
兰州	169.54	140.09	309.63	0.66	0.14	0.80	3.92	1.02	2.61
下河沿	166.95	133.13	300.08	1.21	0.21	1.42	7.23	1.58	4.73
河口镇	129.73	99.37	229.10	0.93	0.24	1.17	7.16	2.46	5.12
龙门	160.70	126.53	287.23	7.29	1.04	8.33	45.35	8.23	29.00
河龙区间	30.97	27.16	58.13	6.36	0.80	7.16	205.32	29.35	123.10
渭洛汾河	55.90	34.60	90.50	4.27	0.40	4.67	76.38	11.58	51.60
四站	216.60	161.13	377.73	11.56	1.44	13.00	53.36	8.95	34.41
三门峡	211.77	160.56	372.33	10.56	1.74	12.30	49.87	10.84	33.04
潼关	187.76	154.99	342.75	8.81	1.82	10.63	46.94	11.72	31.01
伊洛沁河	24.88	14.44	39.32	0.20	0.02	0.22	8.13	1.55	5.72
三黑武	236.65	175.00	411.65	10.76	1.76	12.52	45.48	10.07	30.43
花园口	238.96	176.75	415.71	9.43	1.82	11.25	39.44	10.29	27.05
利津	189.83	121.05	310.88	6.40	1.16	7.56	33.70	9.62	24.32

注：1. 四站指龙门、华县、河津、洑头之和；
　　2. 利津站水沙为 1950 年 7 月至 2009 年 6 月年平均值。

(5)泥沙地区组成不同。黄河上下游来沙组成中,河口镇以上来沙较细,河口镇泥沙中值粒径为 0.017 mm;河口镇至龙门区间是黄河多沙、粗沙区,因此来沙粗,龙门站中值粒径则达 0.030 mm,区间主要支流除昕水河以外,泥沙中值粒径为 0.027~0.058 mm;龙门以下渭河来沙较细,华县站泥沙中值粒径与河口镇比较接近,为 0.018 mm。见表 2-6。

表 2-6　黄河上下游干支流泥沙颗粒组成统计表(1966~2005 年)

站(河)名		含量(%)			中值粒径 (mm)
		<0.025 mm	0.025~0.05 mm	>0.05 mm	
干流	兰州	68.76	17.60	13.64	0.012
	河口镇	62.24	21.03	16.73	0.017
	龙门	44.82	27.13	28.05	0.030
	潼关	52.84	27.03	20.13	0.023
支流	华县	62.74	24.90	12.36	0.018
	皇甫川	35.68	14.81	49.51	0.049
	孤山川	41.40	20.95	37.65	0.035
	窟野河	34.01	14.99	51.00	0.053
	秃尾河	26.67	19.27	54.06	0.058
	三川河	53.04	26.87	20.09	0.023
	无定河	38.47	27.82	33.71	0.035
	清涧河	44.98	30.23	24.79	0.029
	昕水河	60.23	24.46	15.31	0.019
	延水河	47.47	27.32	25.21	0.027

2.洪水特性

1)洪水发生时间

黄河中下游洪水主要由中游地区的暴雨形成,上游洪水一般只形成中下游洪水的基流。由于黄河流域面积大、河道长,各河段大洪水发生的时间有所不同,上游河段为 7~9 月;河口镇至三门峡区间为 7、8 两月并多集中在 8 月;三门峡至花园口区间为 7、8 两月,特大洪水的发生时间更为集中,一般为 7 月中旬至 8 月中旬;下游洪水的发生时间一般为 7~10 月。相比之下,5、6 月形成的洪水较小。

2)各洪水来源区特性

黄河中游洪水有三大来源区,即河龙间(河口镇至龙门区间)、龙三间(龙门至三门峡区间)、三花间(三门峡至花园口区间)。三个来源区的洪水特性分述如下:

A.河龙间

河龙间流域面积 11 万 km²,河道穿行于山陕峡谷之间,两岸支流较多,流域面积大于 1 000 km² 的支流有 21 条,呈羽毛状汇入黄河。流域内植被较差,大部属黄土丘陵沟壑区,土质疏松,水土流失严重,是黄河粗泥沙的主要来源区。区间河段长 725.1 km,落差

607.3 m,平均比降 8.4‰。区间暴雨强度大,历时短,常形成尖瘦的高含沙洪水过程,一次洪水历时一般为 1 d 左右,连续洪水可达 5~7 d。区间发生的较大洪水洪峰流量可达 11 000~15 000 m³/s,实测区间最大洪峰流量为 18 500 m³/s(1967 年),日平均最大含沙量可达 800~900 kg/m³。

B. 龙三间

龙三间流域面积 19 万 km²,河段长 240.4 km,落差 96.7 m,平均比降 4‰。区间大部分属黄土塬区及黄土丘陵沟壑区,部分为石山区。区间内流域面积大于 1 000 km² 的支流有 5 条,其中包括黄河第一大支流渭河和第二大支流汾河,黄河干流与泾河、北洛河、渭河、汾河等诸河呈辐射状汇聚于龙门至潼关河段。本区间的暴雨特性与河龙间相似,但暴雨发生的频次较多、历时较长、强度较小。区间洪水多为矮胖型,大洪水发生时间以 8、9 月居多,洪峰流量一般为 7 000~10 000 m³/s。本区间除马莲河外,为黄河细泥沙的主要来源区。

C. 三花间

三花间流域面积 41 615 km²,大部分为土石山区或石山区,区间河段长 240.9 km,落差 186.4 m,平均比降 7.7‰。流域面积大于 1 000 km² 的支流有 4 条,其中伊洛河、沁河两大支流的流域面积分别为 18 881 km² 和 13 532 km²。本区间大洪水与特大洪水都发生在 7 月中旬至 8 月中旬,与三门峡以上中游地区相比洪水发生时间趋前。区间暴雨历时较龙三间长,强度也大,加上主要产流地区河网密度大,有利于汇流,所以易形成峰高量大、含沙量小的洪水。一次洪水历时约 5 d,连续洪水历时可达 12 d,当伊洛河、沁河与三花间干流洪水遭遇时,可形成花园口的大洪水或特大洪水。实测区间最大洪峰流量为 15 780 m³/s。

3)洪水地区组成及遭遇

花园口断面控制了黄河上中游的全部洪水,花园口以下增加洪水不多,因此花园口站洪水基本上反映了下游洪水特点。从实测资料统计分析,5 d 和 12 d 洪量河口镇以上平均占花园口的 22.1% 和 29.4%,有随时段加长比重增大的趋势,但无论 5 d 还是 12 d 洪量比重,都较流域面积比重 52.6% 小得多,说明河口镇以上流量只组成花园口洪水的基流。

河口镇至花园口区间 5 d 和 12 d 洪量占花园口洪量的 77.9% 和 70.6%,比流域面积比重大得多,说明区间来水是花园口洪水的主要组成部分。

在河口镇至花园口区间内,河口镇至三门峡各区间洪量比例接近或稍大于流域面积比,而三花间流域面积仅占花园口以上的 5.7%,其 5 d、12 d 洪量却分别占花园口洪量的 29.7% 和 25%,说明三花间来水也是花园口洪水的主要来源,且三花间单位面积的产洪量在河口镇至花园口区间内最大。

从实测资料和历史文献资料可知,形成黄河中下游特大洪水主要有西南—东北向切变线和南北向切变线两种天气系统。西南—东北向切变线天气系统形成三门峡以上的河龙间和龙三间大暴雨或特大暴雨,常遭遇形成黄河中下游的大洪水或特大洪水,如 1933 年 8 月洪水和 1843 年(清道光二十三年)8 月洪水。南北向切变线天气系统形成三门峡以下的三花间大暴雨或特大暴雨,造成黄河中下游大洪水或特大洪水,如 1958 年 7 月洪水和 1761 年(清乾隆二十六年)8 月洪水。来源于三门峡以上中游地区的大洪水与三门峡以下中游地区的大洪水一般是不遭遇的。

2.2.2.2　近期黄河中下游洪水泥沙变化特性

20 世纪 70 年代以来,受气候变化的影响以及人类活动的加剧,特别是刘家峡、龙羊峡、小浪底等大型水库先后投入运用,其调蓄作用和沿途引用黄河水,使黄河中下游洪水泥沙特性发生了较大变化,主要表现在以下几个方面。

1. 汛期小流量历时增加、输沙比例提高;有利于输沙的大流量历时和水量明显减少,长历时洪水次数明显减少

近期黄河水沙过程发生了很大变化,汛期平枯水流量历时增加,长历时洪水次数明显减少,输沙比例大大提高。分析潼关站汛期日均流量过程及不同时期 2 000 m^3/s 以下、2 000 m^3/s 以上流量级水沙特征值,见图 2-1、图 2-2。由图 2-1 可见,1987 年以来,2 000 m^3/s 以下流量级历时大大增加,相应水量、沙量所占比例也明显提高。1960 ~ 1968 年日均流量小于 2 000 m^3/s 出现天数占汛期比例为 36.4%,水量、沙量占汛期的比例为 18.1%、14.6%;1969 ~ 1986 年出现天数比例为 61.5%,水量、沙量占汛期的比例分别为 36.6%、28.9%,与 1960 ~ 1968 年相比略有提高。而 1987 ~ 1999 年该流量级出现天数比例增加至 87.7%,水量、沙量占汛期的比例也分别增加至 69.5%、48.0%,2000 ~ 2014 年该流量级出现天数比例增为 90.7%,水量、沙量占汛期的比例增为 74.7%、70.3%。相反,日均流量大于 2 000 m^3/s 的流量级历时,相应水量、沙量比例则大大减少(见图 2-2)。

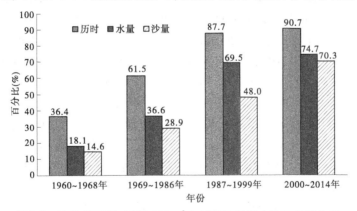

图 2-1　潼关站不同时期 2 000 m^3/s 以下流量级水沙特征值分析

进一步统计结果表明,2 000 ~ 4 000 m^3/s 流量级天数的比例由 1960 ~ 1968 年的 48.2% 减少至 1969 ~ 1986 年的 31.4%,1987 ~ 1999 年该流量级出现天数比例仅为 11.3%,而 2000 ~ 2014 年又减少至 4.4%;该流量级水量占汛期水量的比例由 1960 ~ 1968 年的 52.9% 减少至 1969 ~ 1986 年的 45.6%,1987 ~ 1999 年为 26.3%,2000 ~ 2014 年减为 13.5%;该流量级相应沙量占汛期的比例也由 1960 ~ 1968 年的 48.7% 减少至 1969 ~ 1986 年的 46.2%、1987 ~ 1999 年的 40.4%、2000 ~ 2014 年的 20.8%,逐时段持续减少。大于 4 000 m^3/s 流量级天数的比例由 1960 ~ 1968 年的 15.4% 减少至 1969 ~ 1986 年的 7.1%,1987 ~ 1999 年该流量级天数比例仅为 1.0%,2000 ~ 2014 年又减少至 0.2%;该流量级水量占汛期水量比例 1960 ~ 1968 年为 29.0%,1969 ~ 1986 年为 17.8%,1987 ~

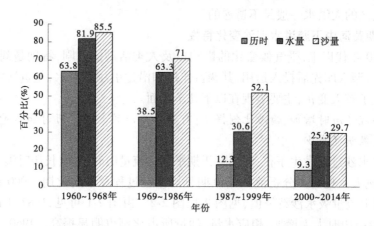

图 2-2　潼关站不同时期 2 000 m³/s 以上流量级水沙特征值分析

1999 年为 4.2%,2000 ~ 2014 年为 0.8%,该流量级相应沙量占汛期的比例,1960 ~ 1968 年为36.7%,1969 ~ 1986 年为 24.9%,1987 ~ 1999 年为 11.6%,2000 ~ 2014 年仅为 0.8%。

　　日平均大流量连续出现的概率、持续时间及其总水量、总沙量占汛期比例自 1986 年以来降低很多。如 1960 ~ 1968 年、1969 ~ 1986 年、1987 ~ 1999 年、2000 ~ 2014 年四个时期,日平均流量连续 3 d 以上大于 3 000 m³/s 出现的概率分别为 2.4 次/a、1.6 次/a、0.5 次/a、0.3 次/a,四个时期平均每场洪水持续时间分别为 16.7 d、12.2 d、4.7 d、4.7 d;相应占汛期水量和沙量的比例,1960 ~ 1968 年为 51.8% 和 52.6%,1969 ~ 1986 年为 33.4% 和 31.8%,1987 ~ 1999 年仅为 5.7% 和 6.1%,2000 ~ 2014 年为 4.6% 和 5.9%。

　　统计潼关、花园口不同时期不同历时洪水的出现次数(见表 2-7),由表可见,1950 ~ 1989 年各时期洪水历时的变化并不明显,1990 年以后变化较大,长历时洪水的次数急剧减少,各站 1990 年以后极少出现过历时大于 30 d 的洪水。潼关站 20 世纪 90 年代只有一场历时大于 30 d 的洪水,2000 年后没有出现洪水历时大于 30 d 的洪水;花园口站 20 世纪 90 年代后没有出现历时大于 30 d 的洪水。

表 2-7　各站不同时期洪水历时统计表

站名	时期	不同历时(d)洪水场次数(次)					
		≤3	3 ~ 5	5 ~ 12	12 ~ 20	20 ~ 30	>30
潼关	1950 ~ 1959 年		9	21	19	7	2
	1960 ~ 1969 年	4	6	16	10	3	12
	1970 ~ 1979 年	1	8	18	7	4	4
	1980 ~ 1989 年	1	8	14	12	2	7
	1990 ~ 1999 年	1	3	15	6		1
	2000 ~ 2015 年		0	6	4	2	

续表 2-7

站名	时期	不同历时(d)洪水场次数(次)					
		≤3	3~5	5~12	12~20	20~30	>30
花园口	1950~1959 年	1	13	30	12	6	3
	1960~1969 年	4	7	25	10	6	5
	1970~1979 年	3	7	25	10	2	4
	1980~1989 年	3	11	24	10	3	4
	1990~1999 年	1	6	16	7	3	
	2000~2015 年	3	2	4	3	2	

2.较大量级洪水发生频次减少

对黄河干支流防洪作用明显的大型水库进行还原,统计潼关、花园口站不同时期不同量级洪水发生频次,结果表明(见表2-8):潼关站1950~1989年6 000 m³/s以下洪水的频次变化不大,6 000 m³/s以上的洪水频次呈减小趋势,尤其1990年以后减小更为明显。花园口站1950~1989年各级洪水的频次变化不大,1990年以后洪水频次明显减小,洪水量级也明显偏小,多为8 000 m³/s以下洪水,8 000 m³/s以上洪水仅发生一次,没有发生10 000 m³/s以上大洪水。

表 2-8 潼关、花园口站不同时期各级洪水频次统计表

站名	时期	各级洪峰流量(m³/s)的洪水频次(次/a)									
		>3 000	>4 000	>6 000	>8 000	>10 000	>15 000	3 000~4 000	4 000~6 000	6 000~10 000	10 000~150 000
潼关	1950~1959 年	5.6	4.4	2	1.3	0.8		1.2	2.4	1.5	0.5
	1960~1969 年	5.1	4	1.6	0.4	0.1		1.1	2.4	1.5	0.1
	1970~1979 年	4.2	2.9	1.5	0.8	0.5	0.2	1.3	1.4	1	0.3
	1980~1989 年	4.4	3.3	0.8	0.2			1.1	2.5	0.8	
	1990~1999 年	2.5	1.9	0.4	0.1			0.7	1.5	0.4	
	2000~2018 年	1.1	0.3					0.7	0.3		
	1950~2018 年	3.5	2.6	1.0	0.7	0.6	0.03	1.0	1.6	0.8	0.2
花园口	1950~1959 年	6.5	4.8	2.4	1.0	0.7	0.2	1.7	2.4	1.7	0.5
	1960~1969 年	5.7	4.2	1.9	0.5	0.2		1.5	2.3	1.7	0.2
	1970~1979 年	5.1	2.8	1.1	0.5	0.3		2.3	1.7	0.8	0.3
	1980~1989 年	5.5	3.7	1.2	0.5	0.2	0.1	1.8	2.5	1	0.1
	1990~1999 年	3.3	1.4	0.3	0.1			1.9	1.1	0.3	
	2000~2018 年	1.1	0.6	0.2				0.5	0.3	0.2	
	1950~2018 年	4.3	2.7	1.0	0.8	0.7		1.6	1.7	0.9	0.2

3. 中小洪水的洪峰流量减小，但仍有发生大洪水的可能

20 世纪 80 年代后期以来，黄河中下游中小洪水的洪峰流量减小，3 000 m³/s 以上量级的洪水场次也明显减少。统计表明(见表 2-9)，黄河中游潼关站年均洪水发生的场次，在 1987 年以前，3 000 m³/s 以上和 6 000 m³/s 以上分别是 5.5 场和 1.3 场，1987～1999年分别减少至 2.8 场和 0.3 场，2000 年以来洪水发生场次更少，3 000 m³/s 以上年均仅1.1 场，最大洪峰流量为 5 800 m³/s(2011 年 9 月 21 日)；下游花园口站 1987 年以前年均发生 3 000 m³/s 以上和 6 000 m³/s 以上的洪水分别为 5.0 场和 1.4 场，1987～1999 年后分别减少至 2.6 场和 0.4 场，2000 年小浪底水库运用以来，进入下游 3 000 m³/s 以上洪水年均仅 1.1 场，最大洪峰流量 6 600 m³/s(2010 年 7 月 5 日)。同时，分析黄河干流主要水文站逐年最大洪峰流量可以发现，1987 年以后洪峰流量明显减小。潼关和花园口站1987～2018 年最大洪峰流量仅 8 260 m³/s 和 7 860 m³/s("96·8"洪水)。

表 2-9　中下游主要站不同时段洪水特征值统计

站名	时段	洪水发生场次(场/a)		最大洪峰	
		>3 000 m³/s	>6 000 m³/s	流量(m³/s)	发生年份
潼关	1950～1986 年	5.5	1.3	13 400	1954
	1987～1999 年	2.8	0.3	8 260	1988
	2000～2018 年	1.1	0	5 800	2011
花园口	1950～1986 年	5.0	1.4	22 300	1958
	1987～1999 年	2.6	0.4	7 860	1996
	2000～2018 年	1.1	0.2	6 600	2010

但另一方面，黄河洪水主要来源于黄河中游的强降雨过程，由于中游总体治理程度还比较低，现有水利水保工程对于一般洪水过程的影响比较明显，但对于由强降雨过程所引起的大暴雨洪水的影响程度则十分微弱。因此，一旦遭遇中游的强降雨，仍有发生大洪水的可能。比如，龙门水文站在 1986 年后的 1988 年、1992 年、1994 年、1996 年都发生了10 000 m³/s 以上的大洪水，2003 年府谷站又出现了 13 000 m³/s 的洪水。

4. 潼关、花园口断面以上各分区来水比例无明显变化

统计潼关站及花园口站不同时期各时段洪量组成，潼关、花园口站组成见图 2-3、图2-4。由图可见，随着洪水时段加长，河口镇以上来水占潼关站洪量的比例增加，由 1 d 洪量的 41% 增加到 12 d 洪量的 60%。随时段增长，潼关以上来水占花园口站洪量的比例增加，由 1 d 洪量的 72% 增加到 12 d 洪量的 84%。潼关、花园口站不同年代之间各分区来水比例没有明显规律性，近年各分区来水比例与 1950 年以来长时段均值接近，无明显变化。

5. 中游泥沙粒径组成未发生趋势性变化

统计黄河上中游主要站不同时期悬移质泥沙颗粒组成及中值粒径变化，见表 2-10。由表可以看出，黄河上中游来沙粒径及悬移质不同粒径泥沙组成各个时段没有发生趋势性的变化。黄河上游头道拐站 1958～1968 年、1971～1986 年、1987～1999 年、2000～

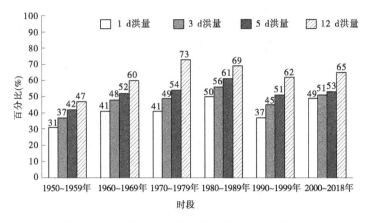

图 2-3　河口镇以上不同时段洪量占潼关站比例图

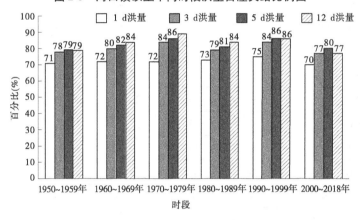

图 2-4　潼关站不同时段洪量占花园口站比例图

2015 年四个时段悬移质泥沙中值粒径分别为 0.016 3 mm、0.018 4 mm、0.013 8 mm、0.019 0 mm。不同时期分组泥沙比例变化不大,细、中、粗颗粒泥沙比例分别为58.33% ~63.82%、17.22% ~22.17%、14.70% ~22.32%。

　　黄河中游龙门站 1957 ~1968 年、1969 ~1986 年、1987 ~1999 年、2000 ~2015 年四个时段悬移质泥沙中值粒径分别为 0.031 2 mm、0.028 8 mm、0.028 3 mm、0.023 1 mm,细颗粒泥沙占全沙的比例分别为 43.09%、46.00%、46.41%、51.80%,粗颗粒泥沙占全沙的比例为 29.13%、27.70%、26.15%、26.68%,潼关站 2000 年以前悬移质泥沙中值粒径均在 0.023 mm 左右,2000 年以后悬移质泥沙中值粒径为 0.018 7 mm 左右,分组泥沙比例也相差不大,细沙比例 52.28% ~54.74%,粗沙比例 19.80% ~24.94%。渭河华县站各时期泥沙中值粒径分别为 0.017 4 mm、0.017 3 mm、0.019 5 mm、0.015 5 mm,细颗粒泥沙占全沙的比例分别为 64.60%、63.53%、59.15%、64.19%,粗颗粒泥沙比例分别为11.34%、10.83%、15.66%、14.50%,泥沙颗粒组成及中值粒径也未发生趋势性的变化。

表 2-10　黄河中游主要站不同时期悬移质泥沙颗粒组成

站名	时段	年均沙量（亿 t）	分组泥沙百分数（%）				中值粒径 d_{50}（mm）
			细泥沙	中泥沙	粗泥沙	全沙	
头道拐	1958～1968 年	2.03	63.82	21.48	14.70	100	0.016 3
	1969～1986 年	1.18	59.23	22.17	18.60	100	0.018 4
	1987～1999 年	0.45	63.38	17.22	19.41	100	0.013 8
	2000～2015 年	0.43	58.33	19.35	22.32	100	0.019 0
	1958～2015 年	0.94	60.94	19.95	19.12	100	0.016 4
龙门	1957～1968 年	12.28	43.09	27.78	29.13	100	0.031 2
	1969～1986 年	7.03	46.00	26.30	27.70	100	0.028 8
	1987～1999 年	5.31	46.41	27.44	26.15	100	0.028 3
	2000～2015 年	1.47	51.80	21.54	26.68	100	0.023 1
	1957～2015 年	6.21	47.41	25.55	27.05	100	0.026 7
潼关	1961～1968 年	15.10	52.28	27.92	19.80	100	0.023 4
	1969～1986 年	10.88	53.22	26.48	20.30	100	0.022 8
	1987～1999 年	8.06	52.71	27.06	20.22	100	0.023 1
	2000～2015 年	2.57	54.74	20.32	24.94	100	0.018 7
	1961～2015 年	8.42	52.89	24.82	22.29	100	0.021 5
华县	1957～1968 年	4.75	64.60	24.06	11.34	100	0.017 4
	1969～1986 年	3.34	63.53	25.64	10.83	100	0.017 3
	1987～1999 年	2.78	59.15	25.19	15.66	100	0.019 5
	2000～2015 年	1.09	64.19	21.31	14.50	100	0.015 5
	1957～2015 年	2.89	63.56	23.76	12.68	100	0.016 5

注：细泥沙粒径 $d < 0.025$ mm，中泥沙粒径 $d = 0.025～0.05$ mm，粗泥沙粒径 $d > 0.05$ mm。

2.3　本章小结

　　黄河以泥沙多而闻名于世。在我国的大江大河中，黄河的面积仅次于长江位居第二。河口镇至河南郑州桃花峪为黄河中游，流域面积 34.4 万 km²，是黄河洪水和泥沙的主要来源区。桃花峪以下至入海口为黄河下游，流域面积 2.3 万 km²，现状河床高出背河地面 4～6 m，比两岸平原高出更多，是举世闻名的"地上悬河"。

　　黄河流域属大陆性气候，各地气候条件差异明显，东南部基本属半湿润气候，中部属半干旱气候，西北部为干旱气候。流域多年平均年降水量 445.6 mm（1956～2010 年），暴雨主要发生在 6～10 月，中下游是主要暴雨中心地带。近年来黄河中游暴雨发生量级及次数有所减少。

黄河流域水沙特征主要表现为:①水少沙多,水沙关系不协调。②水沙异源,水量主要来自上游,而泥沙主要来源于中游。③水沙年际变化大。④水沙年内分配不均匀,主要集中在汛期(7~10月),汛期水量、沙量约占年水量、年沙量的60%、80%。⑤泥沙地区组成不同,河口镇以上来沙较细,河口镇至龙门区间是黄河多沙、粗沙区,来沙粗,龙门以下渭河来沙较细。

黄河中下游洪水主要由中游地区的暴雨形成,特大洪水主要有西南—东北向切变线和南北向切变线两种天气系统。中游洪水的发生时间一般为7~8月,下游一般为7~10月。花园口断面控制了黄河上中游的全部洪水,河口镇以上流量只组成花园口洪水的基流,区间来水是花园口洪水的主要组成部分,花园口以下增加洪水不多。

黄河中游洪水有三大来源区,即河龙间、龙三间、三花间。其中,河龙间是黄河粗泥沙的主要来源区,区间暴雨强度大,历时短,常形成尖瘦的高含沙洪水过程。龙三间暴雨特性与河龙间相似,但暴雨发生的频次较多、历时较长,区间洪水多为矮胖型,为黄河细泥沙的主要来源区。三花间暴雨历时较龙三间长,强度也大,易形成峰高量大、含沙量小的洪水。来源于三门峡以上中游地区的大洪水与三门峡以下中游地区的大洪水一般是不遭遇的。

20世纪70年代以来,受气候变化的影响及人类活动的加剧,特别是刘家峡、龙羊峡、小浪底等大型水库先后投入运用,其调蓄作用和沿途引用黄河水,使近期黄河中下游洪水泥沙特性发生了较大变化。主要表现为:①年均径流量和输沙量大幅度减少。②较大量级洪水发生频次减少。③汛期小流量历时增加、输沙比例提高;有利于输沙的大流量历时和水量明显减少,长历时洪水次数明显减少。④中小洪水的洪峰流量减小,但仍有发生大洪水的可能。

参 考 文 献

[1] 史辅成,易元俊,高治定. 黄河流域暴雨与洪水[M]. 郑州:黄河水利出版社,1997.

[2] 高治定,李文家,李海荣. 黄河流域暴雨洪水与环境变化影响研究[M]. 郑州:黄河水利出版社,2002.

[3] 高航,姚文艺,张晓华. 黄河上中游近期水沙变化分析[J]. 华北水利水电学院学报,2009(5):8-12.

[4] 饶素秋,霍世青,薛建国,等. 黄河上中游水沙变化特点分析及未来趋势展望[J]. 泥沙研究,2001(2):74-77.

[5] 霍庭秀,罗虹,李欣庆,等. 黄河中游河龙区间水沙特性分析[J]. 水利技术监督,2009(5):13-15.

[6] 李晓宇,金双彦,徐建华. 水利水保工程对河龙区间暴雨洪水泥沙的影响[J]. 人民黄河,2012(4):87-89.

[7] 陈宝华,高翔,张克,等. 人类活动对部分水文要素的影响[J]. 山西水利,2009(6):14-15.

第 3 章　黄河中下游防洪措施现状及存在问题

3.1　黄河下游洪水灾害情况

　　黄河下游洪水灾害历来为世人所瞩目,历史上被称为中国之忧患。由于黄河下游河道高悬于两岸平原之上,洪水含沙量大,每次决口,水冲沙压,田庐人畜荡然无存者屡见不鲜,灾情极为严重。尤以 1761 年(清乾隆二十六年)和 1843 年(清道光二十三年)洪水较大,在黄河下游均发生决口夺溜的严重灾情。近代有实测洪水资料的 1919 年至 1938 年的 20 年间,就有 14 年发生决口灾害。1933 年陕县站出现洪峰流量 22 000 m^3/s 的洪水,下游两岸发生 50 多处决口,受灾地区有河南、山东、河北和江苏等 4 省 30 多个县,受灾面积达 6 592 km^2,灾民达 273 万人。

　　黄河下游河道是海河流域和淮河流域的分水岭。根据历史洪泛情况,结合现在的地形地物变化分析推断,在不发生重大改道的条件下,现行河道向北决溢,洪灾影响范围包括漳河、卫运河及漳卫新河以南的广大平原地区;现行河道向南决溢,洪灾影响范围包括淮河以北、颖河以东的广大平原地区。黄河下游洪泛影响范围涉及冀、鲁、豫、皖、苏 5 省的 24 个地(市)所属的 110 个县(市),总面积 12 万 km^2,耕地 1.1 亿亩,人口 8 755 万人。就一次决溢而言,向北最大影响范围 3.3 万 km^2,向南最大影响范围 2.8 万 km^2(见表 3-1)。

　　黄河下游两岸平原人口密集,城市众多,有郑州、开封、新乡、济南等大中城市,有京广、陇海、京九、津浦、新菏等铁路干线和公路干线,还有中原油田、胜利油田、兖济煤田、淮北煤田等重要能源基地。目前,黄河下游悬河形势加剧,防洪形势严峻,黄河一旦决口,势必造成巨大灾难,打乱整个国民经济的部署和发展进程。据初步估算,如果北岸原阳以上或南岸开封附近及其以上堤段发生决口泛滥,直接经济损失将达一千亿元。除直接经济损失外,黄河洪灾还会造成十分严重的后果,大量铁路、公路及生产生活设施,治淮、治海工程,引黄灌排渠系都将遭受毁灭性破坏,造成群众大量死亡,泥沙淤塞河渠,良田沙化等,对经济社会发展和生态环境将造成长期的难以恢复的不良影响。

　　根据《黄河下游滩区综合治理规划》的最新成果,黄河下游孟津白鹤—渔洼断面河道总面积为 4 860.3 km^2(其中封丘倒灌区面积为 407 km^2),滩区面积为 3 154.0 km^2(含封丘倒灌区)。黄河主槽摆动,洪水泛滥,使得滩区人民在洪水风险中求生存谋发展。据不完全统计,1949 年以来滩区遭受不同程度的洪水漫滩 30 余次,累计受灾人口 900 多万人次,受淹耕地 2 600 多万亩次。

　　黄河下游的历史灾害和现实威胁充分说明黄河安危事关重大,它与淮河、海河流域的治理,与黄淮海平原的国计民生息息相关。随着黄淮海平原经济社会的快速发展,对下游防洪提出了越来越高的要求,确保黄河下游防洪安全,对全面建设小康社会具有重要的战略意义。

表 3-1　黄河下游不同河段堤防决溢洪水波及范围

	决溢堤段	泛区面积（km²）	泛区范围	主要城市及其他设施
南岸	郑州—开封	28 000	贾鲁河、沙颍河与惠济河、涡河之间	开封市、陇海铁路（郑州—兰考段）
	开封—兰考	21 000	涡河与沱河之间	开封市、陇海铁路（郑州—兰考段）、淮北煤田
	兰考—东平湖	12 000	高村以上决口波及万福河与明清故道间，并邳苍地区；高村以下决口波及菏泽、丰县一带及梁济运河、南四湖，并邳苍地区。两处决口，泛区面积相近	徐州市，津浦（徐州—滕州段）、新菏、京九铁路，兖济煤田
	济南以下	6 700	沿小清河两岸漫流入海	济南少部地区，胜利油田南岸
北岸	沁河口—原阳	33 000	北界卫河、卫运河、漳卫新河，南界陶城铺以上为黄河，以下为徒骇河	新乡市，京九（郑州—新乡段）、津浦（济南—德州段）、新菏铁路，中原油田
	原阳—陶城铺	8 000~18 500	漫天然文岩渠流域和金堤河流域；若北金堤失守，漫徒骇河两岸	新菏、津浦（济南—德州段）、京九铁路，中原油田、胜利油田北岸
	陶城铺—津浦铁路桥	10 500	沿徒骇河两岸漫流入海	津浦铁路（济南—德州段），胜利油田北岸
	津浦铁路桥以下	6 700	沿徒骇河两岸漫流入海	胜利油田北岸

3.2　黄河中下游防洪措施

3.2.1　黄河下游防洪工程体系

　　人民治黄 70 多年来，黄河下游先后兴建了以干支流水库、堤防、河道整治工程、分滞洪区为主体的"上拦下排、两岸分滞"的防洪工程体系，见图 3-1。

3.2.1.1　上拦工程

　　现状上拦工程包括三门峡、小浪底、陆浑、故县、河口村五座以防洪为主的大型水库。

　　三门峡水库位于河南省陕县（右岸）和山西省平陆县（左岸）交界处的黄河干流上，距河南省三门峡市约 20 km，坝址控制流域面积 68.8 万 km²。于 1957 年 4 月开工，1958 年 11 月截流，1960 年 9 月下闸蓄水，1961 年 4 月基本竣工。枢纽的任务是防洪、防凌、灌溉、供水和发电。水库大坝为混凝土重力坝，坝顶高程 353 m（大沽标高），最大坝高 106 m，主坝长 713.2 m。防洪标准为千年一遇洪水设计、万年一遇洪水校核。现状防洪运用水位 335.0 m，相应库容约 55 亿 m³。

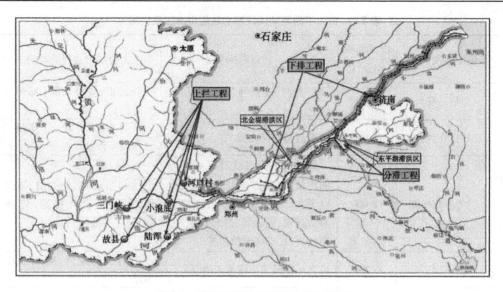

图 3-1　黄河下游防洪工程体系示意图

小浪底水库位于河南省洛阳市以北 40 km 处的黄河干流上。上距三门峡水库 130 km,下距花园口站 128 km。坝址控制流域面积 69.4 万 km², 占花园口以上流域面积的 95.1%。小浪底水库的开发任务是以防洪(防凌)、减淤为主,兼顾供水、灌溉、发电。水库设计正常蓄水位 275 m(黄海标高),可能最大洪水(同万年一遇)校核洪水位 275 m,千年一遇设计洪水位 274 m。设计总库容 126.5 亿 m³,包括拦沙库容 75.5 亿 m³,防洪库容 40.5 亿 m³,调水调沙库容 10.5 亿 m³。兴利库容可重复利用防洪库容和调水调沙库容。设计安装 6 台 30 万 kW 混流式水轮发电机组,总装机 180 万 kW,年发电量 51 亿 kW·h。水库大坝于 1997 年 10 月 28 日截流,1999 年 10 月 25 日下闸蓄水,2000 年 6 月 26 日主坝封顶(壤土斜心墙堆石坝,坝顶高程 281 m),水库主体工程 2001 年 12 月全部完工,所有泄水建筑物达到设计运用条件;2002 年 12 月进行了工程竣工初步验收;2009 年 4 月通过了国家竣工验收。

陆浑水库位于洛河支流伊河中游的河南省嵩县境内,坝址控制流域面积 3 492 km²。水库坝顶高程 333 m,最大坝高 55 m,总库容 13.2 亿 m³。水库的开发任务是以防洪为主,结合灌溉、发电、供水和养殖等。工程于 1959 年 12 月开工兴建,1965 年 8 月主体工程建成。水库按千年一遇洪水设计、万年一遇洪水校核。设计洪水位 327.5 m,校核洪水位 331.8 m。设计汛期限制水位 317 m(黄海标高),蓄洪限制水位 323 m。

故县水库位于黄河支流洛河中游的洛宁县境内,坝址控制流域面积 5 370 km²。水库的开发任务是以防洪为主,兼顾灌溉、发电、供水等综合利用。大坝为混凝土重力坝,坝顶高程 553 m,坝顶长 315 m,最大坝高 125 m,总库容 11.8 亿 m³。工程于 1958 年开始兴建,经过"四上三下"的漫长过程,于 1980 年 10 月 7 日截流,1993 年底竣工,1994 年 2 月下闸蓄水。水库按千年一遇洪水设计、万年一遇洪水校核。设计洪水位 548.55 m,校核洪水位 551.02 m。小浪底水库建成后,故县水库转入正常运用,设计汛期限制水位 527.3 m,蓄洪限制水位 548 m,可拦蓄洪量 4.8 亿 m³。

河口村水库位于黄河一级支流沁河最后一段峡谷出口处的河南省济源市克井乡,是控制沁河洪水、径流的关键工程。坝址以上控制流域面积 9 223 km²,占沁河流域面积的 68.2%,占黄河三花间流域面积的 22.2%。水库正常蓄水位 275 m,死水位 225 m,汛期限制水位 238 m,校核洪水位 285.43 m。总库容 3.17 亿 m³,防洪库容 2.3 亿 m³,电站装机容量 11.6 MW。该水库于 2007 年 12 月 18 日前期工程开工,2014 年 9 月通过下闸蓄水验收后开始下闸蓄水,2017 年 10 月通过竣工验收,2018 年汛期投入正常防洪运用。

　　三门峡、小浪底、陆浑、故县、河口村水库特征指标见表 3-2。采用的库容及泄流能力见表 3-3。

表 3-2　三门峡、小浪底、陆浑、故县、河口村水库特征值

水库名称	控制流域面积(km²)	总库容(亿 m³)	防洪库容(亿 m³)	汛期限制水位(m)	蓄洪限制水位(m)	设计洪水位(m)	校核洪水位(m)
三门峡	688 400	56.3	55.7	305	335	335	340
小浪底	694 000	126.5	40.5	254	275	274	275
陆浑	3 492	13.2	2.5	317	323	327.5	331.8
故县	5 370	11.8	5.0	527.3	548	548.55	551.02
河口村	9 223	3.17	2.3	238	285.43	285.43	285.43

表 3-3　三门峡、小浪底、陆浑、故县、河口村水库水位—库容—泄流量关系

三门峡水库	水位(m·大沽)	290	300	305	310	315	320	325	330	335
	库容(亿 m³)	0	0.2	0.6	1.42	3.23	7.32	16.6	31.58	56.26
	泄流量(m³/s)	1 188	3 633	5 455	7 829	9 701	11 153	12 428	13 483	14 350

注:库容为 2012 年 10 月实测值。

小浪底水库	水位(m·黄海)	240	245	250	254	260	263	265	270	275
	库容(亿 m³)	1.70	3.60	6.40	10.00	17.60	23.00	26.50	37.50	51.00
	泄流量(m³/s)	9 693	10 295	10 826	9 627	10 297	11 001	11 572	13 311	15 307

注:库容为水库正常运用期设计值。

陆浑水库	水位(m·黄海)	300	305	315	317	320	323	325	330	333
	库容(亿 m³)	1.34	2.24	4.93	5.68	6.82	8.14	9.01	11.47	13.12
	泄流量(m³/s)	594	903	1 464	1 776	2 410	3 239	3 926	5 281	5 820

注:库容为 1992 年实测值。

故县水库	水位(m·黄海)	510	520	528	530	534	540	543.5	548	553
	库容(亿 m³)	1.4	1.8	2.85	3.25	4.02	5.35	6.45	7.62	9.25
	泄流量(m³/s)	659	751	817	833	1 323	3 699	6 145	9 663	13 095

注:库容为远期设计值。

河口村水库	水位(m·黄海)	224	225	245	249	265	270	275	280	286
	库容(亿 m³)	0	0.01	0.57	0.71	1.43	1.69	1.97	2.28	2.68
	泄流量(m³/s)	0	1 042	1 414	2 811	3 344	3 818	5 344	7 719	11 188

注:库容为设计值。

3.2.1.2 下排工程

1. 堤防工程

黄河下游除南岸邙山及东平湖至济南区间为低山丘陵外，其余全靠堤防约束洪水。黄河下游堤防属于特别重要的 1 级堤防，堤防左岸从孟州中曹坡起，右岸从孟津县牛庄起，共长 1 371.1 km，其中左岸长 747 km，右岸长 624.1 km。详见表3-4。加上北金堤、沁河堤、大汶河堤、东平湖围堤、河口堤等，黄河下游各类堤防总长 2 429.6 km。

表3-4　黄河下游临黄堤情况汇总表

堤防名称	岸别	起止地点	起止桩号	长度（km）
左临黄 I	左	河南孟县中曹坡至封丘县鹅湾	0 +000 ~ 200 +880	169.955
贯孟堤	左	河南封丘县鹅湾至长垣县姜堂	0 +000 ~ 21 +123	9.320
太行堤	左	河南长垣县大车集至封丘县后老岸	0 +000 ~ 32 +740	22.000
左临黄 II	左	河南长垣县大车集至台前县北张庄	0 +000 ~ 194 +485	193.736
左临黄 III	左	山东阳谷县陶城铺至利津四段	3 +000 ~ 355 +264	352.016
孟津堤	右	河南孟津牛庄至和家庙	0 +000 ~ 7 +600	7.600
右临黄 I	右	郑州邙山根至梁山国那里	-（1 +172）~ 336 +600	338.911
河湖两用堤 I	右	国那里至十里堡	336 +600 ~ 340 +000	3.450
		徐庄至十里堡	0 +000 ~ 7 +245	7.245
		徐十堤零点至徐庄	0 +000 ~ 0 +103	0.103
		徐庄至耿山口	0 +000 ~ 0 +071	0.071
山口隔堤	右	银山至马山头	1 +792 ~ 0 +000	1.792
		银山至石庙	0 +000 ~ 0 +280	0.280
		郑沃至铁山头	2 +247 ~ 0 +000	2.247
		子路至南枣园	0 +000 ~ 0 +816	0.816
		斑鸠店至八号屋	0 +000 ~ 0 +528	0.528
河湖两用堤 II	右	八号屋至清河门闸	0 +000 ~ 2 +310	2.310
		清河门闸至陈山口闸	0 +000 ~ 0 +625	0.625
		陈山口闸至青龙山	0 +000 ~ 0 +300	0.300
右临黄 II	右	济南郊区宋家庄至垦利县二十一户	-（1 +980）~ 255 +160	257.797
合计				1 371.102

黄河下游各河段堤防的设计防洪流量为花园口站 22 000 m^3/s、高村站 20 000 m^3/s、孙口站 17 500 m^3/s、艾山站 11 000 m^3/s。堤防设计超高：沁河口至高村为 3 m，高村至艾山为 2.5 m，艾山以下为 2.1 m。堤顶宽度一般为 10 ~ 12 m。

由于当前黄河下游"二级悬河"严重，洪水一旦漫滩，临堤水深普遍达 3 ~ 5 m。因此，小洪水也可能对堤防安全产生威胁。并且下游堤防建有 102 座引黄涵闸，分泄洪闸 15

座,防沙闸5座,共有200多处土石结合部,直接涉及堤防安全,是防洪的隐患。

2.河道整治工程

黄河下游的河道整治工程主要包括险工和控导护滩工程两部分:险工是为了保护堤防安全沿堤修筑的坝垛建筑物,一般由丁坝、垛坝和护岸组成;控导护滩工程是为了控制河势,稳定河槽,保护滩地而修建的工程。截至2018年,黄河下游临黄堤有险工147处,坝、垛和护岸5 422道,工程长度334.3 km;有控导护滩工程234处,坝、垛、护岸5 230道,工程长度494.9 km。详见表3-5。黄河下游干流控导工程设计流量为4 000 m³/s。

表3-5　黄河下游河道整治工程情况表

工程类别		单位	合计	河南	山东
险工	工程处数	处	147	38	109
	工程长度	m	334 285	122 976	211 309
	坝、垛、护岸	道	5 422	1 527	3 895
控导	工程处数	处	234	97	137
	工程长度	m	494 938	279 132	215 806
	坝、垛、护岸	道	5 230	2 731	2 499

黄河下游陶城铺以下窄河段经过整治,河势已基本控制。高村到陶城铺过渡性河段的河势也得到基本控制。高村以上游荡性河段主流摆动范围有所缩窄,但在局部河段因已建工程长度不足,主流摆幅仍较大,加上小浪底水库投入运用以来河道发生冲刷,河势尚未得到控制,需要继续加强整治。

3.2.1.3　分滞洪工程

1.东平湖滞洪区

东平湖滞洪区位于宽河道与窄河道相接处的右岸,承担分滞黄河洪水和调蓄大汶河洪水的双重任务。滞洪区由老湖区和新湖区组成,湖区总面积626 km²,其中老湖区面积208 km²(2010年实测),新湖区面积418 km²,涉及山东省东平、梁山、汶上三县共12个乡(镇)。据2019年3月统计,湖区内46 m高程以下,耕地46.9万亩(老湖区8.89万亩、新湖区38.01万亩),人口23.8万人(老湖区2.77万人、新湖区21.03万人)。东平湖老湖区汛限水位7~8月为42 m,9~10月为43 m,警戒水位为43 m。现状防洪运用水位为44.5 m,相应总库容为30.8亿m³(老湖9.2亿m³,新湖21.6亿m³)。老湖区在特殊情况下可将蓄洪水位提高到46 m。东平湖滞洪区水位—库容关系见表3-6。

表3-6　东平湖滞洪区水位—库容关系表

水位(m·大沽)		39	40	41	42	43	44	44.5	45	46
库容 (亿m³)	老湖	0.35	1.32	2.68	4.29	6.15	8.16	9.16	10.16	12.28
	新湖	0.83	3.37	7.00	11.12	15.32	19.54	21.61	23.67	27.85
	全湖	1.18	4.69	9.68	15.41	21.47	27.7	30.77	33.83	40.13

注:老湖库容为2010年实测值,新湖库容为1965年实测值。

滞洪区工程包括围坝、二级湖堤、分洪闸和退水闸等,其中围坝长 100.3 km,二级湖堤长 26.7 km。分洪闸有石洼、林辛和十里堡闸,设计总分洪能力 8 500 m³/s(老湖区 3 500 m³/s,新湖区 5 000 m³/s)。退水闸有陈山口、清河门、司垓闸,设计总泄水能力 3 500 m³/s(老湖区 2 500 m³/s,新湖区 1 000 m³/s)。二级湖堤上建有八里湾泄洪闸,设计泄洪流量 450 m³/s。北排入黄口修建有庞口闸,设计退水流量 900 m³/s。

2. 北金堤滞洪区

北金堤滞洪区位于黄河下游高村至陶城铺宽河段转为窄河段过渡段的左岸。1951 年由国务院批准兴建,是防御黄河下游超标准洪水的重要工程措施之一。涉及河南、山东 2 省 7 个县(市),滞洪区面积 2 316 km²,据 2018 年 5 月统计,人口 172.89 万人(河南省 171.32 万人,山东省 1.57 万人)。滞洪区由分洪闸、退水闸、北金堤、避洪工程等组成。北金堤全长 123.3 km,为 I 级建筑物。渠村分洪闸设计分洪流量 10 000 m³/s,分洪后由张庄闸退水入黄河,设计退水流量为 1 000 m³/s,必要时还可破堤排洪入黄。滞洪区末端水位—库容关系见表 3-7。

表 3-7　北金堤滞洪区末端水位—库容关系表

水位(m·黄海)	41	42	43	44	45	46	47	48
库容(亿 m³)	0.237	0.718	2.155	4.432	7.399	11.81	17.11	23.42

3.2.2　防洪非工程措施

为做好洪水调度、工程抢险、救灾等工作,在黄河下游还逐步建设了水情测报、防汛通信、防洪指挥系统、黄河防汛机动抢险队等防洪非工程措施。这些防洪非工程措施在 70 多年来黄河下游安澜中发挥了巨大的作用。其主要工程现状情况分述如下。

3.2.2.1　水情测报

水情测报工作是防洪的耳目,是防洪非工程措施的重要组成部分。截至 1999 年,黄河流域共布设基本水文站 338 处,水位站 74 处,雨量站 2 373 处;黄河流域共有报汛水文站 202 处,水位站 29 处,雨量站 243 处。其中黄河下游花园口以下干流河段有 20 个水文、水位站,还有 100 多个测淤大断面。

3.2.2.2　黄河防汛专用通信网建设

通信是黄河防洪非工程措施的重要组成部分,黄河下游现有防汛专用通信网主要为微波电路通信系统,包括郑州至三门峡、郑州至济南、济南至东营微波干线,省、地(市)、县河务局微波通信系统,以及三花间的水雨情报汛通信网。

3.2.2.3　黄河防洪信息网建设

黄河水利委员会先后建立了信息中心局域网、水文局局域网等,这些网络系统在黄河防洪工程中发挥了重要作用,特别是中芬合作项目完成的黄河防洪减灾计算机网络,把黄河主要防汛部门的计算机网络有机地结合起来,形成了黄河防汛信息网的雏形。

3.2.2.4　黄河防洪决策支持系统建设

黄河水利委员会开发的"黄河防洪防凌决策支持系统"和"防洪调度和会商系统",已用于防洪的会商和防洪调度预案及调度方案的编制。但这些系统均不具备对小浪底、三门峡、万家寨、刘家峡、龙羊峡等干流水库联合防洪、防凌的调度功能。为了更有效、更全面地支持黄河防洪的全过程,还需对已建系统的功能、性能及其开发运行环境进行完善、扩展和提高。

3.2.2.5 黄河防汛机动抢险队建设

黄河河防工程包括堤防、险工、河道控导工程等,数量很多,各类工程出险特点、概率不一,险情多且复杂。黄河堤防的沙性土质决定了险情发展迅猛的特点,特别强调抢险的第一时间,加上黄河下游雨、汛同季,对抢险队伍的机动能力有很高的要求;加上抢堵深水漏洞、决口,河道控导工程根石下蛰、坦石滑塌等险情,均需专业的防汛抢险技术。为满足黄河下游抢险的需要,从1988年始,黄河水利委员会按上级指示陆续组建机动抢险队伍。截至2000年,黄河下游有防汛机动抢险队共20支。

3.2.3 滩区综合治理规划

黄河下游滩区既是行洪的河道,对洪水具有明显的滞洪沉沙作用,又是189万人赖以生存的家园。近年来,下游滩区问题成为防洪运用的焦点和瓶颈,为解决下游防洪与滩区群众生产生活的矛盾,水利部安排开展了大量工作,并于近期审查通过了《黄河下游滩区综合治理规划》(以下简称《规划》),《规划》推荐逐步废除生产堤的滩区治理方案,并提出了"二级悬河"治理、滩区安全建设、滩区补偿政策等综合治理措施。

《规划》提出,力争用20 a左右的时间完成外迁、村台和撤退道路建设等滩区安全建设及高村—陶城铺河段低滩区"二级悬河"治理任务、落实滩区淹没补偿政策。

近期10年重点是高村—陶城铺河段洪水风险较大的滩区(主要是淹没水深大于1 m的区域)及山东窄河段滩区群众的安全建设。陶城铺以下窄河段主要采用外迁措施安置,陶城铺以上宽河段低滩区采用外迁与就地就近建设村台安置等,同时结合村台间生产交通需要,完善应急撤退道路建设。安全建设规划中,外迁人口24.54万人,占需要外迁总人口的70.1%;就地就近安置42.35万人,占规划就地就近安置总人口的50.4%;扩建、新建村台面积为3 876.7万 m²,占规划村台总面积的50.0%;修建撤退道路101.4 km,占规划撤退道路总长的53%;安排应急撤退道路144.65 km,占规划应急撤退道路总长的一半。"二级悬河"治理,完成845.558 km"堤河""串沟"淤填,并交还滩区当地群众耕种。落实滩区淹没补偿政策,按照"谁修建谁废除"的原则,废除控导工程连线之内的生产堤长度187.63 km,并视淹没补偿政策的落实情况,逐步废除滩区内生产堤。

规划安排的"二级悬河"治理实施后,可以减少下游"横河""斜河"的形成概率,特别是通过近期完成"堤河""串沟"的淤填,大大降低顺堤行洪的可能,堤防工程的安全得到进一步保障;采用外迁、就地就近修建村台,以及撤退道路、通信报警系统等公共设施,使群众的生命财产受到的威胁大大降低;落实滩区淹没补偿政策,加强对各级政府和公众的宣传,提高公众的洪水风险意识,滩区的社会管理将逐步规范,人口发展和土地利用将得到有效控制,为下游河道治理与滩区群众安全发展共赢创造了条件。因此,规划实施后,滩区的滞洪沉沙功能得以充分发挥,下游防洪工程体系更加完善,整体防洪安全进一步得到保障。

规划实施后,外迁的35万群众的洪水风险与大堤外防洪保护区相同,村台安置的84

万群众的洪水风险达到 20 a 一遇,通过完善撤离道路、加强预警预报等非工程措施,使目前低风险区 42 万人的生命及主要财产安全得到更有效保障。可见,在未来的 20 a 里,下游滩区抵御洪水风险的能力将逐步提高。

3.3　近期洪水泥沙调度情况及存在问题

3.3.1　近期洪水泥沙调度情况

3.3.1.1　近期洪水泥沙调度方案

黄河中下游洪水泥沙管理的手段主要依托中游水库群的联合运用,其中,又以小浪底水库为库群联调的核心。基于黄河中下游现状防洪工程体系,针对黄河下游防洪减淤要求,水利部、国家防总先后批复了小浪底水库调度规程和黄河中下游洪水调度方案。

1. 小浪底水利枢纽拦沙初期运用调度规程

2004 年水利部批复了"小浪底水利枢纽拦沙初期运用调度规程",规程中定义小浪底水库淤积量小于 22 亿 m^3 的时期为水库拦沙初期,该时期洪水泥沙调度规则如下。

1)防洪调度

防洪调度原则:当下游出现防御标准(花园口站流量 22 000 m^3/s)内洪水时,合理控制花园口流量,最大限度减轻下游防洪压力;当下游可能出现超标准洪水时,尽量减轻黄河下游的洪水灾害;当水库遇超过设计标准洪水或枢纽出现重大安全问题时,应确保枢纽安全运用。

小浪底水库的防洪调度方式是:当预报花园口流量小于 5 000 m^3/s 时,原则上按入库流量泄洪;对预报花园口大于 5 000 m^3/s 的一般含沙量洪水,水库先按控制花园口站流量 5 000 m^3/s 运用,在此过程中,根据小花间来水流量与水库蓄洪量多少,按控制花园口站流量不大于 10 000 m^3/s 运用或按不大于 1 000 m^3/s(发电流量)控泄;对于潼关含沙量超过 200 kg/m^3 的高含沙量洪水,水库按入库流量下泄,并控制花园口站流量不大于 10 000 m^3/s。

2)调水调沙调度

调水调沙调度原则:水库调水调沙要考虑水沙条件、水库淤积和黄河下游河道的过水能力,充分利用下游河道输沙能力,控制花园口站流量小于 800 m^3/s 或大于 2 600 m^3/s,尽量避免出现 800 m^3/s 至 2 600 m^3/s 之间的流量过程。

当潼关站含沙量大于 200 kg/m^3、流量小于编号洪水时,应采用"异重流""浑水水库"等排沙运用方式。

2. 黄河中下游近期洪水调度方案

2005 年国家防总批复了"黄河中下游近期洪水调度方案",方案中依据国务院批复的黄河防御特大洪水方案确定的原则,结合黄河中下游防洪工程体系现状,提出"合理利用干支流水库调蓄洪水,充分利用河道排泄洪水,必要时运用蓄滞洪区分滞洪水。在确保防洪安全的前提下,合理调节水沙,兼顾洪水资源利用"的近期洪水调度原则。

根据"黄河中下游近期洪水调度方案"的规定,对于小浪底水库,若预报花园口流量小于 4 000 m³/s，水库按不大于下游平滩流量运用；对预报花园口 4 000 ~ 8 000 m³/s 的一般含沙量洪水，水库按控制下游平滩流量运用，为了保证小浪底水库设计长期有效库容，水库控制运用的水位不超过 254 m；对于潼关含沙量超过 200 kg/m³ 的高含沙量洪水，水库根据入库流量按维持库水位或敞泄的方式，对这一量级的高含沙量洪水基本不控制运用。对预报花园口 8 000 ~ 10 000 m³/s 的洪水，水库根据入库流量按维持库水位或敞泄的方式运用；对预报花园口大于 10 000 m³/s 的洪水，视小花间来水情况，按控制花园口 10 000 m³/s 或出库不大于 1 000 m³/s（发电流量）下泄。对于三门峡水库，规定汛期发生洪水时按敞泄方式运用。

3. 小浪底水利枢纽拦沙后期（第一阶段）运行调度规程

2009 年国家水利水电规划总院批复了"小浪底水利枢纽拦沙后期（第一阶段）运行调度规程"，对小浪底水库淤积量在 22 亿 ~ 42 亿 m³ 的时期，提出以下洪水泥沙调度规定。

1）防洪调度

在 2004 年批复的"小浪底水利枢纽拦沙初期运用调度规程"提出的防洪调度原则的基础上，强调对防御标准（花园口站流量 22 000 m³/s）内洪水进行调度时，应兼顾洪水资源利用及水库、下游河道减淤。小浪底水库的防洪调度运用方式与"黄河中下游近期洪水调度方案"中一致。

2）调水调沙调度

在 2004 年批复的"小浪底水利枢纽拦沙初期运用调度规程"提出的防洪调度原则的基础上，补充"水库在下泄 800 m³/s 以下流量时，应在满足灌溉、发电用水并考虑下游河道生态用水条件下尽量取最小值；在利用水库蓄水调水调沙下泄 2 600 m³/s 以上流量时，应在满足滩区安全的条件下尽量取大值"的调度原则。

强调当潼关站含沙量大于 200 kg/m³、流量小于编号洪水（4 000 m³/s）时，水库应在满足黄河下游河道减淤的条件下尽量多排沙。

4.《黄河洪水调度方案》（国汛〔2015〕19 号）

《黄河洪水调度方案》考虑河口村水库的建成运用，在黄河中下游防洪工程体系中增加了这个水库。《黄河洪水调度方案》考虑到小浪底水库已处于拦沙后期第一阶段，防洪库容较"近期调度方案"进一步减少，提出对 4 000 ~ 8 000 m³/s 量级洪水，原则上依据初步设计按进出库平衡方式运用，并在其前提下相机按控制花园口站流量 4 000 m³/s 或主河槽过洪能力相应流量（大于 4 000 m³/s 时）方式运用，避免滩区受淹。最高控制运用水位原则上不超过 254 m。对 8 000 ~ 10 000 m³/s 量级洪水，从"近期调度方案"中的不控制运用调整为按洪水来源适时控制运用，以减小滩区灾害损失，即洪水主要来源于三门峡以上，原则上按进出库平衡方式运用；洪水主要来源于三花间，视下游汛情适时控制运用；对 10 000 m³/s 以上的洪水，本方案进行了补充和细化，有利于与水库初步设计方式相衔接。对于三门峡以上来水为主洪水，200 a 一遇以下洪水小浪底水库按控制花园口 10 000 m³/s 方式运用；200 a 一遇及其以上洪水小浪底水库按进出库平衡方式运用，允许花园口流量超过 10 000 m³/s。对于三花间来水为主洪水，按控制花园口 10 000 m³/s 运用。若预报小花间流量大于等于 9 000 m³/s，按不大于 1 000 m³/s（发电流量）下泄。

显然，从黄河中下游防洪工程体系来看，现阶段黄河中下游防洪调度已由原来的三门峡、小浪底、陆浑、故县水库四库联合调度变成三门峡、小浪底、陆浑、故县、河口村水库五库联合调度,河口村水库的加入,改变了沁河下游被动防洪局面,提高了对中常洪水控制能力,进一步缓解了黄河下游大堤的防洪压力。从各时期选取的防洪控制指标来看,《黄河洪水调度方案》根据目前中下游防洪工程现状、下游防洪需求变化情况,选用的下游防洪控制指标与"近期调度方案"和小浪底水库初步设计阶段的不尽相同,主要区别在中常洪水的控制流量上,初步设计阶段黄河下游河道主槽过流能力较大,保滩流量取 8 000 m³/s;近期由于河道萎缩、中常洪水量级减小、滩区减灾呼声较高,考虑到小浪底水库初期库容较大,"近期调度方案"中控制流量取下游平滩流量;《黄河洪水调度方案》中考虑小浪底水库已进入拦沙后期,库容逐渐淤积减小,对中常洪水控制流量又进行了调整,逐步向初步设计阶段过渡。从实际调度结果来看,近期水库的防洪调度更全面考虑各方面的要求,水库及下游防洪、减淤效果是显著的。

3.3.1.2　近期洪水泥沙实际调度效果

2003 年、2005 年、2007 年、2010 ~ 2013 年、2018 年间发生了 9 场花园口站量级超过 4 000 m³/s(中游水库群还原后)的洪水,小浪底水库按控制不超过下游平滩流量下泄,洪水期水库达到的最高运用水位为 263.38 m(2012 年 10 月 6 日),其次是 2003 年秋汛洪水,最高达 263.11 m,通过水库科学调度,最大限度地减少了水库、河道泥沙淤积,减轻了黄河下游防洪压力。其中 2003 年、2011 年、2012 年三场秋汛洪水,在洪水结束并预见后期无洪水时,水库按不超过发电流量运用,向正常蓄水位过渡,有效拦蓄了汛期最后一场洪水,实现洪水资源利用。表 3-8 是小浪底水库运用以来花园口站 4 000 m³/s 以上洪水调度情况。

总结近几年洪水泥沙调度规程、调度方案及中游水库群实际运用情况,可归纳出以下几个方面洪水泥沙调度特点:

(1)中小洪水的控制流量基本以下游河道的平滩流量为依据。

根据 2019 年 4 月库容曲线,小浪底水库前汛期防洪库容仍有 83.3 亿 m³,远大于设计防洪库容 40.5 亿 m³。显然,小浪底投入运用初期如果按照设计方式运用,防洪调度是有余地的。但由于下游河道主槽过流能力小、滩区防洪问题突出,因此近期黄河下游防洪运用的重点是中常洪水的防洪问题,利用小浪底水库运用初期较大的库容,对中常洪水进行适当的控制运用,尽量减小黄河下游洪水漫滩概率和淹没损失,是水库近期防洪运用的主要特点。

从 2005 年国家防总批复的"黄河中下游近期洪水调度方案"和 2009 年国家水利水电规划总院批复的"小浪底水利枢纽拦沙后期(第一阶段)运行调度规程"中不难看出,近期对中小洪水的控制流量基本以下游河道的平滩流量为依据,目的就是减小下游滩区的淹没损失。2003 年秋汛,黄河下游河道主槽的最小平滩流量只有 2 100 m³ 左右,为了减小黄河下游滩区的淹没损失,在花园口洪峰流量为 6 000 m³/s(中游水库群还原后)左右的洪水量级下,小浪底水库基本一直按照控制下游不超过平滩流量运用,最大限度地减少了滩区的淹没损失。

(2)对高含沙洪水进行水沙调控,极大程度上减少了水库、河道泥沙淤积。

表 3-8　小浪底水库运用以来花园口站 4 000 m³/s 以上洪水调度情况统计表

洪水编号	开始时间（年-月-日）	结束时间（年-月-日）	潼关实测		水库运用情况		花园口洪峰流量		孙口实测洪峰流量（m³/s）	实测平滩流量（m³/s）	
			最大含沙量（kg/m³）	洪峰流量（m³/s）	最大出库流量（m³/s）	最大蓄量（亿m³）	中游水库作用前（m³/s）	中游水库作用后（m³/s）		花园口	最小值
20030907	2003-08-27	2003-10-28	265	4 220	2 340	29.9	6 310	2 980	2 810	3 800	2 080
20051003	2005-09-30	2005-10-13	36.8	4 480	1 940	18.3	6 180	2 780	2 540	5 200	3 080
20070731	2007-07-19	2007-08-19	85.2	2 070	3 070	3.3	4 360	4 270	3 740	5 800	3 630
20100725	2010-07-24	2010-07-30	199	2 750	2 270	3.26	7 800	3 100	2 740	6 500	4 000
20100825	2010-08-04	2010-08-29	364	2 810	2 560	8.67	5 290	3 040	2 830	6 500	4 000
20110920	2011-09-02	2011-10-06	13.4	5 800	1 660	56.6	7 560	3 220	3 210	6 800	4 100
20120904	2012-08-16	2012-10-06	28.9	5 350	3 520	59.1	5 320	3 350	3 380	6 900	4 100
20130724	2013-07-12	2013-08-02	160	2 730	3 810	11.4	4 930	3 830	4 010	6 900	4 100
20180715	2018-07-13	2018-07-23	21.5	4 620	3 950	3.94	4 380	4 230	3 730	7 200	4 200

2010 年汛期黄河中游发生了高含沙洪水。根据黄委发布的预案,小浪底水库应进行敞泄运用,但实际调度从保障防洪安全,实现水库河道双重减淤和水库河道泥沙联合调度的目标出发,根据实时水情,小浪底水库采用预泄、控泄、凑泄、冲泄的组合运用方式,与陆浑、故县等水库联合调度,塑造了协调的水沙过程,很大程度上减少了水库、河道泥沙淤积。

2018 年前汛期,潼关站出现最大洪峰流量 4 620 m^3/s 的中常洪水,实测最大含沙量仅 21.5 kg/m^3。花园口站实测最大洪峰流量不超过 5 000 m^3/s。按常规调度方案,水库按进出库平衡方式运用。实际调度小浪底水库采用提前预泄、腾库迎洪、降水位排沙运用方式。在洪水到达前水位降至 211.77 m,较常规调度方案的 230 m 降低 18.23 m,增加蓄洪库容 8.25 亿 m^3。水库最大下泄流量 4 310 m^3/s,削减洪峰流量 320 m^3/s,下泄水量 221.6 亿 m^3,输沙量 4.66 亿 t。本次调度确保了河道行洪安全和下游滩区安全,水库、河道减淤成效显著。

(3)调水调沙管理效果显著。

2002~2015 年,小浪底水库进行了 19 次调水调沙调度,其中,2002 年、2003 年、2004 年为调水调沙试验,自 2005 年起为生产实践。19 次调水调沙调度中,有 6 次为汛期调水调沙调度,其余为汛前调水调沙调度。19 次调水调沙调度,累计进入下游河道水量为 716.17 亿 m^3,沙量为 6.55 亿 t,下游河道累计冲刷沙量 4.08 亿 t。2002 年第一次试验实现了单库全线冲刷的目标;2003 年第二次试验结合流域来水来沙情况,实现了小浪底水库与伊洛河、沁河水沙的准确对接,形成了多库调控技术;2004 年试验实现了人工异重流排沙出库,通过万家寨、小浪底、三门峡水库联合调度,在空间尺度上比前两次大大增加。通过 3 次试验创立了 3 种基本模式,之后调水调沙运行就是在这 3 种基本模式的基础上进行的有机组合,并在历次实践中逐渐走向成熟。

调水调沙生产运行目前已取得了非常突出的成就,获得了调水调沙理论研究成果及相关基础理论研究成果,并通过试验和实践将理论变成了现实,转化成了生产力,在黄河下游防洪减淤中发挥了巨大的作用。

通过调水调沙,黄河下游河道过流能力由 1 800 m^3/s 扩大到 4 300 m^3/s,河道平均刷深达 1.85 m,恢复了中水河槽,为今后河道输沙创造了广阔的空间。另外,过去由于水小,河道弯曲率增加,河湾半径缩小,与几十年来黄河下游设计建造的中水河槽整治工程极不适应,调水调沙改变了这种状况,控制河势的能力大大增强,滩区约 190 万群众的生命财产安全得到很大保障,减轻了水库泥沙淤积,延长了水库的使用寿命,增加了河口湿地面积,改善了生态系统,得到了沿黄群众、各级政府的充分肯定,也得到国内外水利界的充分肯定。

(4)在确保防洪安全前提下,兼顾洪水资源利用,故县、小浪底水库先后开展了汛期限制运用水位动态控制试验。

随着人类经济社会的不断发展,黄河流域的需水量不断增加。面对黄河水资源减少和日益突出的供需矛盾,水库实时调度逐渐体现洪水资源化的思想,尤其是对后汛期洪水的资源化利用。

关于故县水库:2009 年 12 月,黄河防总以黄防总〔2009〕12 号文向三门峡水利枢管理局发出"关于开展洛河故县水库汛限水位动态控制运用试验的批复",批复在 2010 年至 2012 年每年的 7 月 1 日至 8 月 20 日,相机开展运用试验。试验中汛限水位动态控制运用的浮动上限水位不超过 529.3 m,最大预泄流量不超过 1 000 m³/s。2010 年故县水库实际开展了汛限水位动态控制试验,2011~2013 年水库前汛期总体来水偏枯,未能如期开展前汛期汛限水位动态控制运用试验。2014 年汛期故县水库来水前枯后涝,前汛期遭遇了 1961 年以来的最严重伏旱,9 月以后发生逆转,出现了连续降雨过程,最大洪峰流量 835 m³/s,故县水库首次开展后汛期汛限水位动态控制试验,统筹考虑小浪底水库蓄水、黄河下游引黄供水及故县水库蓄洪能力,抬高水位至 536.8 m 运用。洪峰期间通过水库调节削减洪峰流量,延长持续时间,控制下泄流量在 200~450 m³/s,削峰率 46%,极大地减轻了洛河下游及沿岸城市防洪压力。拦蓄洪水 3.4 亿 m³,超过后汛期汛限水位蓄水 0.5 亿 m³,最大限度利用雨洪资源。

关于小浪底水库:2012 年在确保防洪安全和水库河道减淤的前提下,小浪底水库有计划拦洪蓄洪,至 10 月 30 日库水位 267.93 m,创历史最高水位,蓄水量 84.2 亿 m³,最大限度地储备了洪水资源,实现洪水资源利用新的突破。2016 年、2017 年黄河中游汛期水沙量总体偏枯,为统筹做好防汛抗旱工作,确保防洪与供水安全,在国家防总、水利部的正确领导下,在国家防办大力支持及指导下,黄河防总办公室于 7 月 1 日至 8 月 20 日开展了小浪底水库汛期限制运用水位动态试验,年均增加了小浪底水库蓄水量 13 亿 m³ 左右,保障了 8 月 20 日前下游抗旱用水,为非汛期用水储备了水源。同时提高了水资源利用率,试验期间减少了入库 1 800~4 000 m³/s 量级洪水的发电弃水,平均增加发电量 5 亿 kW·h 左右。

(5)非工程措施更充分应用于防洪调度。

小浪底水库运用初期正是我国科学技术高速发展的时期,高新科技成果进一步渗透到水库防洪调度中,与以往相比,不论是暴雨洪水信息的采集、传输,还是水库防洪调度方案的会商、制定,信息的收集和高科技的应用都有较大提高。小浪底水库投入运用以来,三花间、小花间洪水预警预报系统,黄河中下游防洪调度系统的建设都有长足的进步,防洪调度中更强调洪水的预报、水库的预泄等非工程措施,在充分吸收利用现有多方面信息(雨情、水情、河道情况、工情、险情、灾情)的基础上,做出科学的决策。

3.3.2 黄河下游现状防洪存在问题

3.3.2.1 现状防洪形势依然严峻

经过 70 余年坚持不懈的努力,黄河的防洪治理取得了很大的成效。但是,黄河水少沙多,水流含沙量高,泥沙淤积河道,泥沙问题长期难以得到解决,消除黄河水患是一项长期的任务。随着经济社会的持续发展,城市化水平的不断提高,社会财富积累越来越多,对黄河防洪安全的要求越来越高,流域的情况也在发展变化,黄河防洪形势依然严峻,存在的主要问题如下:

(1)下游洪水泥沙威胁依然存在。黄河下游河道不仅是"地上悬河",而且是槽高、滩低、堤根洼的"二级悬河"。20 世纪 80 年代中期以来,受来水来沙条件、生产堤等因素影响,下游河道的泥沙淤积 70%集中在主槽内,"二级悬河"态势加剧。一旦发生较大洪水,主流增加并顶冲堤防,产生顺堤行洪,甚至有发生滚河的可能性,严重威胁黄河下游防洪安全。小浪底水库的运用,使进入下游的稀遇洪水得到有效控制,同时通过水库拦沙和调水调沙遏制了河道淤积,河道最小平滩流量由 1 800 m³/s 恢复到 2010 年的 4 000 m³/s 左右。但小浪底水库拦沙库容淤满后,若无后续控制性骨干工程,已形成的中水河槽将难以维持,下游河道复将严重淤积抬高,河防工程的防洪能力将随之降低。目前下游标准化堤防建设尚未全部完成,"二级悬河"态势仍很严峻,没有得到有效治理,河道整治工程尚不完善,高村以上游荡性河段河势仍未得到控制,东平湖滞洪区运用及安全建设等遗留问题较多。

(2)下游滩区滞洪沉沙与群众生活生产、经济社会发展矛盾突出,已成为黄河下游治理的瓶颈。黄河下游滩区是重要的滞洪沉沙区域,下游堤防设防流量花园口为 22 000 m³/s、孙口为 17 500 m³/s,正是建立在滩区滞洪削峰基础之上。同时,滩区又是约 190 万群众赖以生存的家园,目前由于滩区安全设施少、标准低,基础设施差,加之缺少洪水淹没补偿政策,滩区洪灾频繁、经济发展水平低、群众安全和财产无保障,滩区已成为下游沿黄的贫困带。为了防止漫滩洪水危害,滩区群众逐步修建了生产堤,不仅缩窄了输送洪水的通道,而且影响了滩槽的水沙交换,使主槽淤积更加严重,进一步加剧了滩区的洪灾风险,威胁下游整体防洪安全。

(3)中小洪水防洪问题突出。黄河中下游防洪面临的主要问题是小花间无控制区洪水较大和中小洪水滩区淹没损失严重,而近些年来,中下游洪水泥沙受上中游水库、水利水保工程等人类活动影响较大,中小洪水泥沙特点与以往相比发生较大变化。因此,需要分析花园口中小洪水泥沙特点,研究水库对中小洪水的防洪作用,从而论证下游滩区中小洪水的防洪问题。

3.3.2.2 水沙调控体系不完善

黄河干流已建成龙羊峡、刘家峡、三门峡、小浪底四座控制性骨干工程。龙羊峡、刘家峡水库在黄河防洪和水量调度等方面发挥了巨大作用,有力支持了沿黄地区经济社会发展,但由于黄河水沙调控体系尚不完善,龙羊峡、刘家峡水库汛期大量蓄水带来的负面影响难以消除,造成宁蒙河段水沙关系恶化、河道淤积加重、主槽严重淤积萎缩,对中下游水沙关系也造成不利影响。

小浪底水库通过水库拦沙和调水调沙运用,在协调下游水沙关系、减少河道淤积、恢复中水河槽等方面发挥了重要作用,但目前黄河北干流缺乏控制性骨干工程,小浪底水库调水调沙后续动力不足,不能充分发挥水流的输沙功能,影响水库拦沙库容的使用寿命。同时在水量持续减少、入库泥沙没有明显减少、水沙关系仍不协调的情况下,小浪底水库拦沙库容淤满后,汛期进入黄河下游的高含沙小洪水出现的概率将大幅度增加,下游河道主槽仍会严重淤积,水库拦沙期塑造的中水河槽将难以长期维持。

3.3.2.3 经济社会发展要求科学管理洪水泥沙、保障黄河防洪安全

黄河下游洪水灾害历来为世人所瞩目,被称为中华民族之忧患。随着经济社会的持续发展,社会财富日益增长,基础设施不断增加,黄河一旦决口,势必造成巨大灾难,并将打乱我国经济社会发展的战略部署。为了满足国家经济可持续发展、社会稳定和全面建设小康社会的要求,构建完善的水沙调控体系和防洪减灾体系,科学管理洪水,改善水沙

关系,尽量遏制下游河道淤积抬高,确保堤防不决口,保障黄河下游防洪安全,仍是未来黄河治理开发与管理的第一要务。

黄河下游滩区的地位十分特殊,洪水威胁严重制约了滩区经济社会发展,导致滩区人民经济发展相对落后,形成了黄河下游的贫困带。为了保障滩区广大居民的生命财产安全、促进经济社会发展,必须在保障黄河下游防洪安全的前提下,进行滩区综合治理,协调黄河下游滩区滞洪沉沙和人民群众生活、生产之间的矛盾,促进人水和谐。

3.4　黄河中下游洪水预报及预见期

根据《黄河防洪指挥调度规程(试行)》和近年来年度"黄河中下游洪水调度方案",与中游水库群联合防洪调度相关的洪水预报主要有中游的龙门、潼关等站洪水预报和三花间、花园口站洪水预报。对于潼关以上洪水,中游龙门、潼关等站洪水预报后,小浪底水库防洪调度的洪水预见期为 2~4 d,本次研究中采用 2 d。对三花间洪水,黄河下游防洪按照三级洪水预报(警报预报、参考预报、正式预报)调度,花园口站三级洪水预报是指:①警报预报,预见期不少于 30 h;②参考预报,预见期不少于 14 h;③正式预报,预见期不少于 8 h。对三花间洪水,本次研究中水库防洪运用采用的洪水预报预见期为 8 h。

在洪水含沙量预报方面,现状已对潼关站场次洪水沙峰开展试预报,今后逐步向沙量的过程预报发展。

3.5　本章小结

针对黄河中下游洪水泥沙灾害问题,初步形成了"上拦下排、两岸分滞"的防洪工程体系,并逐渐建设了水情测报、防汛通信、防洪指挥系统、黄河防汛机动抢险队等防洪非工程措施。近期通过水利部审查的《黄河下游滩区综合治理规划》还提出了"二级悬河"治理、滩区安全建设、滩区补偿政策等综合治理措施。通过黄河中下游工程、非工程措施的共同管理,黄河下游抵御洪水风险的能力将逐步提高。

总结近几年洪水泥沙调度规程、调度方案以及中游水库群实际运用情况,近期洪水泥沙调度特点表现为:①中小洪水的控制流量基本以下游河道的平滩流量为依据。②对高含沙洪水进行水沙调控,极大程度上减少了水库、河道泥沙淤积。③调水调沙管理效果显著。④水库调度在确保防洪安全前提下兼顾洪水资源利用,开展了汛期限制运用水位动态控制试验。⑤非工程措施更充分应用于防洪调度。

黄河下游现状防洪主要存在以下三方面问题:①下游洪水泥沙威胁依然存在。下游滩区滞洪沉沙与群众生活生产、经济社会发展矛盾突出,已成为黄河下游治理的瓶颈。中小洪水防洪问题突出。②水沙调控体系不完善。③经济社会发展要求科学管理洪水泥沙,保障黄河防洪安全。

参 考 文 献

[1] 李文家,石春先,李海荣. 黄河下游防洪工程调度运用[M]. 郑州:黄河水利出版社,1998.

[2] 林秀山,李景宗. 黄河小浪底水利枢纽规划设计丛书之工程规划[M]. 北京:中国水利水电出版社,郑州:黄河水利出版社,2006.

[3] 林秀山,刘继祥. 黄河小浪底水利枢纽规划设计丛书之水库运用方式研究与实践[M]. 北京:中国水利水电出版社,郑州:黄河水利出版社,2008.

[4] 姜斌. 黄河滩区的综合治理[J]. 水利发展研究,2002(2):36-37.

[5] 汪自力,余咸宁,许雨新. 黄河下游滩区实行分类管理的设想[J]. 人民黄河,2004(8):1-3.

[6] 胡一三. 黄河滩区安全建设和补偿政策研究[J]. 人民黄河,2007(5):1-3.

第 4 章 洪水泥沙分类研究

4.1 黄河洪水泥沙分类

4.1.1 以往洪水、泥沙分类成果

以往洪水、泥沙的分类,主要以潼关站为控制点,从两个方面考虑:一是根据洪水来源区,将黄河下游花园口站以上的大洪水和特大洪水分为"上大洪水""下大洪水"和"上下较大洪水"三类。二是根据洪水含沙量,分为高含沙量洪水和一般含沙量洪水,有的还有中含沙量、低含沙量洪水等。

4.1.1.1 根据洪水来源区分类

(1)"上大洪水",以三门峡以上的河口镇至三门峡区间来水为主,如 1933 年 8 月洪水和 1843 年(清道光二十三年)8 月洪水。这类洪水系由西南—东北向切变线低涡暴雨所形成,无论是洪峰和洪量,三门峡以上来水都占花园口断面的 70% ~90%,三花间加水很少。特点是洪峰高、洪量大、含沙量也大,对黄河下游防洪威胁严重。

(2)"下大洪水",以三门峡以下的三花间来水为主,主要是由南北向切变线加上低涡或台风间接影响所形成(如 1958 年、1982 年和 1761 年洪水),也可由台风直接影响形成(如 1937 年和 1956 年洪水)。这类洪水三门峡以上来水洪峰占花园口的 20% ~30%,洪量占 50% ~60%。特点是涨势猛、峰值高、含沙量小、预见期短,对黄河下游防洪威胁严重。

(3)"上下较大洪水",由三门峡以上的龙三间和三门峡以下的三花间共同来水造成,如 1957 年 7 月洪水,花园口、三门峡洪峰流量分别为 13 000 m^3/s 和 5 700 m^3/s。这类洪水是由东西向切变线低涡暴雨所形成。特点是洪峰较低,历时长,含沙量较小,对下游防洪也有相当威胁。

4.1.1.2 根据洪水含沙量分类

习惯上按洪水含沙量分为一般含沙量洪水(含沙量小于 200 kg/m^3)和高含沙量洪水(大于等于 200 kg/m^3)。其中一般含沙量洪水分为低含沙量洪水(小于 20 kg/m^3)、中等含沙量洪水(20 ~60 kg/m^3 或者 20 ~80 kg/m^3)、较高含沙量洪水(60 kg/m^3 以上或者 80 kg/m^3 以上)。

2005 年国家防总批复的"黄河中下游近期洪水调度方案"中,以 200 kg/m^3 为分界点将含沙量划为两级,潼关站含沙量大于等于 200 kg/m^3 的洪水为高含沙量洪水,小于 200 kg/m^3 的洪水为一般含沙量洪水。

4.1.2 潼关、花园口站场次洪水泥沙特点分析

从 2.2.2.2 节分析可知,受气候变化的影响及人类活动的加剧,近期黄河中下游实测

洪水与 20 世纪 50、60 年代相比发生较大变化,主要表现为年均径流量和输沙量大幅度减少、较大量级洪水的频次减少、洪水量级减小、洪水历时缩短、峰前基流减小。通过深入分析发现,流域面上人类活动对中小洪水将产生一定影响,对大洪水影响不大或者还有加大的可能。

现状条件下,潼关站、花园口站洪水过程主要受上游龙羊峡、刘家峡水库和中游水利水保工程影响。对上述影响进行还现计算,得出大型水库和水利水保工程影响后的还现系列。根据 1954~2015 年潼关、花园口站还现后的洪水过程,分析现状条件下场次洪水泥沙特点。

4.1.2.1　不同量级洪水次数

统计花园口、潼关站 4 000 m³/s 以上洪水发生次数,见表4-1。

花园口站 4 000 m³/s 以上洪水共发生 109 场;4 000~10 000 m³/s 洪水共发生 104 场,平均一年发生 1.7 次,其中 4 000~6 000 m³/s 场次最多,共 65 场,平均一年发生 1.1 次。洪水量级越大,发生次数越小,10 000 m³/s 以上洪水共发生 5 次。潼关站 4 000 m³/s 以上洪水共发生 92 场;4 000~10 000 m³/s 洪水共发生 87 场,平均一年发生 1.4 次,4 000~6 000 m³/s 洪水平均一年发生 1.0 次。同量级洪水潼关站较花园口站发生次数略有减少,其中 6 000~10 000 m³/s 流量级潼关站发生次数明显少于花园口站。

表 4-1　花园口、潼关站洪水发生次数统计

流量级(m³/s)	花园口		潼关	
	场次(次)	频次(次/a)	场次(次)	频次(次/a)
4 000~10 000	104	1.7	87	1.4
4 000~5 000	42	0.7	42	0.7
4 000~6 000	65	1.1	62	1.0
6 000~8 000	28	0.5	18	0.3
8 000~10 000	11	0.2	5	0.1
10 000 以上	5	0.1	5	0.1

4.1.2.2　洪水发生时间分析

统计花园口、潼关站不同量级洪水的发生时间,见表4-2。花园口站 5 月、6 月 4 000~10 000 m³/s 洪水次数占总次数(109 场)的 4.6%,7 月、8 月洪水占 62.4%,9 月洪水占 21.1%,10 月洪水占 7.3%;4 000~6 000 m³/s 洪水各月发生比例与 4 000~10 000 m³/s 的比例基本一致;6 000~8 000 m³/s 洪水在 9 月、10 月的发生比例较其他量级高,约占这一量级总次数(28 次)的 39.3%;8 000~10 000 m³/s 洪水基本都发生在 7 月、8 月。潼关站 4 000 m³/s 以上洪水发生时间为 5~10 月,其中主要集中在 7 月、8 月,占总次数的 71.7%,其次为 9 月,发生在后汛期的场次数占总数的 23.9%。对于 4 000~10 000 m³/s 量级的洪水,潼关站 7 月、8 月发生次数占 67.4%,基本上洪水量级越大,发生在 7 月、8 月的概率越高。

表 4-2 花园口、潼关站不同量级洪水发生时间统计表

流量级 (m³/s)	不同月份统计					前后汛期统计				
		花园口		潼关			花园口		潼关	
	月份	次数 (次)	比例 (%)	次数 (次)	比例 (%)	分期	次数 (次)	比例 (%)	次数 (次)	比例 (%)
4 000 ~ 6 000	5 ~ 6	3	2.8	4	4.3	汛前前	47	43.2	43	46.7
	7 ~ 8	44	40.4	39	42.4					
	9	14	12.8	15	16.3	后	18	16.5	21	22.8
	10	4	3.7	6	6.5					
6 000 ~ 8 000	5 ~ 6	2	1.8			汛前前	17	15.6	18	19.6
	7 ~ 8	15	13.8	18	19.6					
	9	7	6.4			后	11	10.1		
	10	4	3.7							
8 000 ~ 10 000	5 ~ 6					汛前前	9	8.3	5	5.4
	7 ~ 8	9	8.3	5	5.4					
	9	2	1.8			后	2	1.8		
	10									
4 000 ~ 10 000	5 ~ 6	5	4.6	4	4.3	汛前前	73	67.0	66	71.7
	7 ~ 8	68	62.4	62	67.4					
	9	23	21.1	15	16.3	后	31	28.4	21	22.8
	10	8	7.3	6	6.5					
10 000 以上	5 ~ 6					汛前前	5	4.6	4	4.3
	7 ~ 8	5	4.6	4	4.3					
	9			1	1.1	后			1	1.1

4.1.2.3 洪水历时分析

对花园口 4 000 m³/s 以上流量级洪水的历时进行统计,见表 4-3。各场次洪水平均历时为 17 d,最大历时为 53 d,最小为 3 d。历时不大于 5 d 和大于 30 d 的场次各占总场次的 8.3%、15.6%。绝大多数洪水场次历时在 5 ~ 30 d(占总数的 76.1%),其中以 5 ~ 12 d 的洪水过程出现次数最多,其次为 12 ~ 20 d 的洪水过程。这说明花园口站的洪水过程一般不超过 30 d。

表 4-3 花园口中小洪水历时统计表

洪水历时(d)	≤5	5 ~ 12	12 ~ 20	20 ~ 30	30 ~ 45	>45
场次(次)	9	41	25	17	12	5
占总次数比例(%)	8.3	37.6	22.9	15.6	11.0	4.6

统计花园口 4 000 ~ 10 000 m³/s 量级洪水中历时小于 20 d 洪水所占比例,见表 4-4。4 000 ~ 6 000 m³/s 的 65 场洪水中,有 53 场历时小于 20 d,占 4 000 ~ 10 000 m³/s 量级洪水的 51% ;6 000 ~ 8 000 m³/s 的 28 场洪水中,有 15 场历时小于 20 d,这一量级的洪水有接近半数的历时较长;8 000 ~ 10 000 m³/s 的 11 场洪水中,有 4 场历时小于 20 d,7 场洪水历时大于等于 20 d。洪水量级越大,大于等于 20 d 的长历时洪水比例越高。

表 4-4　花园口不同量级、不同历时洪水次数统计表

洪水量级 (m³/s)	分级 次数	历时 <20 d		历时 ≥20 d	
		场次	占总次数比例 (%)	场次	占总次数比例 (%)
4 000 ~ 6 000	65	53	51.0	12	11.5
6 000 ~ 8 000	28	15	14.4	13	12.5
8 000 ~ 10 000	11	4	3.8	7	6.7
4 000 ~ 10 000	104	72	72.1	32	27.9

结合洪水发生时间,进一步分析历时大于等于 20 d 的洪水特点,结果表明:花园口 6 000 ~ 8 000 m³/s 洪水基本都发生在 8 ~ 10 月;8 000 ~ 10 000 m³/s 洪水则基本都发生在 7 ~ 9 月。

4.1.2.4　洪水来源组成分析

统计花园口各量级不同时段洪水总量组成及比例,见表 4-5。总体来看,最大 3 d、最大 5 d 洪量的组成比例差别不大,在花园口 4 000 ~ 10 000 m³/s 流量级的洪水中,随着花园口流量级的增加,潼关平均来水比例基本上是逐渐减小的,三花间来水比例逐渐增加。6 000 ~ 8 000 m³/s 流量级的洪水,潼关来水比例最小,三花间来水比例最大。

表 4-5　花园口不同流量级洪水各时段洪水总量组成及比例表

项目	花园口流量级 (m³/s)	多年平均最大 3 d 洪量			多年平均最大 5 d 洪量			多年平均场次洪量		
		花园口	潼关	三花间	花园口	潼关	三花间	花园口	潼关	三花间
洪量 (亿 m³)	4 000 ~ 10 000	11.48	9.01	2.47	16.46	12.93	3.53	45.34	36.94	8.40
	4 000 ~ 5 000	8.78	7.53	1.25	12.14	10.43	1.71	31.45	26.48	4.97
	4 000 ~ 6 000	9.54	8.06	1.48	13.57	11.42	2.15	32.82	27.42	5.40
	6 000 ~ 8 000	14.01	9.80	4.21	20.20	14.23	5.97	63.00	48.90	14.10
	8 000 ~ 10 000	16.53	12.16	4.37	24.08	17.89	6.19	75.47	62.58	12.89
	10 000 以上	24.13	11.28	12.85	33.20	16.10	17.10	62.38	33.04	29.34
比例 (%)	4 000 ~ 10 000	100	78	22	100	79	21	100	81	19
	4 000 ~ 5 000	100	86	14	100	86	14	100	85	15
	4 000 ~ 6 000	100	84	16	100	84	16	100	84	16
	6 000 ~ 8 000	100	70	30	100	70	30	100	78	22
	8 000 ~ 10 000	100	74	26	100	74	26	100	83	17
	10 000 以上	100	47	53	100	48	52	100	53	47

4.1.2.5　潼关站高含沙洪水分析

统计潼关站不同时期实测洪水中含沙量大于 200 kg/m³ 的高含沙洪水次数,见表 4-6。由表可见,潼关实测洪峰流量为 4 000 ~ 10 000 m³/s 的洪水,1960 ~ 2015 年间共发生了 99 场,其中 40 场洪水含沙量大于 200 kg/m³,属于高含沙洪水,高含沙比例为 40.4%。三门峡水库按照蓄清排浑运用后的 1974 ~ 1999 年间共发生了 51 场,有 20 场洪水为高含沙洪水,占 39.2%。龙羊峡水库运用后,拦蓄黄河上游汛期来水,减小中下游汛期洪水流量,高含沙洪水比例较以往增大,1987 ~ 2015 年间潼关站共发生了 24 场 4 000 ~ 10 000 m³/s 流量级洪水,其中 13 场为高含沙洪水,高含沙比例为 54.2%;发生了 8 场 5 000 ~ 10 000 m³/s 流量级洪水,其中 6 场为高含沙洪水,高含沙比例为 75%;6 000 ~ 10 000 m³/s 共 5 场,全部都是高含沙洪水。

可见,龙羊峡水库运用后潼关站洪水中高含沙洪水的比例较以往增大较多,小浪底水库拦沙后期,上游龙羊峡、刘家峡等大型水库对汛期洪水流量的拦蓄作用依然较大,根据 1987 ~ 2015 年潼关实测高含沙洪水的比例判断,今后潼关站 4 000 ~ 10 000 m³/s 洪水中高含沙的比例可能达到 50% 以上,即潼关站有一半以上的洪水都是高含沙洪水;特别是洪峰流量较大的洪水,比如 6 000 ~ 10 000 m³/s 洪水中高含沙的比例更高,绝大部分都是高含沙洪水。

表 4-6　潼关站不同时期高含沙洪水次数统计表

时段	流量级(m³/s)	总次数(次)	高含沙次数(次)	高含沙比例(%)
1960 ~ 2015 年	4 000 ~ 10 000	99	40	40.4
	6 000 ~ 10 000	29	16	55.2
1974 ~ 1999 年	4 000 ~ 10 000	51	20	39.2
	6 000 ~ 10 000	14	7	50.0
1987 ~ 2015 年	4 000 ~ 10 000	24	13	54.2
	5 000 ~ 10 000	8	6	75.0
	6 000 ~ 10 000	5	5	100.0

进一步统计不同时期高含沙洪水特点,见表 4-7。1960 ~ 1986 年前汛期潼关站 4 000 m³/s 以上洪水中高含沙洪水所占比例为 50%,6 000 m³/s 以上洪水高含沙洪水所占比例为 63%。1987 ~ 2015 年前汛期潼关站 4 000 m³/s 以上洪水中高含沙洪水所占比例达 61.9%,5 000 m³/s 以上洪水中高含沙洪水所占比例为 75.0%。现状工程情况下,潼关站前汛期 6 000 m³/s 以上中小洪水几乎全部为高含沙洪水。

表 4-7　潼关站不同时期高含沙洪水次数统计表

时期	流量级（m³/s）	汛期			前汛期		
		总次数（次）	高含沙次数（次）	高含沙比例（%）	总次数（次）	高含沙次数（次）	高含沙比例（%）
1960 ~ 1986 年	>4 000	81	33	40.7	66	33	50
	>5 000	49	25	51	40	25	62.5
	>6 000	32	17	53.1	27	17	63
	4 000 ~ 10 000	75	27	36	60	27	45
	5 000 ~ 10 000	43	19	44.2	43	19	44.2
	6 000 ~ 10 000	26	11	42.3	26	11	42.3
1987 ~ 2015 年	4 000 ~ 10 000	24	13	54.2	21	13	61.9
	5 000 ~ 10 000	8	6	75.0	8	6	75.0
	6 000 ~ 10 000	5	5	100	5	5	100
1960 ~ 2015 年	>4 000	105	46	43.8	85	46	54.1
	>5 000	57	31	54.4	48	31	64.6
	>6 000	37	22	59.5	32	22	68.8
	4 000 ~ 10 000	99	40	40.4	81	40	49.4
	5 000 ~ 10 000	51	25	49.0	51	25	49.0
	6 000 ~ 10 000	31	16	51.6	31	16	51.6

4.1.3　洪水泥沙分类指标分析

4.1.3.1　洪水分类指标分析

以潼关站 5 d 洪量占花园口站的比重为洪水分类指标。

本次研究中,对于花园口站场次洪水的分类,参考以往研究成果的划分方法,按洪水的不同来源划分为潼关以上来水为主、三花间来水为主和潼关上下共同来水三类。

由表 4-5 可知,从不同量级洪水最大 3 d、最大 5 d 洪量的来源看,组成比例差别不大,综合考虑各来源区流域面积所占比例等因素,以 5 d 洪量的比例作为划分不同类型洪水的指标,具体为:潼关以上来水为主,潼关 5 d 洪量占花园口 70% 以上;三花间来水为主,三花间 5 d 洪量占花园口 50% 以上;潼关上下共同来水,潼关 5 d 洪量占花园口 51% ~ 69%。按上述指标划分后的花园口不同类型场次洪水情况见表 4-8。

表 4-8　花园口不同来源区、不同量级洪水

花园口流量级（m^3/s）	不同来源区为主的洪水次数(次)和比例(%)						
	总次数	潼关以上来水为主		三花间来水为主		潼关上下共同来水	
		次数	比例	次数	比例	次数	比例
4 000 以上	109	72	66.1	15	13.8	22	20.2
4 000 ~ 10 000	104	71	68.3	12	11.5	21	20.2
4 000 ~ 6 000	65	51	78.5	4	6.2	10	15.4
6 000 ~ 8 000	28	12	42.9	6	21.4	10	35.7
8 000 ~ 10 000	11	8	72.7	2	18.2	1	9.1
10 000 以上	5	1	20.0	3	60.0	1	20.0

4.1.3.2　泥沙分类指标分析

以潼关站的瞬时最大含沙量 200 kg/m^3 为泥沙分类指标。

洪水泥沙主要分为高含沙量洪水和除此以外的一般含沙量洪水。关于高含沙量洪水的定义,钱宁在《钱宁论文集》、张瑞瑾在《河流动力学》一书、钱意颖在《高含沙均质水流基本特性的试验研究》一文中曾分别给出了他们的见解,虽不完全一致,但都认为高含沙量洪水应该是不仅含沙量高、而且有一定的极细颗粒泥沙的洪水,进而使水流的物理特性、运动特性和输沙特性等不再符合牛顿流体的规律,而更倾向于宾汉流体。张瑞瑾在《河流动力学》一书中作出如下阐述:当某一水流强度的挟沙水流中,其含沙量及泥沙颗粒组成,特别是粒径 d 小于 0.01 mm 的细颗粒所占百分数,使该挟沙水流在其物理特性、运动特性和输沙特性等方面基本不能再用牛顿流体进行描述时,这种挟沙水流可称为高含沙水流。例如,对黄河中下游干流而言,当水流含沙量为 200 ~ 300 kg/m^3 时,水流即属宾汉流体,便可成为高含沙水流。赵文林在《黄河泥沙》一书中认为,对于黄河下游,一般认为水流含沙量达 200 kg/m^3 以上即可称为高含沙量洪水。齐璞在其《黄河高含沙水流的高效输沙特性形成机理》一文中也认为当洪水含沙量达到 200 kg/m^3 时,下游河道输送泥沙最为困难。因此,整体来看,通过研究高含沙水流特性,形成了较为一致的认识,即判定黄河中下游洪水含沙量 200 kg/m^3 以上的水流即可认为是高含沙水流。表 4-9 统计了潼关站实测不同量级、不同含沙量场次洪水情况。

表 4-9　潼关站不同含沙量场次洪水次数

花园口流量级（m^3/s）	不同含沙量的洪水次数(次)和比例(%)								
	总次数	≤100 kg/m^3		100 ~ 200 kg/m^3		200 ~ 300 kg/m^3		≥300 kg/m^3	
		次数	比例	次数	比例	次数	比例	次数	比例
4 000 以上	109	42	38.5	24	22.0	25	22.9	18	16.5
4 000 ~ 10 000	104	42	40.4	22	21.2	23	22.1	17	16.3
4 000 ~ 6 000	65	26	40.0	16	24.6	14	21.5	9	13.8
6 000 ~ 8 000	28	15	53.6	3	10.7	7	25.0	3	10.7
8 000 ~ 10 000	11	1	9.1	3	27.3	2	18.2	5	45.5
10 000 以上	5	0	0.0	2	40.0	2	40.0	1	20.0

4.1.4　洪水泥沙分类

　　根据上述有关洪水泥沙分类指标的分析,初步将花园口站场次洪水划分为 5 类,即潼关以上来水为主高含沙洪水、潼关以上来水为主一般含沙洪水、潼关上下共同来水高含沙洪水、潼关上下共同来水一般含沙洪水和三花间来水为主洪水。按照以上划分方法,花园口站还现后场次洪水情况见图 4-1。

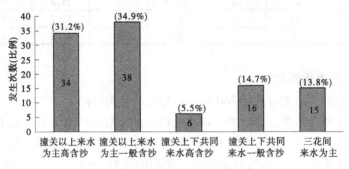

图 4-1　花园口不同类型洪水发生次数

4.2　不同类型洪水泥沙特点

4.2.1　潼关以上来水为主高含沙

4.2.1.1　洪水发生频次

　　图 4-2 为统计的花园口站潼关以上来水为主高含沙洪水发生频次。1954 ~ 2015 年,花园口站 4 000 m³/s 以上流量级该类型洪水共发生 34 场,平均一年发生 0.55 次,占全部场次洪水的 31.2%。其中 4 000 ~ 6 000 m³/s 场次最多,共 20 场,平均一年发生 0.32 次,量级越大,发生次数越小,10 000 m³/s 以上的发生 1 次。

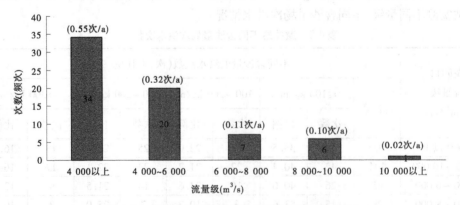

图 4-2　花园口站不同量级洪水发生次数(高含沙)

统计该类型不同量级洪水潼关站日均含沙量、最大含沙量,见图 4-3。花园口站 4 000

m³/s 以上流量级该类型洪水潼关站实测最大日均含沙量为 340.6 kg/m³,瞬时最大含沙量为 911 kg/m³。绝大多数洪水日均含沙量在 60～200 kg/m³,占总发生次数的 68%,日均含沙量小于 60 kg/m³ 和大于 200 kg/m³ 的洪水次数各占 16% 左右。最大含沙量多在 200～500 kg/m³,占总数的 79%,其中最大含沙量在 200～300 kg/m³ 的洪水占总数的 50%。基本上洪水量级越大,最大含沙量越大。

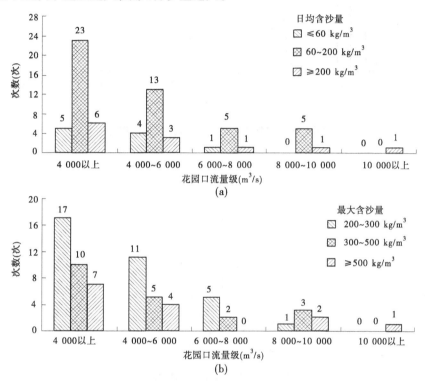

图 4-3　潼关站不同含沙量洪水发生次数(高含沙)

4.2.1.2　洪水发生时间

统计花园口站洪水发生时间,见图 4-4。从图中看出,该类型花园口 4 000 m³/s 以上流量级洪水发生时间为 6～9 月,其中主要发生在 7、8 月,占总发生次数的 94% 左右,其次为 6、9 月。基本上洪水量级越大,发生在 7、8 月的比例越大。

统计该类型洪水潼关站洪峰、沙峰出现时间,见图 4-5。从图中可以看出,绝大多数洪水洪峰出现时间与沙峰出现时间相差不超过 1 d,有 23 场,占总数的 68%。洪峰早于沙峰出现的洪水有 5 场,时间差不超过 5 d。洪峰晚于沙峰出现的洪水有 6 场,其中有 4 场洪水时间差超过 5 d。

4.2.1.3　洪水历时

对花园口站 4 000 m³/s 以上流量级洪水的历时进行统计,见图 4-6。各场次洪水平均历时为 15 d,最大历时为 39 d,最小为 3 d。绝大多数洪水场次历时在 5～30 d(占总数的 82%),说明该类型洪水花园口站的洪水过程一般不超过 30 d。

4.2.1.4　洪水地区组成

对花园口站 4 000 m³/s 以上流量级洪水的地区组成进行分析,见图 4-7。可见,5～8

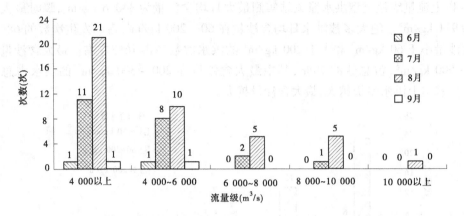

图4-4　花园口站不同量级洪水发生时间(高含沙)

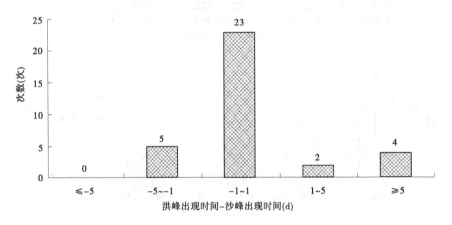

图4-5　潼关站洪峰、沙峰出现时间比较(高含沙)

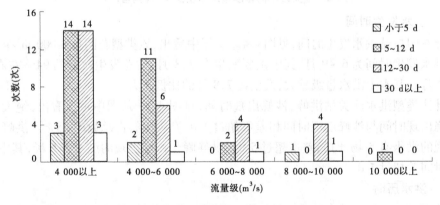

图4-6　花园口站不同量级洪水历时(高含沙)

月河龙间来水为主和上游+河龙间+龙潼间共同来水的洪水发生概率较高,分别占该时期洪水总数的29%和21%,其他地区组成的洪水发生概率基本相当;9~10月发生高含沙洪水概率很低,仅1场,洪水主要来源于上游。

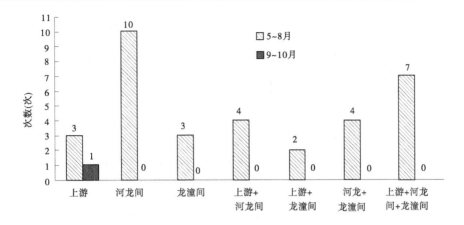

图 4-7　不同来源区洪水发生次数（高含沙）

4.2.2　潼关以上来水为主一般含沙

4.2.2.1　洪水发生频次

图 4-8 为统计的花园口站潼关以上来水为主一般含沙洪水发生频次,1954～2015 年,花园口站 4 000 m³/s 以上流量级该类型洪水共发生 38 场,平均一年发生 0.61 次,占全部场次洪水的 34.8%。其中 4 000～6 000 m³/s 场次最多,共 31 场,平均一年发生 0.50 次。往上量级越大,发生次数越小,该类型没有发生 10 000 m³/s 以上的洪水。潼关以上来水为主一般含沙洪水和高含沙洪水相比,4 000～6 000 m³/s 前者发生次数多于后者,6 000 m³/s 以上发生次数后者较多,说明 6 000 m³/s 以上洪水为高含沙洪水概率更高。

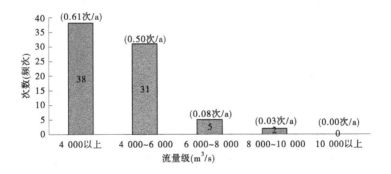

图 4-8　花园口不同量级洪水发生次数（一般含沙）

统计该类型不同量级洪水潼关站日均含沙量、最大含沙量,见图 4-9。由图可见,绝大多数洪水日均含沙量在 20～80 kg/m³,占总发生次数的 66%;其次是 80～200 kg/m³,占总数的 24% 左右。最大含沙量集中在 20～200 kg/m³。基本上洪水量级越大,最大含沙量越大。

4.2.2.2　洪水发生时间

统计花园口站洪水发生时间,见图 4-10。该类型花园口 4 000 m³/s 以上流量级洪水发生时间为 6～10 月,6～8 月洪水发生次数占总数的 66% 左右,9～10 月洪水场次占总次数的

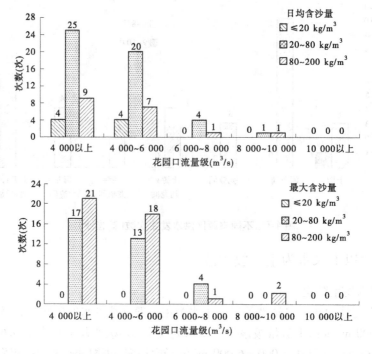

图 4-9   潼关站不同含沙量洪水发生次数(一般含沙)

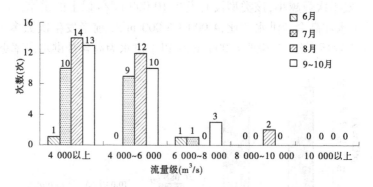

图 4-10   花园口站不同量级洪水发生时间(一般含沙)

34%。与潼关以上来水为主高含沙量洪水相比,该类型洪水 9 月以后发生次数明显增多。

对不同量级洪水发生时间分别进行统计可以看出,基本上洪水量级越大,发生在 7、8 月的比例越大,但 6 000～8 000 m³/s 量级的洪水花园口站 7、8 月发生次数仅占总次数的 20%,发生在 9、10 月的占 60%。

统计该类型洪水潼关站洪峰、沙峰出现时间,见图 4-11。从图中可以看出,绝大多数洪水洪峰出现时间与沙峰出现时间相差不超过 1 d,有 23 场,占总数的 61%。洪峰早于沙峰出现的洪水有 12 场,占总数的 32%,其中有 10 场洪水的洪峰、沙峰出现时间差不超过 5 d。洪峰晚于沙峰出现的洪水较少,仅有 3 场。

4.2.2.3   洪水历时

对花园口站 4 000 m³/s 以上流量级洪水的历时进行统计,见图 4-12。各场次洪水平

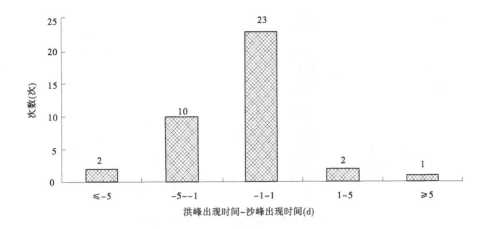

图 4-11　潼关站洪峰、沙峰出现时间比较(一般含沙)

均历时为 16 d,最大历时为 51 d,最小为 4 d。历时小于 5 d 和大于 30 d 的场次各占总场次的 14% 左右,绝大多数洪水场次历时在 5 ~ 30 d。5 ~ 12 d 和 12 ~ 30 d 洪水过程的次数相近,基本上洪水量级越大,历时越长。

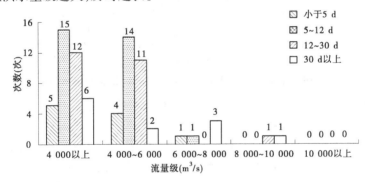

图 4-12　花园口站不同量级洪水历时(一般含沙)

4.2.2.4　洪水地区组成

对花园口站 4 000 m³/s 以上流量级洪水的地区组成进行分析,见图 4-13。可见,5 ~ 8 月各类型地区组成洪水发生概率相差不大;9 ~ 10 月以龙潼间来水为主的洪水发生概率最高,占该时期洪水总数的 67%。

4.2.3　三花间来水为主

4.2.3.1　洪水发生频次

图 4-14 为统计的花园口站三花间来水为主洪水发生频次,1954 ~ 2015 年,花园口站 4 000 m³/s 以上流量级该类型洪水共发生 15 场,平均一年发生 0.24 次,占全部场次洪水的 13.8%。该类型洪水各量级发生次数相差不大,其中 10 000 m³/s 以上所占比例明显高于其他类型洪水,说明这类洪水是花园口大流量级洪水的常见类型。

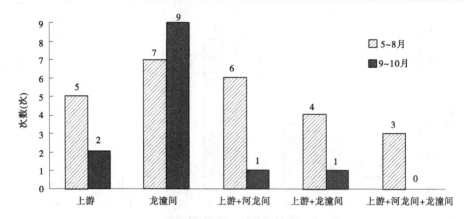

图 4-13　不同来源区洪水发生次数(一般含沙)

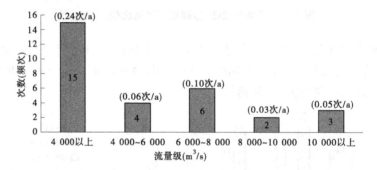

图 4-14　花园口站不同量级洪水发生次数(三花间来水为主)

统计该类型不同量级洪水潼关站日均含沙量、最大含沙量,见图 4-15。由图可见,绝大多数洪水日均含沙量在 20～60 kg/m³,占总发生次数的 60%;其次是 60～200 kg/m³,占总数的 27% 左右。最大含沙量多在 60～200 kg/m³,占总数的 53%;最大含沙量在 20～60 kg/m³ 和高于 200 kg/m³ 的洪水各占 20%。基本上洪水量级越大,最大含沙量越大。

4.2.3.2　洪水发生时间

统计该类型洪水花园口站发生时间,见图 4-16。花园口 4 000 m³/s 以上流量级洪水发生时间为 5～9 月,其中主要发生在 7、8 月,占总发生次数的 80% 左右,其次为 9 月。5～8 月洪水场次占总次数的 87% 左右,9 月发生洪水次数占总次数的 13% 左右。

对不同量级洪水发生时间分别进行统计可以看出,对于 4 000～10 000 m³/s 流量级的洪水,花园口站 7、8 月发生次数占 75%,基本上洪水量级越大,发生在 7、8 月的比例越大,9 月以后没有发生 8 000 m³/s 以上的该类型洪水。

统计比较该类型洪水潼关站洪峰、沙峰出现时间,见图 4-17。从图中可以看出,绝大多数洪水洪峰出现时间与沙峰出现时间相差不超过 1 d,占总数的 60%。洪峰早于沙峰出现的洪水较少,且洪峰、沙峰出现时间差不超过 5 d。

4.2.3.3　洪水历时

对花园口站 4 000 m³/s 以上流量级洪水的过程历时进行统计,见图 4-18。各场次洪水平均历时为 15 d,最大历时为 32 d,最小历时为 4 d。历时小于 5 d 和大于 30 d 的场次各占总场次的 7% 和 13%,绝大多数洪水场次历时在 5～30 d,其中又以 5～12 d 的次数最多,占 60%。

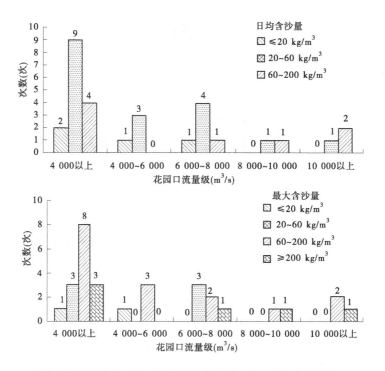

图 4-15　潼关站不同含沙量洪水发生次数（三花间来水为主）

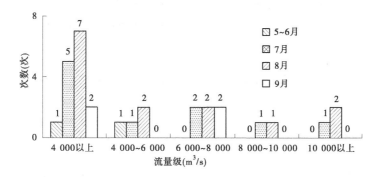

图 4-16　花园口站不同量级洪水发生时间（三花间来水为主）

4.2.4　潼关上下共同来水高含沙

4.2.4.1　洪水发生频次

图 4-19 为统计的花园口站潼关上下共同来水高含沙洪水发生频次，1954～2015 年，花园口站 4 000 m³/s 以上流量级该类型洪水共发生 6 场，平均一年发生 0.10 次，占全部场次洪水的 5.5%。从洪水量级上来看，各量级均有可能发生该类型的洪水，但量级越大，频次越低。

统计该类型不同量级洪水潼关站日均含沙量、最大含沙量，见图 4-20。花园口站 4 000 m³/s 以上流量级该类型洪水潼关站实测最大日均含沙量为 149 kg/m³，瞬时最大含

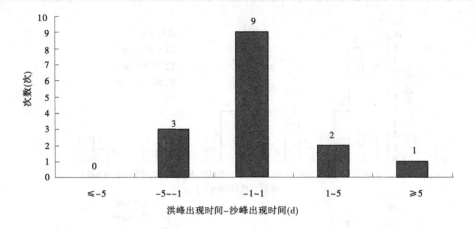

图 4-17 潼关站洪峰、沙峰出现时间比较(三花间来水为主)

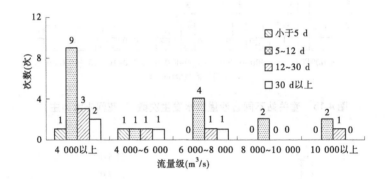

图 4-18 花园口站不同量级洪水历时(三花间来水为主)

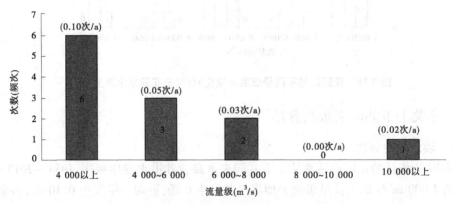

图 4-19 花园口站不同量级洪水发生次数(潼关上下共同来水高含沙)

沙量为 272 kg/m³。绝大多数洪水日均含沙量在 80 ~ 200 kg/m³,占总数的 67%,其次是 20 ~ 80 kg/m³,占总数的 33%。洪水的最大含沙量集中在 200 ~ 300 kg/m³,占总数的 83%。

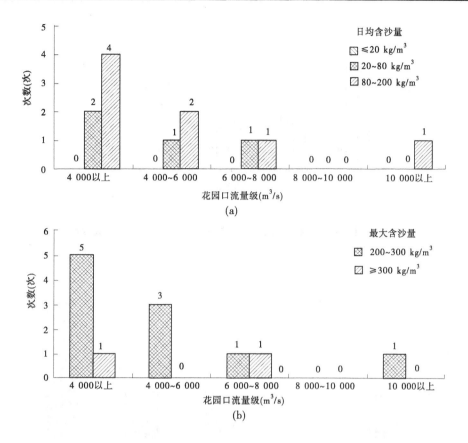

图 4-20　潼关站不同含沙量洪水发生次数(潼关上下共同来水高含沙)

　　相较而言,潼关上下共同来水高含沙洪水的发生频次和最大含沙量明显低于潼关以上来水为主高含沙洪水。

4.2.4.2　洪水发生时间

　　统计花园口站洪水发生时间,见图 4-21。从图中可以看出,花园口站 4 000 m³/s 以上流量级该类型洪水发生时间比较集中,均发生在 7、8 月。

　　统计比较该类型洪水潼关站洪峰、沙峰出现时间,见图 4-22。从图中看出,绝大多数洪水洪峰出现时间晚于沙峰出现时间,其中时间差超过 5 d 的有 3 场,占总数的 50%。

4.2.4.3　洪水历时

　　对花园口站 4 000 m³/s 以上流量级洪水历时进行统计,见图 4-23。各场次洪水平均历时为 16 d,最大历时为 23 d,最小为 8 d。洪水场次历时均在 5 ~ 30 d。

4.2.4.4　干支流来水遭遇特性分析

　　统计花园口站 4 000 m³/s 以上流量级洪水干支流来水的峰现时间,分析遭遇特性,见表 4-10。由表 4-10 可见,干流来水与支流来水基本不遭遇,峰现时差长则 5 ~ 6 d,短则 1 d 左右。其中,支流来水普遍早于干流。

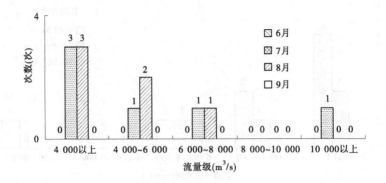

图 4-21　花园口站不同量级洪水发生时间（潼关上下共同来水高含沙）

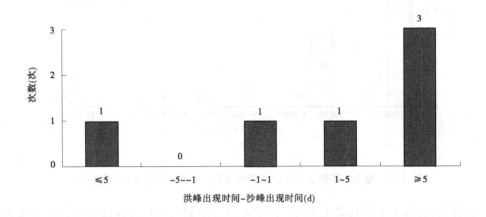

图 4-22　潼关站洪峰、沙峰出现时间比较（潼关上下共同来水高含沙）

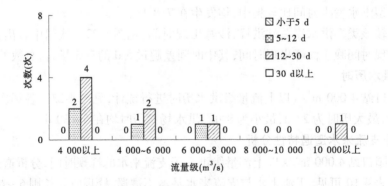

图 4-23　花园口站不同量级洪水历时（潼关上下共同来水高含沙）

表 4-10　干支流来水遭遇特性分析

洪号	洪峰流量（m³/s）			干流及区间来水峰现时差（三花间 – 三门峡在花*）（h）
	花园口	三门峡	三花间	
19560811	4 678	5 680	1 640	− 144
19630831	5 880	2 790	1 990	22
19650722	6 740	3 560	4 170	− 45
19800706	4 086	3 080	1 660	0
19880821	6 950	5 080	2 630	13
19570719	11 800	5 240	5 620	− 7

注：*"三门峡在花"指三门峡站洪水演进至花园口的过程。后同。

4.2.5　潼关上下共同来水一般含沙

4.2.5.1　洪水发生频次

图 4-24 为统计的花园口站潼关上下共同来水一般含沙量洪水发生频次，1954 ~ 2015年，花园口站 4 000 m³/s 以上流量级该类型洪水共发生 16 场，平均一年发生 0.26 次，占全部场次洪水的 14.7%。其中 4 000 ~ 6 000 m³/s、6 000 ~ 8 000 m³/s 场次最多，各占 44%、50%。

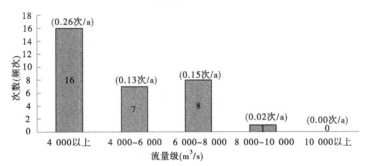

图 4-24　花园口站不同量级洪水发生次数（潼关上下共同来水一般含沙）

统计该类型不同量级洪水潼关站日均含沙量、最大含沙量，见图 4-25。由图可见，该类型洪水日均含沙量较低，绝大多数洪水日均含沙量在 20 ~ 60 kg/m³，占总发生次数的 63%，日均含沙量低于 20 kg/m³ 的洪水占总数的 37%。最大含沙量多在 20 ~ 200 kg/m³，占总数的 94%，其中最大含沙量在 60 ~ 200 kg/m³ 的占总数的 56%。

4.2.5.2　洪水发生时间

统计花园口站洪水发生时间，见图 4-26。花园口 4 000 m³/s 以上流量级该类型洪水发生时间为 5 ~ 10 月，以 9、10 月次数最多，各占总发生次数的 38%。

与其他类型洪水相比，该类型洪水的明显特点是后汛期发生概率较大。

统计比较该类型洪水潼关站洪峰、沙峰出现时间，见图 4-27。从图中看出，该类型洪水洪峰出现时间早于沙峰出现时间的概率较低。洪峰出现时间与沙峰出现时间相差不超过 1 d 的洪水有 7 场，占总数的 44%。洪峰晚于沙峰出现的洪水也有 7 场，其中有 5 场洪

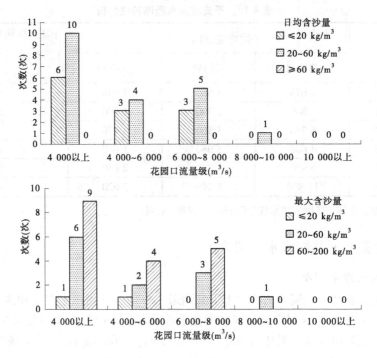

图4-25　潼关站不同含沙量洪水发生次数(潼关上下共同来水一般含沙)

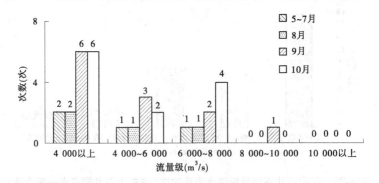

图4-26　花园口站不同量级洪水发生时间(潼关上下共同来水一般含沙)

水的洪峰、沙峰出现时间差超过5 d。

4.2.5.3　洪水历时

对花园口站4 000 m³/s以上流量级洪水的过程历时进行统计,见图4-28。各场次洪水平均历时为29 d,最大历时为53 d,最小为10 d。绝大多数洪水场次历时在12 d以上(占总数的94%),说明该类型洪水的显著特征是历时比较长。

4.2.5.4　干支流来水遭遇特性分析

统计花园口站4 000 m³/s以上流量级洪水干支流来水的峰现时间,分析遭遇特性,见表4-11。由表可见,干流来水与支流来水基本不遭遇,后者的峰现时间普遍早于前者,峰现时差长则5~6 d,短则1 d。

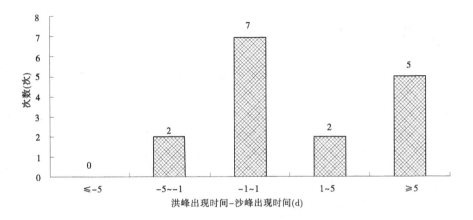

图 4-27 潼关站洪峰、沙峰出现时间比较（潼关上下共同来水一般含沙）

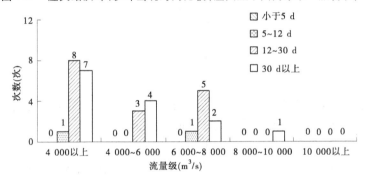

图 4-28 花园口站不同量级洪水历时（潼关上下共同来水一般含沙）

表 4-11 干支流来水遭遇特性分析（潼关上下共同来水一般含沙）

发生时间	洪号	洪峰流量（m³/s）			干流及区间来水峰现时差（三花间－三门峡在花）（h）
		花园口	三门峡	三花间	
5～8月	19630527	7 800	3 210	3 710	−78
	19640529	4 690	3 080	2 720	−148
	19820815	6 640	2 860	4 480	−6
	19830802	5 570	5 830	2 210	0
9～10月	19550919	5 880	6 710	1 300	69
	19611020	5 730	4 890	3 230	−128
	19630922	4 640	4 080	1 870	−20
	19640924	7 900	4 870	4 360	−88
	19641005	7 350	4 660	3 910	−86
	19751004	7 360	5 480	2 930	−80
	19831008	6 540	4 520	2 570	0
	19840912	5 160	4 430	2 290	−36
	19850917	8 970	5 650	4 020	−185
	20031004	5 980	4 730	1 980	−46
	20051003	6 180	4 310	2 990	49
	20110920	7 560	5 800	3 510	5

4.3 洪水量级划分

中国水利部门习惯以洪水要素的重现期划分洪水等级,《国家防汛抗旱应急预案》和《水文情报预报规范》对洪水等级的划分见表4-12。可见,按照我国的标准,小洪水一般理解为重现期小于5 a一遇的洪水;中洪水为重现期5～20 a一遇的洪水;大洪水为重现期20～50 a一遇的洪水;特大洪水为重现期大于50 a一遇的洪水。

表4-12 我国防汛和水文部门预案、规范对洪水等级的划分

级别	《国家防汛抗旱应急预案》		《水文情报预报规范》	
	重现期(a)	洪水等级	重现期(a)	洪水等级
一	5～10	一般洪水	<5	小洪水
二	10～20	较大洪水	5～20	中洪水
三	20～50	大洪水	20～50	大洪水
四	>50	特大洪水	>50	特大洪水

中小洪水指一般常遇洪水,其出现频率高、洪水量级小,能够通过水库、河道等工程措施调控和防御,不致引起太大恐慌。由于不同河流的洪水特点、流域特征、防洪保护范围和要求等不相同,划分洪水量级的标准不尽相同。

参考我国对洪水量级的划分标准,结合以往和本次设计洪水研究成果,并综合考虑黄河下游河道主槽和堤防过流能力、下游滩区防洪要求等诸多因素,确定黄河中下游中小洪水量级。黄河下游堤防设防流量上大下小,孙口以下各站能够通过的黄河流量仅为10 000 m³/s。根据黄河下游滩区淹没范围分析结果,花园口站发生洪峰流量8 000 m³/s左右洪水时,绝大部分滩区(约89%)已受淹;而出现10 000 m³/s左右洪水时,滩区淹没人口已达129万人。

目前黄河下游采用的花园口站天然设计洪水中,5 a一遇洪峰流量为12 800 m³/s。若中游水库群不控制,黄河下游窄河段的设防流量仅相当于5 a一遇左右。若考虑近期人类活动对中小洪水量级影响问题,现状下垫面条件下花园口5 a一遇洪水洪峰流量也在10 000 m³/s左右。显然,对于5 a一遇左右的洪水,黄河下游防洪已面临水库调度、滩区减灾等诸多调度难题。因此,从下游防洪的实际情况看,黄河下游中小洪水的重现期一般不超过5 a。

综合上述分析结果,确定花园口洪峰流量4 000～10 000 m³/s的洪水为黄河下游中小洪水。其中4 000 m³/s为下游河道长期保持的主槽过流能力,即下游最小平滩流量;10 000 m³/s为下游堤防最小设防流量(11 000 m³/s)扣除长青平阴山区加水(1 000 m³/s)后的过流量。由于花园口发生8 000 m³/s洪水时,下游滩区已大部分受淹,可将花园口洪峰流量8 000～10 000 m³/s的洪水视为中小洪水向大洪水的临界过渡量级。在中小洪水防洪运用方式中,重点分4 000～8 000 m³/s和8 000～10 000 m³/s两个量级进行研究。

4.4　场次洪水泥沙过程分析与选择

4.4.1　典型洪水选取原则

根据以上分析的各类型洪水泥沙特点,选择典型洪水遵循以下原则:一是选取范围包含各种洪水来源区、各种含沙量的洪水;二是根据不同类型洪水泥沙特点,有针对性地选取,考虑的因素包括发生时间、洪水历时、峰型等。

4.4.2　设计洪水及设计洪水过程

4.4.2.1　天然设计洪水成果

1.设计洪峰、洪量值

对与本研究有关的三门峡、花园口、三花间各站及区间的天然设计洪水,曾进行过多次分析。在1975年,对三门峡、花园口、三花间等站及区间的洪水进行了比较全面的分析(采用洪水系列截至1969年),其中主要站及区间的成果经原水电部1976年审查核定。在小浪底水利枢纽初步设计、西霞院水利枢纽可行性研究、黄河下游防洪规划、黄河下游长远防洪形势和对策研究中,分别于1980年、1985年、1994年、1999年多次对以上各站及区间的设计洪水进行了分析计算,洪水系列分别延长至1976年、1982年、1991年、1997年,并对1843年和1761年洪水的重现期作了调整,计算了小花间、三花间、花园口无库不决堤设计洪水。复核的设计洪水成果与1976年审定成果相比减小5%～10%,水利部规划设计总院审查认为分析成果与1976年成果差别不大,仍采用1976年审定成果。各有关站及区间不同频率设计洪水成果见表4-13。

表4-13　花园口、三门峡、三花间等站区不同频率天然设计洪水成果

（单位:洪峰流量,m^3/s;洪量,亿m^3）

站名	流域面积（km^2）	项目	频率为$P(\%)$的设计值					
			0.01	0.1	1	2	5	20
三门峡	688 401	洪峰流量	52 300	40 000	27 500	23 700	18 900	11 700
		5 d 洪量	104	81.8	59.1	52.2	43.0	28.6
		12 d 洪量	168	136	104	93.3	79.5	57.0
		45 d 洪量	360	308	251	232	207	161
花园口	730 036	洪峰流量	55 000	42 300	29 200	25 400	20 400	12 800
		5 d 洪量	125	98.4	71.3	63.1	52.1	35.0
		12 d 洪量	201	164	125	113	96.6	69.8
		45 d 洪量	417	358	294	274	245	193

续表 4-13

站名	流域面积 (km²)	项目	频率为 P(%) 的设计值					
			0.01	0.1	1	2	5	20
三花间	41 635	洪峰流量	45 000	34 600	22 700	19 200	14 500	7 710
		5 d 洪量	87.0	64.7	42.8	36.1	27.5	14.8
		12 d 洪量	122	91.0	61.0	52.1	40.3	22.5
小花间	35 881	洪峰流量	35 300	26 500	17 600	15 000	11 500	6 350
		5 d 洪量	70.0	52.5	35.0	30.0	23.2	13.0
		12 d 洪量	99.5	75.4	51.0	44.0	34.1	19.6

2. 典型洪水泥沙过程

大洪水、特大洪水仍选取以往研究中一贯采用的典型，"潼关以上来水为主洪水"典型选取 1933 年洪水；"三花间来水为主洪水"典型选取 1954 年、1958 年、1982 年洪水；"潼关上下共同来水洪水"典型选取 1957 年洪水。各典型洪水具体特征见表 4-14。

表 4-14　黄河中下游大洪水和特大洪水典型成果

类型	典型	洪水历时 (d)	峰型	洪峰流量 (m³/s)		潼关洪量比例 (%)	
				花园口	潼关相应	5 d	12 d
潼关以上来水为主	1933	45	多峰	20 400	22 000	90.8	91.3
三花间来水为主	1954	12	多峰	15 000	4 460	36.6	46.9
	1958	5	单峰	22 300	6 520	45.1	57.2
	1982	6	单峰	15 300	4 710	26.6	37.3
潼关上下共同来水	1957			13 000	5 700	43.8	65.0

1933 年 8 月洪水是陕县实测最大洪水，洪水过程为多峰型，历时达 45 d。洪峰流量三门峡为 22 000 m³/s，考虑洪水消减并沿程加水相抵后，花园口为 20 400 m³/s。该洪水系由河龙间与泾河、渭河、北洛河同时发生较大洪水相遇所组成的。

1954 年 8 月洪水是花园口和三花间实测的较大洪水，洪峰流量花园口为 15 000 m³/s，其中三门峡和三花间相应洪水流量分别为 4 460 m³/s 和 10 540 m³/s。花园口洪水历时 12 d，为连续多峰型洪水。三花间洪峰主要来自伊洛河的上中游和沁河，三小间的洪峰发生时间在花园口洪峰之前。

1958 年 7 月洪水是花园口、三花间实测最大洪水，洪水过程为单峰型，历时约 5 d。洪峰流量花园口为 22 300 m³/s，其中三花间为 15 780 m³/s、三门峡为 6 520 m³/s（花园口断面）。三花间的洪峰流量主要由伊洛河中下游和三小间的洪峰遭遇形成，沁河来水不大，暴雨中心位于三小间的垣曲。

1982 年 8 月洪水是三花间实测第二大洪水，洪水历时约 6 d。花园口实测洪峰流量 15 300 m³/s，决口还原计算后的洪峰流量为 19 050 m³/s，其中三花间、三门峡分别为 14 340 m³/s 和 4 710 m³/s。三花间的洪峰流量系由伊洛河中下游和沁河洪水遭遇形成，三花干(三门峡、花园口、黑石关、小董干流区间)来水也占较大比重。沁河洪水为实测最大,武陟站洪峰流量为 4 130 m³/s。暴雨中心位于伊河石涡。

4.4.2.2　现状工程条件下中小设计洪水

1.设计洪峰、洪量值

从 2.2.2.2 节的分析可以看出,一般认为,目前人类活动对大洪水的影响不大,对中小洪水有一定影响。因此表 4-13 所示的天然设计洪水成果中,大洪水的设计值可以直接采用,而对于高频率的中小洪水,天然设计值与实际情况有一定差别,不便直接用于频率洪水的分析计算。

在"黄河流域综合规划"的专题研究《黄河中常洪水变化研究》中,采用 1950~2005 年还原、还现系列,根据年最大和超定量两种选样方法,分析计算了潼关站不同频率的中小洪水量级,见表 4-15。从表中可以看出,考虑现状工程影响后(还现)的 5 a 一遇设计洪水潼关站洪峰流量为 8 730 m³/s,5 d 洪量为 19.8 亿 m³,比同频率天然设计值分别减小 25% 和 31%。

表 4-15　潼关站还原和还现系列不同频率设计洪水成果比较

(单位:洪峰流量,m³/s;洪量,亿 m³)

选样法	项目	系列	不同频率 P(%)成果			
			10	20	33.3	50
超定量	洪峰流量	还原	12 100	10 300	8 980	7 950
		还现	10 300	8 730	7 580	6 680
		相差(%)	-14.9	-15.2	-15.6	-16.0
	5 d 洪量	还原	29.1	25.8	23.3	21.3
		还现	22.3	19.8	17.9	16.3
		相差(%)	-23.4	-23.3	-23.2	-23.5

注:还现指上游龙羊峡、刘家峡水库和中游水利水保工程还现。

为了分析一般常遇量级洪水防洪运用所需防洪库容,本次在《黄河中常洪水变化研究》的基础上,开展了大量工作,将资料系列延长到 2008 年,研究了上游大型水库(龙羊峡、刘家峡)和中游水利水保工程还现、三花间大型水库(三门峡、小浪底、陆浑、故县)还原后的潼关、花园口、三花间等站和区间的中小设计洪水,见表 4-16。

2.典型洪水泥沙过程

根据各类洪水特点选取 1966 年 8 月 1 日、1976 年 8 月 27 日、1977 年 8 月 4 日、1978 年 8 月 10 日、1992 年 8 月 16 日共 5 场洪水作为潼关以上来水为主典型;选取 1954 年 8 月 5 日、1956 年 8 月 5 日、1958 年 7 月 7 日、1958 年 7 月 18 日、1962 年 8 月 16 日、1964 年 5 月 17 日、1964 年 7 月 28 日、1982 年 8 月 2 日、1996 年 8 月 5 日、2003 年 9 月 7 日、2007 年 7 月 31 日共 11 场洪水作为三花间来水为主典型;选取 1963 年 5 月 27 日、1982 年 8 月 15 日、1988 年 8 月 21 日、1996 年 8 月 5 日共 4 场洪水作为潼关上下共同来水典型。

表 4-16　潼关、花园口、三花间等站和区间还现后的中小设计洪水成果

（单位：洪峰流量，m^3/s；洪量，亿 m^3）

站名	集水面积（km^2）	项目	均值	不同频率 $P(\%)$ 设计值			
				10	20	33.3	50
潼关（三门峡）	682 141	洪峰流量	6 940	10 200	8 590	7 370	6 330
		5 d 洪量	16.86	22.1	19.8	18.0	16.3
		12 d 洪量	31.94	44.8	39.3	34.8	30.5
		45 d 洪量	79.12	130.0	106.9	88.4	71.7
花园口	730 036	洪峰流量	7 687	12 100	9 760	8 040	6 660
		5 d 洪量	22.7	31.8	27.7	24.3	21.4
		12 d 洪量	41.21	58.9	51.3	45.0	39.1
		45 d 洪量	95.07	157.5	129.0	106.2	85.8
三花间	41 635	洪峰流量	3 933	7 570	5 390	3 900	2 840
		5 d 洪量	8.54	15.8	12.0	9.1	6.9
		12 d 洪量	10.48	22.9	15.9	11.3	8.7
小花间	35 881	洪峰流量	3 571	6 840	4 890	3 560	2 600
		5 d 洪量	7.24	13.1	10.1	7.8	6.0
		12 d 洪量	8.97	19.6	13.6	9.8	7.6
小陆故花间	27 019	洪峰流量	2 352	4 590	3 220	2 300	1 660
		5 d 洪量	4.24	8.2	6.0	4.5	3.3
		12 d 洪量	5.09	11.8	7.7	5.2	3.9

注：1. 三花间指三门峡至花园口区间，小花间指小浪底至花园口区间，小陆故花间指小浪底、陆浑、故县至花园口区间。
　　2. 花园口、三花间、小花间设计洪水为上游龙羊峡、刘家峡水库和中游中小型水库、水利水保工程还现，三花间三门峡、小浪底、陆浑、故县大型水库还原后数值。

4.4.2.3　后汛期设计洪水

　　黄河勘测规划设计研究院有限公司于 1988 年分析计算了黄河三门峡、三花间和花园口等站和区间的后汛期设计洪水。该成果已应用于近几年黄河中下游洪水调度方案研究及相关研究中，各站设计洪水参数及各级洪水成果见表 4-17。

4.4.2.4　设计洪水过程

　　设计洪水过程采用仿典型放大方法，对于不同来源区洪水采用不同设计洪水地区组

成。对于潼关以上来水为主的洪水,地区组成为潼关、花园口同频率,三花间相应;对于三花间来水为主的洪水,地区组成为三花间、花园口同频率,潼关相应;对于共同来水的洪水,地区组成为潼关、花园口同倍比,三花间按来水比分配。

表 4-17　黄河下游后汛期设计洪水成果

(单位:洪峰流量,m³/s;洪量,亿 m³)

项目	重现期(a)	站或区间		
		三门峡	三花间	花园口
洪峰流量	3	4 580	1 630	5 330
	5	5 770	2 560	6 930
	20	8 840	5 430	11 600
	50	10 800	7 460	14 700
	100	12 300	9 000	15 880
	1 000	17 100	14 400	25 400
5 d 洪量	3	16.3	3.53	19.2
	5	20.5	5.42	24.0
	20	31.7	11.1	36.6
	50	39.1	15.1	44.7
	100	44.6	18.2	50.9
	1 000	62.9	28.7	71.1
12 d 洪量	3	35.5	6.55	42.5
	5	44.0	9.62	52.2
	20	65.6	18.5	76.7
	50	79.2	24.6	92.0
	100	89	29.2	104
	1 000	122	45.0	140

4.4.3　实测洪水过程

确定黄河中下游中小洪水的管理模式是本书研究的关键。实质是研究中游水库群与下游防洪工程的联合调度方式,重点在于中游水库群运用方式研究。近期受气候变化及人类活动的影响,特别是龙羊峡、刘家峡、小浪底等大型水库先后投入运用,使黄河中下游洪水泥沙特性发生了较大变化。因此,黄河中下游洪水的现状条件应指上游有龙羊峡、刘家峡水库等大型水库,中游无三门峡、小浪底、陆浑、故县水库,但有现状水利水保工程的状态。

选择1954~2008年间花园口还现后洪峰流量4 000~10 000 m³/s量级共99场洪水作为实测洪水典型,其统计特性见表4-18,各典型洪水情况见表4-19。花园口还现洪水指对实测洪水进行三门峡、小浪底、陆浑、故县四座水库调蓄影响还原,对龙羊峡、刘家峡水库及中下游水利水保工程影响进行还现后的洪水。

表4-18　实测洪水典型特性统计

来源区	含沙量	发生时间	场次数
潼关以上来水为主	高含沙量	5~8月	32
	一般含沙量		24
	高含沙量	9~10月	1
	一般含沙量		12
潼关上下共同来水	高含沙量	5~8月	5
	一般含沙量		4
	高含沙量	9~10月	0
	一般含沙量		11
三花间来水为主		5~8月	9
		9~10月	1

花园口1954~2008年间共发生了99场4 000~10 000 m³/s的洪水。从发生时间上看,发生于5~8月的洪水有74场,其中又有69场洪水发生于前汛期(7~8月);发生于9~10月(后汛期)的洪水有25场。从含沙量来看,5~8月发生高含沙量洪水和一般含沙量洪水的概率相当;而9~10月(后汛期)绝大多数洪水含沙量较低,高含沙量洪水仅1场,这场洪水主要来源于潼关以上。从洪水来源区来看,5~8月潼关以上来水为主的洪水居多,有56场;而潼关上下共同来水和三花间来水为主的洪水均只有9场。9~10月潼关以上来水为主和潼关上下共同来水的洪水发生概率基本相当,分别有13场、11场;三花间来水为主的洪水发生概率较小,仅1场。

表 4-19　实测洪水典型情况

洪号	主要来源区	洪水历时(d)	峰型	花园口还现后洪峰流量(m³/s)	5d洪量比例(%) 潼关	三花间
19540905	河龙间	30	单峰	8790	96	4
19550919	上游、三花间	28	多峰	5880	88	12
19560627	龙潼间	8	单峰	6480	82	18
19560706	龙潼间	6	单峰	4720	78	22
19560725	上游、河龙间、龙潼间	5	单峰	4670	93	7
19560805	三花间	12	多峰	7910	39	61
19560811	上游、三花间	19	多峰	4680	77	23
19560902	龙潼间	13	多峰	4520	72	28
19580707	三花间	8	双峰	7130	49	51
19580726	上游、龙潼间	5	单峰	5900	87	13
19580731	上游、河龙间	4	单峰	6180	85	15
19580804	上游、河龙间、龙潼间	7	单峰	7380	81	19
19580815	上游、河龙间、龙潼间	26	双峰	9630	86	14
19590724	河龙间	12	单峰	4830	100	0
19590808	上游	7	双峰	6620	100	0
19590823	上游、河龙间、龙潼间	32	多峰	9830	96	4
19600806	上游、龙潼间	6	单峰	4200	97	3
19750809	三花间	8	单峰	6570	27	73
19751004	龙潼间、三花间	26	多峰	7360	73	27
19751016	龙潼间	39	多峰	4030	93	7
19760731	上游、河龙间	5	单峰	4070	84	16
19760827	上游、龙潼间	46	多峰	8440	86	14
19770708	河龙间、龙潼间	16	双峰	8760	83	17
19770804	河龙间	14	双峰	8840	72	28
19770823	上游	7	单峰	4030	77	23
19780730	河龙间	6	单峰	4750	72	28
19780810	上游、河龙间、龙潼间	6	单峰	5610	100	0
19780920	上游	39	四峰	4810	95	5
19790816	上游、河龙间	23	三峰	5800	100	0
19800706	上游、三花间	14	单峰	4090	65	35
19810709	上游	8	单峰	4520	94	6
19810717	龙潼间	6	单峰	4510	76	24
19810825	龙潼间	17	多峰	5430	78	22
19810910	上游、龙潼间	46	双峰	7400	79	21

续表 4-19

洪号	主要来源区	洪水历时 (d)	峰型	花园口还现后洪峰流量 (m³/s)	5 d洪量比例 (%) 潼关	5 d洪量比例 (%) 三花间
19610803	上游、河龙间	11	单峰	4 350	100	0
19611020	上游、龙潼间、三花间	30	双峰	5 730	74	26
19620816	三花间	19	双峰	5 030	45	55
19630527	龙潼间、三花间	23	多峰	7 800	66	34
19630831	上游、河龙间、龙潼间、三花间	10	单峰	5 880	85	15
19630922	上游、龙潼间、三花间	53	三峰	4 640	72	28
19640517	三花间	4	单峰	4 510	50	50
19640529	龙潼间、三花间	31	双峰	4 690	76	24
19640708	河龙间	11	单峰	5 880	94	6
19640724	上游、河龙间、龙潼间	13	双峰	6 220	75	25
19640728	三花间	6	多峰	9 200	46	54
19640815	上游、河龙间、龙潼间	28	双峰	8 270	87	13
19640924	上游、三花间	35	双峰	7 900	61	39
19641005	龙潼间、三花间	22	单峰	7 350	69	31
19650722	龙潼间、三花间	8	单峰	6 740	63	37
19660801	上游、河龙间、龙潼间	24	单峰	8 940	70	30
19660917	上游、龙潼间	36	双峰	4 300	97	3
19820811	上游	4	双峰	4 430	61	39
19820815	上游、三花间	10	单峰	6 640	50	50
19830802	上游、龙潼间、三花间	32	多峰	5 570	70	30
19830828	上游	15	单峰	4 880	94	6
19830910	龙潼间	11	双峰	5 300	71	29
19830930	龙潼间	18	三峰	4 930	87	13
19831008	上游、龙潼间、三花间	36	双峰	6 540	70	30
19840708	上游、龙潼间、三花间	19	双峰	4 130	92	8
19840806	上游	36	四峰	6 080	85	15
19840830	上游、河龙间、龙潼间	9	单峰	4 030	100	0
19840912	龙潼间、三花间	14	单峰	5 160	70	30
19840926	三花间	32	单峰	6 240	54	46
19850917	龙潼间、三花间	50	单峰	8 970	66	34
19870829	上游、龙潼间	7	单峰	4 090	95	5
19880821	龙潼间、三花间	23	四峰	6 950	68	32
19890724	龙潼间	13	单峰	6 470	90	10
19890821	上游、龙潼间	13	多峰	5 020	80	20

续表 4-19

洪号	主要来源区	洪水历时(d)	峰型	花园口还现后洪峰流量(m³/s)	5d洪量比例(%) 潼关	三花间
19670808	上游、河龙间	18	多峰	4 740	91	9
19670813	上游、河龙间	9	单峰	5 650	92	8
19670822	上游、河龙间	7	双峰	5 570	94	6
19670830	上游、河龙间	6	单峰	4 400	92	8
19670904	上游、河龙间	5	单峰	5 260	97	3
19670910	上游	33	双峰	6 670	81	19
19680722	上游	18	三峰	4 560	84	16
19680817	上游	18	双峰	4 410	90	10
19680915	龙潼间	51	多峰	7 390	78	22
19700805	河龙间	3	单峰	4 320	82	18
19700830	上游、龙潼间	24	单峰	6 490	90	10
19700928	龙潼间	10	单峰	4 290	86	14
19710727	河龙间	7	单峰	4 520	100	0
19720722	上游、河龙间	7	单峰	4 090	100	0
19730903	龙潼间	11	三峰	5 540	88	12
19731008	龙潼间	15	单峰	4 800	85	15

洪号	主要来源区	洪水历时(d)	峰型	花园口还现后洪峰流量(m³/s)	5d洪量比例(%) 潼关	三花间
19890930	上游	13	单峰	4 080	98	2
19900710	龙潼间	13	单峰	4 680	94	6
19910614	上游、河龙间、龙潼间	21	单峰	4 300	88	12
19920816	龙潼间	28	四峰	6 300	86	14
19930806	上游、龙潼间	15	双峰	4 100	93	7
19940710	河龙间、龙潼间	11	双峰	5 460	78	22
19940808	河龙间	6	单峰	5 720	92	8
19960805	河龙间、三花间	11	三峰	8 710	44	56
19960813	河龙间、三花间	12	单峰	5 990	85	15
19980715	河龙间、龙潼间	19	双峰	5 430	81	19
20030907	三花间	23	三峰	6 310	59	41
20030923	龙潼间	15	单峰	4 190	79	21
20031004	龙潼间、三花间	28	双峰	5 980	73	27
20051003	龙潼间、三花间	14	双峰	6 180	72	28
20070731	三花间	31	单峰	4 360	55	45

4.5　水沙系列分析与选择

4.5.1　水沙代表系列选取

4.5.1.1　系列长度

根据洪水泥沙分类管理模式论证的需要,水沙代表系列长度初步考虑 50 a。

4.5.1.2　选取原则

根据对黄河水沙特点、近年来水沙变化的认识,兼顾洪水泥沙分类管理模式论证中方案计算对水沙条件的要求,确定的水沙代表系列选取的原则为:

(1)以预估未来 50 a 黄河龙华河湫四站平均来水量 285 亿 m^3、来沙量 10 亿 ~11 亿 t 为基础,在设计水平年 1956 ~2000 年系列中选取水沙代表系列。

(2)选取的水沙代表系列应由尽量少的自然连续系列组合而成。

(3)选取的水沙系列应反映丰、平、枯水年的水沙情况,适当考虑一些大水、大沙年份和一些枯水、枯沙年份。

(4)选取的水沙系列前期(前 10 a)要有一定的变化幅度,分别考虑丰、平、枯水沙情况。

4.5.1.3　选取结果

根据上述分析和选取的原则,在 2020 年水平 1956 ~2000 年设计水沙系列中初步选取了以下三个系列,依次为 1968 ~1979 年 +1987 ~1999 年 +1962 ~1986 年系列(以下简称 1968 系列)、1960 ~1999 年 +1970 ~1979 年系列(以下简称 1960 系列)、1990 ~1999 年 +1956 ~1995 年系列(以下简称 1990 系列)。各个系列龙华河湫四站水沙特征值见表 4-20。

表 4-20　不同系列四站水沙特征值统计

系列	时段 (a)	水量(亿 m^3)			沙量(亿 t)		
		汛期	非汛期	全年	汛期	非汛期	全年
1968 系列	1 ~10	144.47	143.54	288.01	10.80	1.01	11.81
	1 ~20	138.57	143.22	281.79	9.62	1.10	10.72
	1 ~30	134.05	145.13	279.18	9.31	1.22	10.53
	20 ~50	153.04	147.52	300.56	9.25	1.21	10.46
	30 ~50	167.07	146.79	313.86	9.52	1.08	10.60
	1 ~50	147.25	145.80	293.05	9.40	1.17	10.57

续表 4-20

系列	时段 （a）	水量（亿 m³）			沙量（亿 t）		
		汛期	非汛期	全年	汛期	非汛期	全年
1960 系列	1～10	173.43	166.38	339.81	11.48	1.62	13.10
	1～20	158.86	153.46	312.32	10.97	1.26	12.23
	1～30	162.28	151.88	314.16	9.60	1.23	10.83
	20～50	138.58	140.43	279.01	8.17	1.07	9.24
	30～50	123.31	136.29	259.60	8.83	1.02	9.85
	1～50	146.69	145.64	292.33	9.29	1.15	10.44
1990 系列	1～10	102.33	132.03	234.36	7.19	1.15	8.34
	1～20	127.10	141.48	268.58	8.93	1.28	10.21
	1～30	136.71	144.28	280.99	9.94	1.23	11.17
	20～50	154.40	145.89	300.29	9.56	1.16	10.72
	30～50	153.63	143.89	297.52	8.36	1.18	9.52
	1～50	143.48	144.12	287.60	9.31	1.21	10.52

注：1968 系列为 1968～1979 年 + 1987～1999 年 + 1962～1986 年系列，1960 系列为 1960～1999 年 + 1970～1979 年系列，1990 系列为 1990～1999 年 + 1956～1995 年系列。

1968 系列前 22 a 与目前开展的黄河流域规划选取的系列一致。龙华河湫四站多年平均水量为 293.05 亿 m³、沙量为 10.56 亿 t，与预估的水沙量值较接近。其中前 10 a 水量为 288.01 亿 m³，沙量为 11.81 亿 t，为平水平沙时段；前 20 a 水量为 281.79 亿 m³，沙量为 10.72 亿 t；后 30 a 水量为 300.56 亿 m³，沙量为 10.46 亿 t。从历年水沙过程（见图 4-29）看，该系列四站最大年水量为 510.65 亿 m³，最小年水量为 159.11 亿 m³。最大年沙量为 23.86 亿 t，最小年沙量为 3.43 亿 t。

1960 系列龙华河湫四站多年平均水量为 292.33 亿 m³、沙量为 10.44 亿 t，与预估水沙量值也较为接近。系列前 10 a 水量为 339.81 亿 m³，沙量为 13.10 亿 t，属于水沙偏丰时段；前 20 a 水量为 312.32 亿 m³，沙量为 12.23 亿 t；后 30 a 水量为 279.01 亿 m³，沙量为 9.24 亿 t。从历年水沙过程（见图 4-30）看，该系列四站最大年水量为 510.65 亿 m³，最小年水量为 159.11 亿 m³。最大年沙量为 23.86 亿 t，最小年沙量为 3.43 亿 t。

1990 系列龙华河湫四站多年平均水沙量分别为 287.61 亿 m³、10.52 亿 t。其中前 10 a 水量为 234.36 亿 m³，沙量为 8.34 亿 t，为水沙偏枯时段；前 20 a 水量为 268.58 亿 m³，沙量为 10.21 亿 t；后 30 a 水量为 300.29 亿 m³，沙量为 10.72 亿 t。从历年水沙过程（见图 4-31）看，四站最大年水量为 510.65 亿 m³，最小年水量为 159.11 亿 m³。最大年沙量为 23.86 亿 t，最小年沙量为 3.43 亿 t。

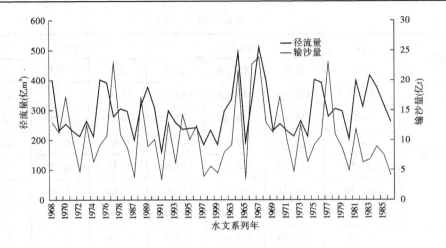

图 4-29　1968 系列四站历年水沙过程

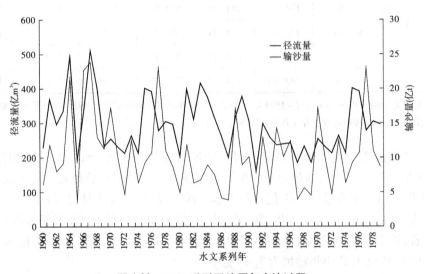

图 4-30　1960 系列四站历年水沙过程

4.5.2　入库水沙条件分析

4.5.2.1　三门峡水库入库水沙条件分析

三门峡入库水沙条件是考虑了龙华河淅四站至潼关河段（简称龙潼河段）冲淤后的潼关断面水沙,四站至潼关河段输沙计算采用黄河设计公司的水文水动力学泥沙数学模型。考虑四站至潼关河段地表水引水量 20 亿 m^3 左右（水资源综合规划成果）,计算结果（见表 4-21）表明:

1968 系列,龙潼河段总体上表现为淤积,非汛期冲刷量小于汛期淤积量。龙潼河段年均淤积 0.64 亿 t,其中前 10 a 年均淤积 0.89 亿 t,前 20 年年均淤积 0.69 亿 t,后 30 a 年均淤积较少,为 0.59 亿 t。经过龙潼河段的冲淤调整,50 a 平均进入潼关断面的水量为 273.61 亿 m^3,沙量为 9.88 亿 t,其中前 10 a 水量为 268.31 亿 m^3,沙量为 10.90 亿 t,为平

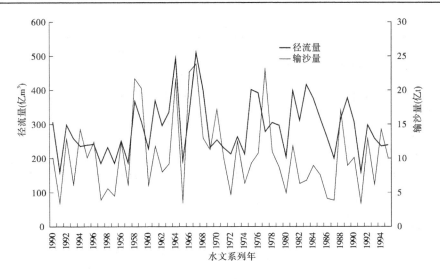

图 4-31　1990 系列四站历年水沙过程

水平沙系列,与四站水沙特点基本一致。

1960 系列,龙潼河段 50 a 年均淤积 0.62 亿 t,其中前 10 a 年均淤积 1.07 亿 t,前 20 a 年均淤积 0.95 亿 t,后 30 a 年均淤积较少,为 0.40 亿 t。经过龙潼河段的冲淤调整,潼关断面 50 a 年均水量为 272.97 亿 m³,沙量为 9.78 亿 t,其中前 10 a 水量为 320.38 亿 m³,沙量为 11.86 亿 t,为水沙平偏丰系列。

1990 系列,龙潼河段 50 a 淤积 0.67 亿 t,其中前 10 a 淤积较少,为 0.47 亿 t,前 20 a 淤积 0.77 亿 t,后 30 a 淤积为 0.61 亿 t。经过龙潼河段的冲淤调整,潼关断面 50 a 平均水量为 268.32 亿 m³,沙量为 9.77 亿 t,其中前 10 a 水量为 215.71 亿 m³,沙量为 7.80 亿 t,为枯水枯沙系列。

表 4-21　不同水沙代表系列龙潼河段冲淤量及潼关断面水沙特征值

系列	时段(a)	龙潼河段冲淤量(亿 t)			潼关断面					
					水量(亿 m³)			沙量(亿 t)		
		汛期	非汛期	全年	汛期	非汛期	全年	汛期	非汛期	全年
1968系列	1~10	1.45	-0.56	0.89	137.78	130.53	268.31	9.33	1.57	10.90
	1~20	1.22	-0.53	0.69	132.09	130.13	262.22	8.33	1.64	9.97
	1~30	1.21	-0.50	0.71	127.71	132.15	259.86	8.04	1.74	9.78
	20~50	1.17	-0.58	0.59	146.54	134.67	281.21	8.04	1.79	9.83
	30~50	1.17	-0.63	0.54	160.34	133.91	294.25	8.33	1.72	10.05
	1~50	1.19	-0.56	0.63	140.76	132.85	273.61	8.15	1.73	9.88

续表 4-21

系列	时段 (a)	龙潼河段冲淤量(亿 t)			潼关断面					
					水量(亿 m³)			沙量(亿 t)		
		汛期	非汛期	全年	汛期	非汛期	全年	汛期	非汛期	全年
1960 系列	1~10	1.63	-0.56	1.07	166.77	153.61	320.38	9.69	2.17	11.86
	1~20	1.54	-0.59	0.95	152.24	140.57	292.81	9.34	1.85	11.19
	1~30	1.22	-0.61	0.61	155.65	138.98	294.63	8.35	1.85	10.20
	20~50	0.96	-0.56	0.40	132.21	127.53	259.74	7.20	1.65	8.85
	30~50	1.15	-0.51	0.64	117.08	123.39	240.47	7.60	1.55	9.15
	1~50	1.19	-0.57	0.62	140.22	132.75	272.97	8.05	1.73	9.78
1990 系列	1~10	0.86	-0.39	0.47	96.46	119.25	215.71	6.23	1.57	7.80
	1~20	1.20	-0.43	0.77	120.81	128.80	249.61	7.62	1.74	9.36
	1~30	1.40	-0.48	0.92	130.33	131.55	261.88	8.40	1.73	10.13
	20~50	1.17	-0.56	0.61	147.88	132.91	280.79	8.32	1.73	10.05
	30~50	0.85	-0.55	0.30	147.13	130.85	277.98	7.50	1.75	9.25
	1~50	1.18	-0.51	0.67	137.05	131.27	268.32	8.04	1.73	9.77

4.5.2.2　小浪底水库入库水沙条件

1.三门峡水库运用方式

2008 年 4 月 26 日召开的小浪底水库拦沙后期运用方式研究专家咨询会,确定三门峡水库运用方式采用"汛敞"方案,即 7~10 月水库完全敞泄运用,11 月至次年 6 月水库按控制平均日均坝前水位不超过 315 m,最高日均水位不超过 318 m,调节期最小下泄流量不小于 200 m³/s 调度运用。

2.小浪底水库入库水沙系列特征值

采用三门峡水库 2007 年 10 月实测地形和库容曲线作为初始边界条件,按"汛敞"运用方式进行三门峡库区冲淤计算,出库的水沙过程,即为小浪底水库的入库水沙过程,各系列特征值见表 4-22。

1968 系列为前 10 a 平水平沙系列。前 10 a 汛期平均水量、沙量分别为 137.70 亿 m³ 和 10.78 亿 t,年平均水量、沙量分别为 267.95 亿 m³ 和 10.98 亿 t。前 10 a 来水最丰的年份为第 8 年,汛期水量、沙量分别为 218.06 亿 m³ 和 10.24 亿 t,年水量、沙量分别为 382.78 亿 m³ 和 10.45 亿 t,而汛期来水最丰的为第 9 年,汛期水量、沙量分别为 241.37 亿 m³ 和 11.04 亿 t。前 20 a 汛期平均水量、沙量分别为 132.03 亿 m³ 和 9.83 亿 t,年均水量、沙量分别为 261.84 亿 m³ 和 10.06 亿 t。50 a 汛期平均水量、沙量分别为 140.70 亿 m³ 和 9.67 亿 t,年均水量、沙量分别为 273.22 亿 m³ 和 9.93 亿 t。

表 4-22　小浪底入库各系列水沙量及丰枯统计特征值

注：3 个系列均值对比的参照值为：全年水量 271.26 亿 m³、全年沙量 9.86 亿 t；汛期水量 139.29 亿 m³、汛期沙量 9.60 亿 t。

系列	时段(a)	三门峡断面 水量(亿 m³) 汛期	非汛期	全年	沙量(亿 t) 汛期	非汛期	全年	K_P 值(全年) 与3个系列均值对比 水量(亿 m³)	沙量(亿 t)	与本系列50 a均值对比 水量(亿 m³)	沙量(亿 t)	K_P 值(汛期) 与3个系列均值对比 水量(亿 m³)	沙量(亿 t)	与本系列50 a均值对比 水量(亿 m³)	沙量(亿 t)
1968 系列	1～10	137.70	130.25	267.95	10.78	0.20	10.98	0.99	1.11	0.98	1.11	0.99	1.12	0.98	1.12
	11～20	126.37	129.37	255.74	8.88	0.27	9.15	0.94	0.93	0.94	0.92	0.91	0.92	0.90	0.92
	1～20	132.03	129.81	261.84	9.83	0.23	10.06	0.97	1.02	0.96	1.01	0.95	1.02	0.94	1.02
	1～30	127.66	131.80	259.46	9.52	0.27	9.79	0.96	0.99	0.95	0.99	0.92	0.99	0.91	0.99
	1～50	140.70	132.52	273.22	9.67	0.26	9.93	1.01	1.01	1.00	1.00	1.01	1.01	1.00	1.00
1960 系列	1～10	166.75	153.28	320.03	11.59	0.40	11.99	1.18	1.22	1.17	1.22	1.20	1.21	1.19	1.21
	11～20	137.58	127.22	264.80	10.46	0.19	10.65	0.98	1.08	0.97	1.08	0.99	1.09	0.98	1.09
	1～20	152.17	140.25	292.42	11.02	0.29	11.31	1.08	1.15	1.07	1.15	1.09	1.15	1.09	1.15
	1～30	155.59	138.69	294.28	9.95	0.29	10.24	1.08	1.04	1.08	1.04	1.12	1.04	1.11	1.04
	1～50	140.16	132.42	272.58	9.58	0.25	9.83	1.00	1.00	1.00	1.00	1.01	1.00	1.00	1.00
1990 系列	1～10	96.48	118.89	215.37	7.62	0.25	7.87	0.79	0.80	0.80	0.80	0.69	0.79	0.70	0.80
	11～20	145.13	138.09	283.22	10.55	0.35	10.90	1.04	1.11	1.06	1.11	1.04	1.10	1.06	1.10
	1～20	120.81	128.49	249.30	9.08	0.30	9.38	0.92	0.95	0.93	0.96	0.87	0.95	0.88	0.95
	1～30	130.31	131.23	261.54	9.92	0.28	10.20	0.96	1.03	0.98	1.04	0.94	1.03	0.95	1.04
	1～50	137.01	130.95	267.96	9.55	0.27	9.82	0.99	1.00	1.00	1.00	0.98	0.99	0.95	1.00

注：K_P = 某一年的年径流量/多年平均径流量（或某一年的沙量/多年平均沙量）。

1960 系列为前 10 a 水沙平偏丰系列。前 10 a 汛期平均水量、沙量分别为 166.75 亿 m^3 和 11.59 亿 t,年平均水量、沙量分别为 320.03 亿 m^3 和 11.99 亿 t;前 10 a 年来水和汛期来水最丰的年份均为第 8 年,汛期水量、沙量分别为 334.69 亿 m^3 和 22.78 亿 t,年水量、沙量分别为 490.68 亿 m^3 和 22.96 亿 t。前 20 a 汛期平均水量、沙量分别为 152.17 亿 m^3 和 11.02 亿 t,年均水量、沙量分别为 292.42 亿 m^3 和 11.31 亿 t。50 a 汛期平均水量、沙量分别为 140.16 亿 m^3 和 9.58 亿 t,年均水量、沙量分别为 272.58 亿 m^3 和 9.83 亿 t。

1990 系列为前 10 a 水沙平偏枯系列。前 10 a 汛期平均水量、沙量分别为 96.48 亿 m^3 和 7.62 亿 t,年平均水量、沙量分别为 215.37 亿 m^3 和 7.87 亿 t;前 10 a 年来水最丰的年份为第 1 年,汛期水量、沙量分别为 121.94 亿 m^3 和 9.08 亿 t,年水量、沙量分别为 286.47 亿 m^3 和 10.00 亿 t,而汛期来水最丰为第 3 年,汛期水量、沙量分别为 136.05 亿 m^3 和 12.27 亿 t。前 20 a 汛期平均水量、沙量分别为 120.81 亿 m^3 和 9.08 亿 t,年均水量、沙量分别为 249.30 亿 m^3 和 9.38 亿 t。50 a 汛期平均水量、沙量分别为 137.01 亿 m^3 和 9.55 亿 t,年均水量、沙量分别为 267.96 亿 m^3 和 9.82 亿 t。

综合比较 3 个系列,50 a 平均水量、沙量都比较接近,年水量为 267.96 亿 ~ 273.22 亿 m^3,年沙量为 9.82 亿 ~ 9.93 亿 t,丰、平、枯主要体现在前 10 a。

4.5.3　系列前 10 a 洪水泥沙特性分析

对三个水沙系列中前 10 a 的场次洪水情况进行统计,结果表明:1960 系列前 10 a 上游来水较丰,高含沙量洪水相对少,系列前 4 a 洪水量级较小,1964 年、1966 年和 1967 年洪水量级较大。1968 系列前 7 a 上游来水平偏枯,高含沙量中小洪水次数较多,但洪水量级都不超过 6 000 m^3/s;第 8、9 年上游来水较丰,第 10 年潼关高含沙量洪水量级大。1990 系列上游来水较小,系列前 7 a 共发生 5 场高含沙量洪水,花园口洪水量级都不大。

三个水沙系列都考虑了上游龙刘水库的调蓄影响和中游水利水保减水减沙作用,从三个系列的上游来水、中游洪水泥沙情况,并结合不同时期洪水来源区分析,1960 系列前 10 a 可以代表上游和龙潼间来水较大的洪水泥沙系列;1968 和 1990 系列前 10 a 可以代表上游来水较小、河龙间来水较大的洪水泥沙系列。

4.6　本章小结

以场次洪水潼关站 5 d 洪量占花园口站的比例作为洪水分类指标,潼关站 5 d 洪量占花园口站 70% 以上的洪水为潼关以上来水为主洪水,占花园口站 50% 以下的为三花间来水为主洪水,占花园口站 51% ~ 69% 的为潼关上下共同来水洪水。以场次洪水潼关站的瞬时最大含沙量作为泥沙分类指标,含沙量 200 kg/m^3 及其以上的为高含沙量洪水,反之为一般含沙量洪水。

根据上述洪水泥沙分类指标,将花园口站场次洪水划分为 5 类,即潼关以上来水为主高含沙量洪水、潼关以上来水为主一般含沙量洪水、潼关上下共同来水高含沙量洪水、潼关上下共同来水一般含沙量洪水和三花间来水为主洪水。各类洪水泥沙特点如下:

(1)潼关以上来水为主高含沙量洪水:此类洪水是花园口洪水的常见类型,发生概率较大,占总发生次数的三成左右。其中94%的洪水发生在7、8月,量级多在4 000 ~ 6 000 m^3/s,最大含沙量多在200 ~ 500 kg/m^3。洪水历时一般不超过30 d,洪峰与沙峰出现时间相差一般不超过1 d。洪水多以河龙间来水为主或上游 + 河龙间 + 龙潼间共同来水为主。

　　(2)潼关以上来水为主一般含沙量洪水:此类型洪水也较为常见,占总发生次数的三成以上。洪水发生在前、后汛期的比例约为2:1,9月以后以6 000 ~ 8 000 m^3/s 量级居多。洪水历时一般在5 ~ 30 d,洪峰与沙峰出现时间相差一般不超过1 d。

　　(3)三花间来水为主洪水:该类型洪水在总发生次数中所占比例不大,但10 000 m^3/s 以上量级洪水所占比例明显高于其他类型洪水,说明这类洪水是花园口大流量级洪水的常见类型。该类型洪水发生时间集中在7、8月,9月洪水量级一般不超过8 000 m^3/s。该类型洪水持续时间相对较短,多为5 ~ 30 d。最大含沙量多在60 ~ 200 kg/m^3。

　　(4)潼关上下共同来水高含沙量洪水:相比较而言,该类型洪水的发生频次和最大含沙量明显低于潼关以上来水为主高含沙量洪水。该类型洪水发生概率较低,仅占总发生次数的5.5%,最大含沙量集中在200 ~ 300 kg/m^3。洪水全部发生在7、8月,历时集中在5 ~ 30 d。洪水的洪峰出现时间一般晚于沙峰出现时间,支流来水时间普遍早于干流。

　　(5)潼关上下共同来水一般含沙量洪水:该类型洪水发生概率较低,占全部洪水场次的14.7%,其中七成以上发生在9月以后。该类型洪水量级一般不超过8 000 m^3/s,且4 000 ~ 6 000 m^3/s、6 000 ~ 8 000 m^3/s 量级洪水基本上各占一半。洪水历时较长,多为12 d以上。支流来水时间普遍早于干流。

　　参考国家对洪水量级的划分标准,结合以往和本次设计洪水研究成果,并考虑黄河下游河道主槽和堤防过流能力、下游滩区防洪要求等因素,确定花园口洪峰流量4 000 ~ 10 000 m^3/s 的洪水为黄河下游中小洪水。其中8 000 ~ 10 000 m^3/s 的洪水为中小洪水向大洪水的临界过渡量级。

参 考 文 献

[1] 李海荣,李文家,张志红,等. 黄河小花间设计洪水研究[J]. 人民黄河, 2002(10):8-9.

[2] 钱宁. 钱宁论文集[M]. 北京:清华大学出版社, 1990.

[3] 张瑞瑾, 谢鉴衡, 陈文彪, 等. 河流动力学[M]. 武汉:武汉大学出版社, 2007.

[4] 钱意颖, 杨文海. 高含沙均质水流基本特性的试验研究[J]. 人民黄河, 1993(2):5.

[5] 赵文林. 黄河泥沙[M]. 郑州:黄河水利出版社, 1996.

[6] 齐璞, 余欣, 孙赞盈, 等. 黄河高含沙水流的高效输沙特性形成机理[J]. 泥沙研究, 2008(4):74-81.

第5章 洪水泥沙分类管理模型研发

本章主要介绍黄河中下游防洪工程体系联合调度模型,并对浑水调洪计算的主要方法等关键技术进行探讨。

黄河中下游防洪工程体系联合调度模型在原三门峡、小浪底、陆浑、故县水库联合调度模型基础上增加了河口村水库,充分利用先进技术手段,以数据库、模型库、方法库、方案库为基础,实现针对各类型洪水防洪工程体系的联合调度模拟计算,可大大提高规划研究的工作效率,为流域和区域规划、工程规划、防汛调度、科学研究提供强有力的技术支撑。

5.1 开发任务

模型开发主要包括常规防洪调度系统、优化防洪调度系统和防洪调度数据库的建立与维护,各部分的开发任务不同。

5.1.1 常规防洪调度系统开发

建立基于规则调度模型的调度方案分析功能,能够灵活地对系统各控制工程(五座水库和两个分滞洪区,远期考虑古贤水库)的计算结果(出库流量或分洪流量)进行人机交互干预,并快速给出干预后的控制工程及相关计算单元的计算结果。

建立与常规调度有关的计算参数的管理与维护功能,保障新软件的数据驱动特性,特别是河道演算中相关系数、河道分段数、系数分级数等必须保持灵活的自适应性。

建立洪水泥沙组成分析、选择与维护功能,利用现有的洪水泥沙分析程序,设计输入输出的可视化界面,并与数据库建立关联,更新和查询计算结果。

基本信息维护与计算结果可视化表达,包括各水库的库容曲线、泄流能力曲线、水库特征值等基本信息的可视化维护,计算条件的可视化设定,以及计算结果的图表显示、打印、转存功能等。

5.1.2 优化防洪调度系统开发

建立五个单库的优化调度模型库,根据不同的目标函数和约束条件构造适合不同情形的洪水调度模型。不同的模型可以任意调整控制条件,获得不同的调度方案,并可通过图表的方式显示或打印不同的洪水调度方案,水库及防洪控制点的水位、流量变化过程等。

建立五库联合防洪优化调度系统,对于预见期足够长的洪水,实现特定目标函数与约束条件下的优化调度模型。

建立方案管理功能,包括可显示、查询、打印方案的详细信息,方案删除,选定某一调度结果指标进行方案优劣排序,从方案集中选某一方案进行灵敏度分析,最终方案存储等功能。

5.1.3　防洪调度数据库的建立与维护

建立洪水泥沙数据库和维护功能,建立历史典型洪水及其特征数据库和维护功能,建立水库基本特征资料数据库和维护功能,建立调度方案数据库和维护功能。

5.2　开发原则

(1)实用性。系统设计以满足联合防洪调度的需要为目标,针对不同河系的特点具体分析,设计相应的系统和模型。

(2)先进性。系统的开发选择当今主流技术,以适应信息技术的飞速发展。

(3)可靠性。防洪调度系统功能复杂,涉及的数据量大、种类繁多,决策关系重大,要求软件系统具有很高的可靠性。在技术方案选择、数据接口设计、运行环境设计等方面,充分考虑系统稳定可靠运行的要求。

(4)高效性。在联合调度环境下,要求调度系统具有很快地查询到所需的各类信息、实现多种调度方案的模拟运行等功能,设计要充分考虑系统高效运行的要求。

(5)灵活性。采用模块化设计以适应不同层次的用户不同功能和不同风格界面的要求。

(6)开放性。系统必须易于扩充,易于维护。

5.3　模型系统设计

5.3.1　总体框架

系统的总体逻辑结构:以数据库、模型库、方法库和方案库作为基本信息支撑,通过总控程序构成黄河下游防洪调度决策支持系统的运行环境,再辅以友好的人机界面和对话界面,有效地实现防洪调度的决策过程。系统的总体逻辑结构如图 5-1 所示。

5.3.2　数据库管理系统

数据库管理系统实现各种防洪调度决策过程中所需的实时、历史、预测数据及调度配置等信息的管理和数据更新,是决策支持系统各部分信息传递的中转站。其主要功能是向决策者提供基本数据方面的信息,为模型运算提供数据支持并存储模型计算结果,进行数据的录入、编辑、查询、统计、报表打印和数据维护等操作。

系统采用美国 Microsoft 公司的 SQL Server 2000 作为数据库管理系统,它的面向客户机/服务器(C/S)结构,既能充分发挥服务器端的数据管理功能,又能有效地实现客户机端独立的数据编辑、显示、处理功能。通过在服务器上建立各种数据库表结构,实现数据的统一管理。

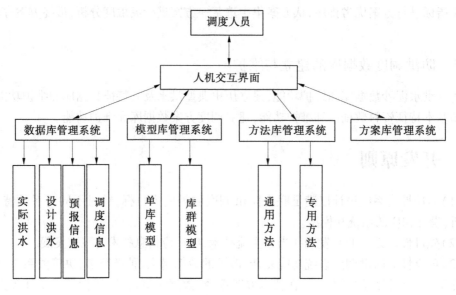

图 5-1 五库联合调度总体结构

5.3.3 模型库管理系统

根据黄河下游防洪工程的特点和来水来沙情况,模型库提供单库模型、库群模型两大类。

5.3.3.1 单库模型

单库模型主要应对局部洪水。系统构建了三门峡、小浪底、陆浑、故县、河口村五库的单库洪水调度子系统,并为古贤水库预留接口,为满足不同情况的需要,各子系统提供了多种可供选择的实时防洪调度模型。

5.3.3.2 库群模型

将流域内各单库联合起来,作为一个防洪体系,考虑各库之间的水力联系和协调关系实行调度。系统中提供了以下几种调度模型:

(1)逐级交互模型:它是单库模型的延伸。根据各水库之间的水力联系建立上、下游水库及干、支流水库群之间的"控制—反馈—控制"机制,并通过人机交互机制,在各种实时信息的反馈过程中进行逐级交互,实现区域乃至全流域防洪效益的最大化。

(2)库容分配模型:将黄河下游主要控制工程简化构成并联水库群(陆浑、故县、河口村、小浪底),考虑到库群中各水库到达共同防洪断面(花园口)的水流传播时间基本相当,且调度期内各组成水库决策的水力联系较高,具备或基本具备联合调度基本条件,据此提出一种并联式库群调度模式,即库容分配模型。

(3)规则调度模型:根据现有的水库调度规则和分滞洪区运用条件进行常规调度计算,进行不同运行规则调度的试验。

5.3.4 方法库管理系统

方法是为实现一个或几个目标的具体算法程序。方法库中的方法分为两类,即通用方法和专用方法。通用方法可用于任何流域,方法本身不需要改变。如河道演算采用的马斯京根法、线性内插函数、最大最小值计算、排序算法等。专用方法是为描述某区特别属性而编制的一些专用算法。如伊洛河夹滩地区处理方法、北金堤分洪计算方法、东平湖分洪计算方法等。随着系统的发展,还可不断地加入新方法。

5.3.5　方案库管理系统

方案库管理系统用于管理方案库中的多个方案,它具有方案快速生成、明显劣方案的删除、详细计算结果的查询与输出、方案排序、方案比较、灵敏度分析、方案存储、方案实施操作等八大功能,能够方便简捷地对方案库中的方案进行多种操作,完成方案制作。

5.3.6　逻辑关系

各库之间的逻辑关系可简要表述为:模型库和方法库对数据库提出数据需求及存储格式要求,数据库作为数据源,通过接口程序为模型库和方法库提供模型运行所需的数据,模型的运行结果以约定的存储格式存入数据库;模型库和方法库相互配合,前者实现水库子系统的调度,后者强调下游河道和分滞洪区的演进,两者结合共同完成整个流域的防洪调度方案的编制;方案库对上述三库综合运用后的调度结果数据进行统一的管理;所有这些功能的操作通过人机交互界面来实现。

5.4　计算方法和原理

5.4.1　清水调洪计算

按泄流方式,将水库调洪计算分为两类:一是打开全部泄洪设施敞泄滞洪泄流(简称敞泄);二是为了满足兴利、下游防洪等要求控制泄流量。

5.4.1.1　水库敞泄调洪计算方法

水库敞泄调洪计算方法的基本概念与明渠洪流演算相同,即解动力方程与连续方程组。动力方程一般用水库的泄流曲线

$$q = f_1(Z) \tag{5-1}$$

代替,而泄流曲线中高程 Z 用库容来表示,即

$$Z = f_2(V) \tag{5-2}$$

式中　V、Z、q——水库容积、水位、泄洪流量。

连续方程则是采用以有限差形式的水量平衡方程

$$\frac{Q_1 + Q_2}{2}\Delta t - \frac{q_1 + q_2}{2}\Delta t = V_2 - V_1 \tag{5-3}$$

式中　Δt——计算时段,下标 1、2 分别代表时段初、时段末;

　　　Q、q——入库、出库流量。

联解式(5-1)、式(5-2)、式(5-3),可进行水库敞泄调洪计算。

5.4.1.2　水库控泄调洪计算方法

1. 考虑汛后兴利要求的控泄计算方法

在调洪计算过程中,为了满足汛后兴利要求,水库的蓄洪水位不低于汛期限制水位。因此,若水库的泄洪流量小于汛限水位相应的泄洪能力,应按入库流量泄洪;否则按敞泄运用。控泄运用时的计算公式为

$$q_2 = \frac{1}{\Delta t}(V_1 - V_2) + \frac{1}{2}(Q_1 - q_1) + Q_2 \tag{5-4}$$

式中　V_2——与汛期限制水位相应的水库蓄水量。

2. 考虑下游防洪要求的水库控泄计算方法

为了满足下游防洪要求,常常需要水库控制泄洪,其控制方式有三种:一是洪水起涨时,与下游区间洪水流量凑泄下游河道设防流量;二是下游区间来洪流量已超过河道安全过洪流量,需水库完全控制入库流量;三是该次洪水过后,为了腾空库容迎接下一次洪水,水库仍与区间来洪量凑泄下游设防流量。判别公式如下:

$$q < Q_2 \text{ 或}(q - Q_2)/2 < (V^* - V_m)E \tag{5-5}$$

式中　q、V^*、V_m、E——水库泄洪能力、按 q 泄流计算的水库蓄洪量、水库允许蓄洪量、库容与流量之间的换算系数。

若式(5-5)成立,按水库泄洪能力泄洪,否则按式(5-4)计算值泄洪。

5.4.2　浑水调洪计算

5.4.2.1　基本方程

（1）浑水水流连续方程

$$\frac{\partial A}{\partial t} + \frac{\partial Q}{\partial X} + \frac{\partial A_d}{\partial t} + q_l = 0 \tag{5-6}$$

（2）浑水水流运动方程

$$\frac{\partial}{\partial t}(\rho_m Q) + \frac{\partial}{\partial X}(\rho_m \frac{Q^2}{A}) = -g\rho_m A(\frac{\partial Z_s}{\partial X} + S_f) - gh_{cs}A\frac{\Delta\rho}{\rho_s}\frac{\partial\rho_m}{\partial X}$$

略去浑水密度变化对压力水惯性力变化的影响,即可得

$$\frac{\partial Q}{\partial t} + \frac{\partial}{\partial X}(\alpha_1 \frac{Q^2}{A}) + u_l q_l = -gA(\frac{\partial Z_s}{\partial X} + S_f) \tag{5-7}$$

其形式与清水的运动方程完全一致。

（3）泥沙连续方程

$$\frac{\partial(Q \cdot S_k)}{\partial x} + \frac{\partial(\alpha_2 \cdot A \cdot S_k)}{\partial t} + q_{ls} = -\alpha B\omega(\alpha_3 S_k - \alpha_4 S_{*k}) \tag{5-8}$$

（4）河床变形方程

$$\gamma'\frac{\partial A_{di,j,k}}{\partial t} = \alpha_k \omega_k B_{ijk}(S_{ijk} - S_{*ijk}) \tag{5-9}$$

式中　X——流程,m;

　　　t——时间,s;

Z_s——水位,m;

Q——流量,m^3/s;

S_f——水力坡度,$S_f = \dfrac{Q|Q|}{K^2}$;

q_l——单位流程上的侧向出流量,m^3/s,负值表示流入;

u_l——单位流程上的侧向出流流速在主流方向上的分量,m;

q_{ls}——单位流程上的侧向输沙率,kg/(s・m);

ρ_m——断面平均浑水混合密度;

ρ、ρ_s——清水和泥沙物质密度,$\Delta\rho = \rho_s - \rho$;

h_c——断面形心高度;

S——断面平均含沙量,kg/m^3;

A——过水断面面积,m^2;

A_d——断面上河床冲淤面积,m^2,正号为淤,负号为冲;

γ'——床沙干容重,kg/m^3;

α_1——动量修正系数,$\alpha_1 = \dfrac{\sum\limits_{j=1}^{m} K_{ij}^2/A_{ij}}{K_i^2/A_i}$,其中 m 为水位下的子断面数;

α_2——含沙量分布修正系数,$\alpha_2 = \dfrac{Q_i\sum\limits_{j=1}^{m} A_{ij}S_{*ij}^{\beta}}{A_i\sum\limits_{j=1}^{m} Q_{ij}S_{*ij}^{\beta}}$;

$$\alpha_3 = \dfrac{Q_i\sum\limits_{j=1}^{m} b_{ij}S_{*ij}^{\beta}}{B_i\sum\limits_{j=1}^{m} Q_{ij}S_{*ij}^{\beta}} \quad , \quad \alpha_4 = \dfrac{Q_i\sum\limits_{j=1}^{m} b_{ij}S_{*ij}}{B_i\sum\limits_{j=1}^{m} b_{ij}S_{*ij}}$$

以上四个基本方程中,水流连续方程、水流运动方程和泥沙连续方程是对整个断面的,而河床变形方程则是对子断面的,其中子断面含沙量与断面平均含沙量可以用较符合黄河情况的以下经验关系求得

$$\frac{S_{k,i,j}}{S_{k,i}} = C\left(\frac{S_{*k,i,j}}{S_{*k,i}}\right)^{\beta} \tag{5-10}$$

其中 $\qquad C = \dfrac{Q_i \cdot S_{*k,i}^{\beta}}{\sum\limits_{j=1}^{m} Q_{ij} \cdot S_{*k,i,j}^{\beta}}$,$\beta = \begin{cases} 0.05 & (S_{*k,i,j}/S_{*k,i} < 0.2) \\ 0.3 & (S_{*k,i,j}/S_{*k,i} \geq 0.2) \end{cases}$

式中 $\quad S_{*k,i,j}$ 与 $S_{*k,i,j}$——第 i 断面 j 子断面第 k 组沙的含沙量与挟沙力(下标 i 为断面编号,j 为子断面编号,k 为非均匀沙编号,下同)。

5.4.2.2 方程的离散和数值方法

采用非耦合解法,即先求解水流连续方程和水流运动方程,然后再求解泥沙连续方程和河床变形方程。

水流方程采用 Preissmann 的四点隐式差分格式进行离散。

先将式(5-6)和式(5-7)变形为:

$$B \frac{\partial Z_s}{\partial t} + \frac{\partial Q}{\partial X} = -q_l \tag{5-11}$$

$$\frac{\partial Q}{\partial t} + gA \frac{\partial Z_s}{\partial X} + gA \frac{|Q|}{K^2} Q = -\frac{\partial}{\partial X}(\alpha_1 \frac{Q^2}{A}) - u_l q_l \tag{5-12}$$

水流方程差分结果可写成：

$$D_{i1} Q_i^{n+1} + D_{i2} Z s_i^{n+1} + D_{i3} Q_i^{n+1} + D_{i4} Z s_{i+1}^{n+1} = D_{i5} \tag{5-13}$$

$$E_{i1} Q_i^{n+1} + E_{i2} Z s_i^{n+1} + E_{i3} Q_{i+1}^{n+1} + E_{i4} Z s_{i+1}^{n+1} = E_{i5} \tag{5-14}$$

其中

$$D_{i1} = -2 \frac{\Delta t}{\Delta x_i} \theta \tag{5-15}$$

$$D_{i2} = \theta B_i^{n+1} + (1-\theta) B_i^n \tag{5-16}$$

$$D_{i3} = -D_{i1} \tag{5-17}$$

$$D_{i4} = \theta B_{i+1}^{n+1} + (1-\theta) B_{i+1}^n \tag{5-18}$$

$$D_{i5} = [-2\Delta t q_{li}^{n+1} + B_i^{n+1} Z s_i^n + B_{i+1}^{n+1} Z s_{i+1}^n]\theta + [B_i^n Z s_i^n + B_{i+1}^n Z s_{i+1}^n +$$

$$2\Delta t(\frac{Q_i^n - Q_{i+1}^n}{\Delta x_i} + q_{li}^n)](1-\theta) \tag{5-19}$$

$$E_{i1} = 1 + g\Delta t \theta (\frac{A|Q|}{K^2})_i^{n+1} \tag{5-20}$$

$$E_{i2} = -\Delta t g \theta (A_{i+1}^{n+1} + A_i^{n+1})/\Delta x_i \tag{5-21}$$

$$E_{i3} = 1 + \Delta t g \theta (\frac{A|Q|}{K^2})_{i+1}^{n+1} \tag{5-22}$$

$$E_{i4} = -E_{i2} \tag{5-23}$$

$$E_{i5} = Q_i^n + Q_{i+1}^n + 2\Delta t(1-\theta)\{\frac{g}{2}[\frac{(Z_i^n + A_i^n)(Z s_i^n + Z s_{i+1}^n)}{\Delta x_i} -$$

$$(\frac{AQ^2}{K^2})_i^n - (\frac{AQ^2}{K^2})_{i+1}^n] - [\frac{(\alpha_1 Q^2/A)_{i+1}^n - (\alpha_1 Q^2/A)_i^n}{\Delta x_i}] - u_{li}^n q_{li}^n\} -$$

$$2\Delta t\theta[\frac{(\alpha_1 Q^2/A)_{i+1}^{n+1} - (\alpha_1 Q^2/A)_i^{n+1}}{\Delta x_i} + u_{li}^{n+1} q_{li}^{n+1}] \tag{5-24}$$

泥沙方程的离散采用有限差分离散。

离散结果为

$$S_{i,k} = \frac{\alpha_4^{n+1} \Delta t \alpha B_i^{n+1} \omega_k S_{*i,k}^{n+1} + \alpha_2^n A_i^n S_{i,k}^n + \Delta t Q_{i-1}^{n+1} S_{i-1,k}^{n-1}/\Delta x_{i-1} + q_{li}^{n+1} S_{li,k}^{n+1} \Delta t}{\alpha_2^{n+1} A_i^{n+1} + \alpha_3^{n+1} \Delta t \alpha B_i^{n+1} \omega_k + \Delta t Q_i^{n+1}/\Delta x_{i-1}} \tag{5-25}$$

$$\Delta Z_{bijk} = \alpha \omega_k \Delta t (S_{ijk}^{n+1} - S_{*ijk}^{n+1})/\gamma' \tag{5-26}$$

5.4.2.3 有关问题的处理

1. 断面概化

根据各个断面河底高程的变化情况及计算的需要,将其划分为若干个子断面,子断面的宽度固定不变,除河底高程外,其他物理量都不考虑其在子断面内的变化,而河底高程在子断面内被概化为直线变化,在计算中只需记录子断面间节点的高程。而这些节点高程的变化量,则根据相邻两个子断面的冲淤量加权计算。

2. 沉速公式

当泥沙粒径等于或小于 0.062 mm 时,采用斯托克斯公式

$$\omega_k = \frac{g}{1\,800}\Big(\frac{\rho_s - \rho_w}{\rho_w}\Big)\frac{d_k^2}{\nu} \tag{5-27}$$

当泥沙粒径为 0.062 ~ 2.0 mm 时,采用沙玉清过渡区公式

$$(\lg S_a + 3.790)^2 + (\lg\varphi - 5.777)^2 = 39.00 \tag{5-28}$$

$$S_a = \frac{\omega_k}{g^{1/3}\Big(\frac{\rho_s}{\rho_w} - 1\Big)^{1/3}\nu^{1/3}} \tag{5-29}$$

$$\varphi = \frac{g^{1/3}\Big(\frac{\rho_s}{\rho_w} - 1\Big)^{1/3}d_k}{10\nu^{2/3}} \tag{5-30}$$

式中　d_k——第 k 组沙平均粒径,mm;

　　　ρ_s——泥沙密度,g/cm³;

　　　ρ_w——清水密度,g/cm³;

　　　ν——水的运动黏滞系数,cm²/s。

考虑到黄河含沙量高,颗粒间的相互影响大,需要对泥沙的沉速进行修正。修正公式采用

$$\omega_{sk} = \omega_k\Big[\Big(1 - \frac{S_v}{2.25\sqrt{d_{50}}}\Big)^{3.5}(1 - 1.25S_v)\Big] \tag{5-31}$$

式中　d_{50}——悬沙中值粒径,mm;

　　　S_v——体积含沙量,$S_v = S/Q$。

泥沙平均沉速公式

$$\overline{\omega}^m = \sum_k P_{i,k}\omega_{sk}^m \tag{5-32}$$

式中　$\overline{\omega}$——泥沙平均沉速;

　　　$P_{i,k}$——悬移质泥沙级配;

　　　m——挟沙力指数。

3. 挟沙力公式的选取

武汉电力学院的公式形式比较简单,且在实际工程中被普遍采用,本模型也采用该式,即

$$S_{*ij} = k\Big(\frac{\gamma}{\gamma_s - \gamma}\frac{U_{ij}^3}{gh\overline{\omega}}\Big)^m \tag{5-33}$$

式中,k、m 取 0.451 5 和 0.741 4,$\overline{\omega}$ 为平均沉速。

全断面挟沙力为

$$S_{*i} = \sum_{j=1}^m Q_{ij}S_{*ij}/Q_i \tag{5-34}$$

4. 挟沙力级配

悬移质挟沙力级配 P_{*k} 是一定来水来沙和河床条件的综合结果。它既与床沙级配 P_{bk} 有关,又与来沙级配 P_k 有关,忽视了任何一方面都将使计算的结果出现较大的误差,甚至是错误的。基于这样的认识,本书中按如下的步骤来计算挟沙力粒配及分组挟沙力:

(1)假定来流为清水,此时分组挟沙力的试算值为

$$S'_{*k} = P_{uk}k\left(\frac{u^3}{gh\omega_k}\right)^m \quad (k \geqslant k_d) \tag{5-35}$$

(2)综合考虑上述试算值和上游来沙的各组含沙量,取各组所占的比例为其挟沙力粒配,即

$$P_{*k} = \frac{S'_{*k} + S_k}{\sum_{k \geqslant k_d}(S'_{*k} + S_k)} \quad (k \geqslant k_d) \tag{5-36}$$

式中　S_k——上游断面的平均含沙量(第 k 组)。

(3)混合沙的平均沉速为

$$\overline{\omega} = \sum P_k\omega_k \tag{5-37}$$

式中　P_k——含沙量级配,其值由 $P_k = \frac{S_k}{\sum S_k}$ 计算。

(4)总挟沙力为

$$S_* = k\left(\frac{u^3}{gh\overline{\omega}}\right)^m \tag{5-38}$$

(5)分组挟沙力为

$$S_{*k} = P_{*k}S_* \tag{5-39}$$

以上讨论只适合于床沙质泥沙。对于冲泻质,我们将挟沙力的概念加以延伸,以便对于所有粒径组都能按统一形式计算河床变形量。

$$S'_{*k} = S_{*kd}\omega_{kd}/\omega_k \quad (k < k_d) \tag{5-40}$$

$$S''_{*k} = P_{uk}h_u\gamma'/(\omega_k\Delta t) \quad (k < k_d) \tag{5-41}$$

$$S_{*k} = \begin{cases} S'_{*k}, & S'_{*k} < S''_{*k} \\ S''_{*k}, & S'_{*k} \geqslant S''_{*k} \end{cases} \quad (k < k_d) \tag{5-42}$$

以上各式中,k_d 表示床沙质最小粒径组的编号。

5. 河床淤积分配及床沙级配调整

由于模型将原始横断面概化为若干个子断面,同一子断面内河床高程相等,故河床淤积分配采用同一子断面内等厚淤积分配模式。

关于河床组成,我们采用韦直林教授的方法,把河床淤积物概化为表、中、底三层,各层的厚度和平均级配分别记为 h_u、h_m、h_b 和 P_{uk}、P_{mk}、P_{bk}。表层为泥沙的交换层,中间层为过渡层,底层为泥沙冲刷极限层。

规定在每一计算时段内,各层间的界面都固定不变,泥沙交换限制在表层内进行,中层和底层暂时不受影响。在时段末,根据床面的冲刷或淤积往下或往上移动表层和中层,保持这两层的厚度不变,而令底层厚度随冲淤厚度的大小而变化,具体的计算过程为:设

在某一时段的初始时刻,表层级配为 P_{uk}^0,该时段内的冲淤厚度和第 k 组泥沙的冲淤厚度分量分别为 ΔZ_b 和 ΔZ_{bk},则时段末表层底面以上部分的级配变为

$$P_{uk}' = \frac{h_u' P_{uk}^0 + \Delta Z_{bk}}{h_u + \Delta Z_b} \tag{5-43}$$

然后在式(5-43)的基础上重新定义各层的位置和组成,由于表层和中层的厚度保持不变,所以它们的位置随床面的变化而移动。各层的粒配组成根据淤积或冲刷两种情况按如下方法计算。

1)对于淤积情况

A. 表层

$$P_{uk} = P_{uk}' \tag{5-44}$$

B. 中层

如果 $\Delta Z_b > h_m$,则新的中层位于原表层底面之上,显然有

$$P_{mk} = P_{uk}' \tag{5-45}$$

否则有

$$P_{mk} = \frac{\Delta Z_b P_{uk}' + (h_m - \Delta Z_b) P_{mk}^0}{h_m} \tag{5-46}$$

C. 底层

新底层厚度为

$$h_b = h_b^0 + \Delta Z_b \tag{5-47}$$

如果 $\Delta Z_b > h_m$,则

$$P_{bk} = \frac{(\Delta Z_b - h_m) P_{uk}' + h_m P_{mk}^0 + h_b^0 P_{bk}^0}{h_b} \tag{5-48}$$

否则

$$P_{bk} = \frac{\Delta Z_b P_{mk}^0 + h_b^0 P_{bk}^0}{h_b} \tag{5-49}$$

2)对于冲刷情况

A. 表层

$$P_{uk} = \frac{(h_u + \Delta Z_b) P_{uk}' - \Delta Z_b P_{mk}^0}{h_u} \tag{5-50}$$

B. 中层

$$P_{mk} = \frac{(h_m + \Delta Z_b) P_{mk}^0 - \Delta Z_b P_{bk}^0}{h_m} \tag{5-51}$$

C. 底层

$$h_b = h_b^0 + \Delta Z_b \tag{5-52}$$

$$P_{bk} = P_{bk}^0 \tag{5-53}$$

以上各式中,变量上标"0"表示该变量修改前的值。

6. 泥沙起动流速公式

各级泥沙的起动流速采用张瑞瑾公式计算

$$U_{ck} = \left(\frac{h}{d_k}\right)^m \left[17.6\frac{\rho_s - \rho}{\rho}d_k + 6.05 \times 10^{-7}\left(\frac{10 + h}{d_k^{0.72}}\right)\right]^{0.5} \tag{5-54}$$

7. 支流考虑

由于在洪水期支流来水相对较小,而支流库容占总库容的 1/3 左右,不可忽略支流库容对干流的影响,因此将支流概化成湖泊,以此反映支流对干流的影响。概化时保证湖泊在不同水位下的库容与支流实际库容相等,支流汇入干流或从干流分流的流量由支流汇入断面处的前后两个时刻的干流水位差确定,即

$$Q_{汇} = \frac{V(Z^n) - V(Z^{n+1})}{\Delta T}$$

式中　$V(Z^n)$、$V(Z^{n+1})$——n 时刻和 $n+1$ 时刻干流水位下的支流库容;

　　　ΔT——计算时间步长。

8. 恢复饱和系数计算

恢复饱和系数 α 反映了河床变形速率与悬移质超(或次)饱和含沙量恢复速率的关系,它综合反映了各种复杂因素对两种速率相互关系计算结果的影响,应该作为一个反问题,通过模型的计算结果和实测资料的"磨合"来率定。根据韦直林有关恢复饱和系数 α 的处理方法,最后确定在冲淤计算中取 α_k 为

$$\alpha_k = \begin{cases} 0.001/\omega_k^{0.3} & (S > S_*) \\ 0.001/\omega_k^{0.7} & (S < S_*) \end{cases} \tag{5-55}$$

5.4.3　河道洪水演进计算

本系统中,水库群调洪计算模块中的洪水演进计算方法采用马斯京根法。

马斯京根法假定某河段的河道槽蓄量与该河段中某一断面流量之间呈线性关系,又假定在该河段中,各断面流量沿河长呈直线变化。这样,蓄泄方程可以写为

$$W = k[xI + (1 - x)O] \tag{5-56}$$

将水量平衡方程改写为

$$W_1 - W_2 = \left(\frac{I_1 + I_2}{2} - \frac{O_1 + O_2}{2}\right)\Delta t \tag{5-57}$$

式中　下标 1、2——时段初、时段末;

　　　W——槽蓄量;

　　　O、I——河段下、上断面流量;

　　　Δt——计算时段;

　　　k——洪水在该河段中的传播时间;

　　　x——加权系数,取值为 0~0.5。

联解方程式(5-56)、式(5-57)得

$$O_2 = C_0 I_2 + C_1 I_1 + C_2 O_1 \tag{5-58}$$

其中　　　$C_0 = \frac{\Delta t/2 - kx}{k - kx + \Delta t/2}$;$C_1 = \frac{\Delta t/2 + kx}{k - kx + \Delta t/2}$;$C_2 = \frac{k - kx - \Delta t/2}{k - kx + \Delta t/2}$

若参数 Δt、k、x 确定后,便可按式(5-58)进行洪水演进计算。

在一次洪水过程中,不同的时刻,流量沿河长的分布会有很大的差别。当涨洪段或落洪段在河段中间时,流量沿河长的分布可大致认为是线性的;当洪峰或洪谷卡在河段中间时,流量沿河长分布呈非线性。因此,在确定演进系数之前,先要初步分析洪水在该河段中的传播时间 k 值,并取计算时段 $\Delta t \approx k$。

当计算时段确定后,根据实测流量摘录上、下断面流量过程线,利用试算法或试算法与最小二乘法相结合的方法确定 k、x 值。

5.4.4　自然决溢分滞洪计算

花园口以上的支流伊洛河和沁河下游均由大堤控制洪水,由于设防标准所限,遇较大洪水往往发生决口,对洪水起分滞洪作用。

伊河、洛河交汇处的夹滩自然区分滞洪和沁河下游的决溢分滞洪情况非常复杂,为便于计算,本次规则调度均采用简化的方法。伊洛河夹滩地区分滞洪简化计算方法为马斯京根法,沁河下游分滞洪计算采用限制沁河入黄流量法,即"削平头"的方式。

5.4.5　下游分滞洪区分滞洪量计算

根据调度规则,分滞洪区的运用采用"削平头"的方式。北金堤和东平湖的运用之间存在着先后关系,北金堤是在东平湖无法单独完成分洪任务的情况下才启用的,分洪量有限。本系统对该部分的处理采用一种相对简单的方法,流程见图 5-2。

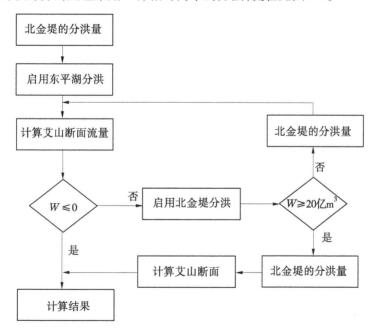

图 5-2　北金堤、东平湖滞洪区分滞洪量计算流程

5.5　本章小结

　　针对黄河中下游防洪工程体系联合调度的复杂性及规划研究的迫切需求,开发研究了包括常规防洪调度系统、优化防洪调度系统和防洪调度数据库建立与维护等在内的黄河中下游防洪工程体系联合调度数学模型。该模型以数据库、模型库、方法库和方案库为基本信息支撑,通过总控程序构成黄河下游防洪调度决策支持系统的运行环境,再辅以友好的人机界面和对话界面,有效地实现防洪调度的决策过程。

　　该模型满足实用性、先进性、可靠性、高效性、灵活性、开放性要求,可为黄河中下游防洪调度研究提供巨大便利。

参 考 文 献

[1] 李文家,石春先,李海荣. 黄河下游防洪工程调度运用[M]. 郑州:黄河水利出版社,1998.

[2] 江浩. 水库群分布式防洪调度决策支持系统设计[J]. 水电自动化与大坝监测,2007(1):32-34.

[3] 周晋成,梁国华,王本德,等. 基于网络的水库群防洪调度系统应用研究[J]. 大连理工大学学报,2002(3):366-370.

第 6 章　洪水泥沙分类管理指标研究

6.1　黄河下游防洪减淤要求

6.1.1　黄河下游防洪保护区防洪要求

以三门峡以上来水为主的大洪水("上大洪水"),经三门峡水库、小浪底水库调蓄,削减作用较大;以三花间来水为主的大洪水("下大洪水")涨势猛、峰值高、含沙量小、预见期短,对黄河下游防洪威胁严重。因此,黄河下游大堤设防标准的确定以"下大洪水"作为分析计算的依据。

目前黄河下游大堤以花园口站洪峰流量 22 000 m^3/s 作为防洪标准,考虑沿程河道的滞洪削峰作用及东平湖分洪运用,各断面的设防流量见表 6-1。堤防设防流量上大下小,艾山至渔洼河段按 11 000 m^3/s 流量设防,考虑到艾山以下长清、平阴山区支流洪水加入,东平湖分洪后控制黄河流量不超过 10 000 m^3/s。黄河下游采用的花园口站天然设计洪水中,5 a 一遇洪峰流量为 12 800 m^3/s。若中游水库群不控制,黄河下游窄河段的设防流量仅相当于 5 a 一遇左右。

表 6-1　黄河下游堤防沿程设防流量　　　　　　　　(单位:m^3/s)

断面名称	花园口	柳园口	夹河滩	石头庄	高村	苏泗庄	邢庙	孙口	艾山
设防流量	22 000	21 700	21 500	21 200	20 000	19 400	18 200	17 500	11 000

6.1.2　黄河下游滩区防洪要求

6.1.2.1　现状情况下下游滩区防洪要求

基于 2009 年汛前地形,利用黄河下游洪水演进及灾情评估模型(YRCC2D)进行不同量级洪水的数值模拟计算,得出不同量级洪水的淹没范围、水深分布、流速分布、洪水传播时间及淹没历时等关键要素。根据不同量级洪水的滩区淹没范围计算结果,结合黄河下游不同河段平滩流量、地形资料,以及滩区村庄、耕地等信息,参照《黄河下游滩区综合治理规划》中提供的黄河下游滩区的社会经济统计数据进行统计分析,得出各河段不同量级洪水淹没滩区耕地面积、滩区受灾人口、淹没损失估计量,结果见表 6-2。现状滩区不同量级洪水的淹没范围及其分布情况见图 6-1。

从图 6-1 中可以看出,花园口 6 000 m^3/s 以下洪水滩区淹没损失较小;花园口洪峰流量从 6 000 m^3/s 到 8 000 m^3/s,下游滩区的淹没损失增加很快,而花园口洪峰流量达到 8 000 m^3/s 以后,洪水量级再增大,滩区的淹没损失增量明显减小。8 000 m^3/s 时的淹没范围达到 22 000 m^3/s 淹没范围的 89%,淹没人口达到 22 000 m^3/s 淹没人口的 83%。

10 000 m³/s 时的淹没范围、淹没人口则分别达到 22 000 m³/s 的 97%、96%。显然,将花园口洪峰流量控制到 6 000 m³/s 以下,可以有效减小滩区的淹没损失。而对于 5 a 一遇左右的洪水,黄河下游防洪已面临水库调度、下游防洪、滩区减灾等诸多调度难题。

表6-2　下游滩区不同量级洪水淹没损失估算

| 流量级
(m³/s) | 漫滩面积
(万亩) | 淹没滩区耕地面积(万亩) | | | | 受灾人口
(万人) | 淹没损失
(亿元) |
		花园口 —东坝头	东坝头 —陶城铺	陶城铺 —利津	合计		
6 000	72.75	0.00	37.15	17.38	54.53	12.25	36
8 000	390.90	73.49	134.84	63.71	272.04	113.00	138
10 000	424.80	91.77	135.33	68.66	295.76	128.55	180
12 000	427.05	92.23	135.53	69.53	297.29	129.64	206
16 000	434.25	96.05	135.54	70.67	302.26	133.00	231
22 000	437.10	96.55	135.60	71.86	304.01	134.57	235

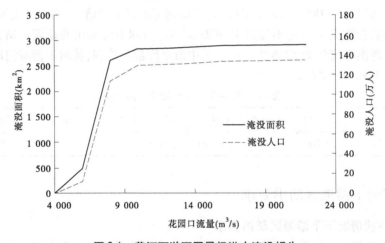

图6-1　黄河下游不同量级洪水淹没损失

6.1.2.2　滩区综合治理后防洪要求

根据近期水利部审查通过的《滩区综合治理规划》安排,规划实施后,外迁的 35 万群众的洪水风险与大堤外防洪保护区相同,村台安置的 84 万群众的洪水风险达到 20 a 一遇,即村台防洪标准为 20 a 一遇。经计算,中游水库作用后花园口相应流量为 12 370 m³/s。

6.1.3　下游河道维持中水河槽规模的要求

主槽是排洪输沙的主要通道,其过流能力大小直接影响到黄河下游滩区防洪安全。中水河槽规模是指在较长时期内河道能维持的平滩流量,黄河下游河道断面多呈复式断面形态,其不同部位的排洪能力存在着很大差别。洪水期主槽是排洪的主要通道,即使对于大漫滩洪水,一般主槽的排洪能力也占60%～80%。因此,平滩流量的变化在相当程度上反映了河道的排洪能力,是反映河道过流能力的重要指标。对于冲积河流而言,平滩流量是流域来水来沙的产物,分析表明,平滩流量主要取决于径流、洪水条件。

黄河水利委员会及中国水利水电科学研究院等单位就维持河道排洪输沙功能方面进行了大量的研究。结果表明:①在黄河水资源十分紧缺的背景下,从高效塑造河床的角度考虑,应根据黄河水量控制花园口流量在2 500～4 000 m³/s,之后随着流量增加,输沙效率增加不大。进一步增加下游河道排洪输沙功能则需增加相应流量的历时。②黄河下游属冲积性河段,在一场洪水中,河床糙率和主槽宽度通常随流量的增大而增大,局部比降随河床的冲刷而减小,因此流速的增幅随流量的增大而逐渐减缓。从洪水流量与流速之间的关系分析结果来看,流量—流速关系均存在拐点,且拐点流量与平滩流量相近。因此,流量接近平滩流量时,水流流速较大,水流输沙能力较强。

1999年小浪底水库投入运用以来,由于水库蓄水拦沙,黄河下游河道冲淤特性发生了较大变化,表现为下游河道总体上持续冲刷,河段主槽平滩流量有不同程度的增加。2000～2001年,黄河下游来水偏少,汛期进入下游的水量仅50亿m³左右,供水灌溉期为满足下游用水需要,经常出现800～1 500 m³/s的不利流量级,该流量级清水在高村以上河段均为冲刷,而在高村以下河段则为淤积,导致该河段主槽过洪能力降低,到2002年汛前,高村上下部分河段平滩流量已下降至1 800 m³/s左右。2002年以来黄河流域来水相对有利,加之小浪底水库调水调沙作用,黄河下游河道主槽不断冲深,各主要断面平滩流量增加1 700～4 700 m³/s,高村以上河段平滩流量增加最多,平均增加4 170 m³/s,艾山至利津河段增加约1 860 m³/s。最小平滩流量已由2002年汛前的1 800 m³/s增加至2019年的4 300 m³/s左右,下游河道主槽行洪输沙能力得到提高。下游河道平滩流量变化情况见图6-2。

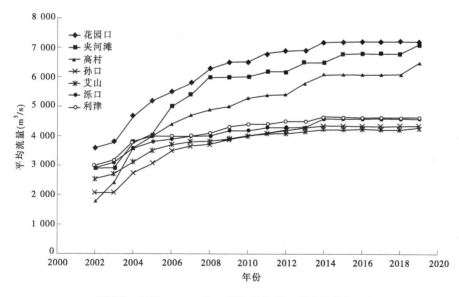

图6-2　2000～2019年下游河道各站平滩流量变化图

6.2 防洪控制指标分析

6.2.1 下游和滩区防洪控制流量指标

受气候变化、人类活动等多种因素影响,近期(20世纪90年代以来)黄河中下游实测洪水与20世纪50、60年代相比发生较大变化,主要表现为洪水的频次减少、量级减小、历时缩短、峰前基流减小,河口镇以上的来水比例减小等。受水沙条件变化和生产堤约束等因素影响,黄河下游河道过流条件也发生较大变化:一是中水河槽淤积萎缩,下游河道主槽过流能力减小;二是平滩水位高于两岸滩面,形成了河槽高于堤防临河侧滩面、临河侧滩面高于背河侧地面的"二级悬河"局面,"小水大灾"形势严峻。同时,黄河下游滩区居住有近190万人,滩区既是行洪的河道,又是约190万人赖以生存的家园,社会经济的发展、民生水利的要求,使得滩区成为近期防洪运用矛盾的焦点,中小洪水管理成为下游防洪管理的瓶颈问题。综合考虑黄河中游暴雨洪水特性、下游防洪标准、防洪工程现状及防洪水库运用方式等实际情况,下游和滩区防洪控制流量指标有以下几项。

6.2.1.1 维持中水河槽控制流量指标

为了有效维持主槽行洪输沙能力,并保证滩区防洪安全,在洪水泥沙调度管理过程中,应尽量控制下游河道洪峰流量不超过平滩流量。从6.1.3节的分析可知,2002年以后黄河流域来水相对有利,加之小浪底水库调水调沙作用,现今黄河下游最小平滩流量为4 000 m³/s左右。多年实践经验表明,较大中水河槽需要一定历时的大流量才能保持,而黄河流域为资源性缺水,水资源宝贵,综合多种因素确定黄河下游今后要长期保持的中水河槽过流能力为4 000 m³/s左右。

6.2.1.2 滩区防洪控制流量指标

根据第6.1.2.1节黄河下游滩区淹没范围分析,花园口6 000 m³/s以下洪水滩区淹没损失较小;花园口洪峰流量从6 000 m³/s到8 000 m³/s,下游滩区的淹没损失增加很快,花园口站发生洪峰流量8 000 m³/s左右洪水时,绝大部分滩区(约89%)已受淹;花园口站发生洪峰流量10 000 m³/s左右洪水时,滩区淹没人口达129万,黄河下游防洪已面临水库调度、滩区减灾等诸多调度难题。因此,从减少滩区淹没损失看,滩区防洪最好控制花园口流量不超过6 000 m³/s。

小浪底水库正常运用期,拦沙库容淤满,对中小洪水的控制能力减弱,在小浪底水库初步设计中,考虑对5 a一遇以下洪水进行控制运用,控制花园口流量为8 000 m³/s,以减小滩区淹没损失。

根据2010年水利部审查通过的《滩区综合治理规划》安排,规划实施后村台防洪标准为20 a一遇,经中游水库调蓄后花园口相应流量为12 370 m³/s左右。

综合以上各项指标,从控制中小洪水、减小滩区淹没损失角度出发,选择花园口6 000 m³/s、8 000 m³/s、12 370 m³/s三个流量值作为下游滩区防洪管理的控制指标。

6.2.1.3 下游防洪控制流量指标

艾山至渔洼河段设防流量为11 000 m³/s,考虑长青、平阴山区加水1 000 m³/s后,允许干流过流为 10 000 m³/s;花园口站堤防设防流量 22 000 m³/s 为下游防洪控制指标,它是黄河下游标准内洪水的上限值。因此,下游防洪控制流量指标为花园口 10 000 m³/s、22 000 m³/s。

6.2.2　中小洪水防洪运用所需防洪库容分析

选用不同量级、不同类型的设计洪水和实测洪水,分析中小洪水防洪运用所需防洪库容,初步拟定的方案及边界条件见表 6-3。其中,中小洪水防洪运用方式包括控泄 1 级方式及控泄 2 级方式两类共五种。考虑到近期人类活动对中小洪水的影响,设计洪水分别选用 1976 年审批成果及中常洪水研究最新成果;实测洪水样本则选用花园口 1954 ~ 2008 年共 99 场 4 000 ~ 10 000 m³/s 不同量级的场次洪水。

表 6-3　中小洪水防洪运用所需防洪库容分析拟定方案及边界条件

序号	控制类型	中小洪水控制方式	水库运用方式	洪水样本类型
1	控泄1级	控 4 000 m³/s	①三门峡敞泄;②支流水库按设计方式运用;③小浪底按拟定方案控泄	①花园口实测洪峰流量[3] 为 4 000 ~ 10 000 m³/s 的场次洪水;②2 ~ 5 a 一遇设计洪水
2		控 5 000 m³/s		
3		控 6 000 m³/s		
4	控泄2级	按场次分级控制[1]		
5		按过程分级控制[2]		

注:1. 按场次分级控制:将 4 000 ~ 6 000 m³/s(花园口)量级的场次洪水控至 4 000 m³/s,6 000 ~ 10 000 m³/s 量级的场次洪水控至 6 000 m³/s。其前提条件是洪水预报可提前报出洪水量级。

　2. 按过程分级控制:发生中小洪水时,先按控制花园口 4 000 m³/s 运用,随着洪水量级的增加,在满足一定条件下,再按控制花园口 6 000 m³/s 运用。

　3. 花园口洪峰流量为潼关还现(潼关 1954 ~ 1989 年,考虑龙刘水库影响;1990 ~ 2008 年,采用实测)、三花间四个水库(三门峡、陆浑、故县、小浪底)还原后的值。

控泄 1 级方式包括控 4 000 m³/s、5 000 m³/s、6 000 m³/s 三种方案,指整场洪水过程中水库均按控制花园口某一流量运用。

对于控泄 2 级方式中的"按场次分级控制"方式,其实质与控泄 1 级方式相同,区别在于该运用方式借助洪水预报技术,提前预知洪水量级,根据量级判断对即将到来的一场洪水是按"控 4 000 m³/s"方式运用,或是"控 6 000 m³/s"方式运用。因此,该运用方式所需防洪库容,实为花园口 4 000 ~ 6 000 m³/s 洪水按"控 4 000 m³/s"方式运用所需库容与花园口 6 000 ~ 10 000 m³/s 洪水按控 6 000 m³/s 方式运用所需库容的外包值。

对于控泄 2 级方式中的"按过程分级控制"方式,考虑了洪水来临时流量是不断上涨的,而现阶段洪水预报技术尚难实现对场次洪水量级的准确预报,为了降低风险并最大限度地利用水库库容,对中小洪水进行分级控制,即首先按照控制花园口 4 000 m³/s 运用,当水库蓄量达到花园口 4 000 ~ 6 000 m³/s 洪水按"控 4 000 m³/s"方式运用所需库容时,开始转入按照控制花园口 6 000 m³/s 运用。

　　中小洪水所需防洪库容分析思路是:首先按第4.2节划分的洪水类型,对99场实测中小洪水进行分类,计算不同时期、不同场次、不同类型洪水按拟定方案运用后所需防洪库容;接着,从洪水量级、历时、发生时间、出现概率等方面,分析全部实测中小洪水所需防洪库容,并与设计洪水计算所得防洪库容进行比较分析;最后,综合实测洪水和设计洪水分析成果,确定不同类型洪水按不同控制方式运用所需防洪库容,以及各类型洪水所需防洪库容的外包值。

6.2.2.1　不同类型洪水所需防洪库容分析

　　分析不同类型花园口实测4 000~6 000 m³/s的洪水按"控4 000 m³/s"运用所需防洪库容,见表6-4。从表中看出,不同类型花园口实测4 000~6 000 m³/s的洪水按"控4 000 m³/s"运用,所需最大防洪库容为1亿~3亿m³。选用上限值3亿m³为"按过程分级控制"的转控洪量,即:按过程分级控制方式下,水库首先按照控制花园口4 000 m³/s运用,当水库蓄量达到3亿m³后,开始转入按照控制花园口6 000 m³/s运用。其中,转控洪量指水库群从控制花园口4 000 m³/s转入控制花园口6 000 m³/s时的小浪底水库蓄洪量。

表6-4　花园口实测4 000~6 000 m³/s的洪水按"控4 000 m³/s"运用所需防洪库容

洪水样本类型			防洪库容 (亿 m³)
类型	发生时间	场次数	
潼关以上来水为主	高含沙量（5~8月）	19	2.8
	一般含沙量（5~8月）	20	2.1
	高含沙量（9~10月）	1	0.4
	一般含沙量（9~10月）	9	1.8
潼关上下共同来水	高含沙量（5~8月）	3	1.5
	一般含沙量（5~8月）	2	1.2
	高含沙量（9~10月）	0	0.0
	一般含沙量（9~10月）	5	3.8
三花间来水为主	5~10月	3	0.7

　　1. 实测洪水分析

　　针对前、后汛期不同类型实测洪水的调洪计算结果(见表6-5),分析不同方案下控制中小洪水所需防洪库容。其中,由于后汛期洪水洪峰流量一般较小、含沙量低、洪水历时较长,划分场次洪水量级时应考虑洪量。因此,对后汛期花园口25场4 000~10 000 m³/s的洪水,又分别从洪峰、洪量两个角度,筛选实测值不大于5 a一遇的场次洪水,分析后汛期中小洪水所需防洪库容。

表 6-5　花园口实测 99 场 4 000～10 000 m³/s 的洪水所需防洪库容分析

洪水样本类型					中小洪水不同控制运用方式所需防洪库容（亿 m³）								
					控泄 1 级						控泄 2 级		
					控 4 000 m³/s		控 5 000 m³/s		控 6 000 m³/s		按场次 分级控制	按过程 分级控制	
类型	类型	发生时间	洪水量级	场次数	保证率[1] 100%	保证率 90%	保证率 100%	保证率 90%	保证率 100%	保证率 90%	保证率 100%	保证率 100%	保证率 90%
潼关以上来水为主	高含沙量	5～8月	4 000～10 000 m³/s	32	18.7	8.0	6.6	4.0	4.5	2.0	4.5	6.6	4.5
	一般含沙量	5～8月	4 000～10 000 m³/s	24	35.1	18.0	19.7	7.0	7.7	2.0	7.7	10.6	6.0
	一般含沙量	9～10月[2]	4 000～10 000 m³/s	12	29.8	5.0	7.6	1.0	2.4	0.5	2.4	4.8	4.0
			洪峰流量 小于5 a 一遇	10	29.8	2.0	7.6	0.5	0.4	0.0	1.8	3.2	2.5
			12 d 洪量 小于5 a 一遇	10	14.7	2.0	3.7	0.5	1.0	0.0	1.8	4.2	3.5
潼关上下共同来水	高含沙量	5～8月	4 000～10 000 m³/s	5	14.0	10.0	4.4	3.0	1.4	1.0	1.5	3.0	2.0
	一般含沙量	5～8月	4 000～10 000 m³/s	4	5.9	5.5	3.0	2.5	1.1	0.8	1.2	3.5	2.5
	一般含沙量	9～10月[2]	4 000～10 000 m³/s	11	35.5	15.0	10.9	6.0	3.3	1.5	3.8	6.2	4.5
			洪峰流量 小于5 a 一遇	7	14.0	7.0	4.5	2.5	1.3	0.4	3.8	3.7	3.2
			12 d 洪量 小于5 a 一遇	9	14.5	8.0	8.0	4.0	2.9	1.0	3.8	6.2	4.5
三花间来水为主[3]		5～10月	4 000～10 000 m³/s	10	9.0	5.0	4.0	2.5	1.6	0.5	1.6	3.1	3.0

注：1. 保证率：相同汛期、相同时间、相同类型洪水中，保证洪水按某一方式运用的场次数占总场数的比例。

2. 后汛期花园口 5 a 一遇洪水设计洪峰流量为 6 930 m³/s，12 d 洪量为 52.2 亿 m³。洪水含沙量较低，本次仅对一般含沙量洪水进行分析，高含沙量洪水仅 1 场，最大含沙量为 233 kg/m³，出现在 9 月 1 日。

3. 1954～2008 年 55 a 中，后汛期三花间来水为主的洪水仅 1 场，发生概率较低，本次对该类型洪水不再进行分期研究。

1)潼关以上来水为主

对于前汛期洪水,潼关以上来水为主的高含沙量洪水按控制花园口 4 000 m³/s、5 000 m³/s、6 000 m³/s 运用,所需最大防洪库容分别为 18.7 亿 m³、6.6 亿 m³ 和 4.5 亿 m³;保证 90% 洪水按上述各控泄 1 级方式运用所需防洪库容分别为 8.0 亿 m³、4.0 亿 m³ 和 2.0 亿 m³。潼关以上来水为主的一般含沙量洪水按控制花园口 4 000 m³/s、5 000 m³/s、6 000 m³/s 运用,所需最大防洪库容分别为 35.1 亿 m³、19.7 亿 m³ 和 7.7 亿 m³;90% 保证率下所需防洪库容分别为 18.0 亿 m³、7.0 亿 m³ 和 2.0 亿 m³。

控泄 2 级方式下,潼关以上来水为主的高含沙量洪水按场次分级控制和按过程分级控制所需最大防洪库容分别为 4.5 亿 m³、6.6 亿 m³;潼关以上来水为主的一般含沙量洪水按上述两种控泄 2 级方式运用,所需最大防洪库容分别为 7.7 亿 m³、10.6 亿 m³,保证 90% 洪水按过程分级控制所需防洪库容为 6.0 亿 m³。

后汛期洪水含沙量较低,对于潼关以上来水为主的一般含沙量洪水,花园口实测洪峰流量 4 000 ~ 10 000 m³/s 的洪水共 12 场,按控制花园口 4 000 m³/s、5 000 m³/s、6 000 m³/s 运用,所需最大防洪库容分别为 29.8 亿 m³、7.6 亿 m³ 和 2.4 亿 m³;90% 保证率下所需防洪库容分别为 5.0 亿 m³、1.0 亿 m³ 和 0.5 亿 m³。洪峰流量小于 5 a 一遇的洪水有 10 场,按上述各控泄 1 级方式运用,所需最大防洪库容分别为 29.8 亿 m³、7.6 亿 m³ 和 0.4 亿 m³;90% 保证率下所需防洪库容分别为 2.0 亿 m³、0.5 亿 m³ 和 0 亿 m³。12 d 洪量小于 5 a 一遇的洪水有 10 场,按上述各控泄 1 级方式运用,所需最大防洪库容分别为 14.7 亿 m³、3.7 亿 m³ 和 1.0 亿 m³;90% 保证率下所需防洪库容分别为 2.0 亿 m³、0.5 亿 m³ 和 0 亿 m³。

控泄 2 级方式下,对于潼关以上来水为主的一般含沙量洪水,花园口实测洪峰流量 4 000 ~ 10 000 m³/s 的洪水按场次分级控制和按过程分级控制所需最大防洪库容分别为 2.4 亿 m³、4.8 亿 m³,90% 保证率下所需防洪库容为 4.0 亿 m³;洪峰流量小于 5 a 一遇的洪水按上述两种控泄 2 级方式运用,所需最大防洪库容分别为 1.8 亿 m³、3.2 亿 m³;12 d 洪量小于 5 a 一遇的洪水按上述两种控泄 2 级方式运用,所需最大防洪库容分别为 1.8 亿 m³、4.2 亿 m³。

2)潼关上下共同来水

对于前汛期洪水,潼关上下共同来水的高含沙量洪水按控制花园口 4 000 m³/s、5 000 m³/s、6 000 m³/s 运用,所需最大防洪库容分别为 14.0 亿 m³、4.4 亿 m³ 和 1.4 亿 m³;保证 90% 洪水按上述各控泄 1 级方式运用所需防洪库容分别为 10.0 亿 m³、3.0 亿 m³ 和 1.0 亿 m³。潼关上下共同来水的一般含沙量洪水按控制花园口 4 000 m³/s、5 000 m³/s、6 000 m³/s 运用,所需最大防洪库容分别为 5.9 亿 m³、3.0 亿 m³ 和 1.1 亿 m³;90% 保证率下所需防洪库容分别为 5.5 亿 m³、2.5 亿 m³ 和 0.8 亿 m³。

控泄 2 级方式下,潼关上下共同来水的高含沙量洪水按场次分级控制和按过程分级控制所需最大防洪库容分别为 1.5 亿 m³、3.0 亿 m³;潼关上下共同来水的一般含沙量洪水按上述两种控泄 2 级方式运用,所需最大防洪库容分别为 1.2 亿 m³、3.5 亿 m³,保证 90% 洪水按过程分级控制所需防洪库容为 2.5 亿 m³。

对于后汛期潼关上下共同来水的一般含沙量洪水,花园口实测洪峰流量 4 000 ~

10 000 m³/s 的洪水共 11 场,按控制花园口 4 000 m³/s、5 000 m³/s、6 000 m³/s 运用,所需最大防洪库容分别为 35.5 亿 m³、10.9 亿 m³ 和 3.3 亿 m³;90% 保证率下所需防洪库容分别为 15.0 亿 m³、6.0 亿 m³ 和 1.5 亿 m³。洪峰流量小于 5 a 一遇的洪水有 7 场,按上述各控泄 1 级方式运用,所需最大防洪库容分别为 14.0 亿 m³、4.5 亿 m³ 和 1.3 亿 m³;90% 保证率下所需防洪库容分别为 7.0 亿 m³、2.5 亿 m³ 和 0.4 亿 m³。12 d 洪量小于 5 a 一遇的洪水有 9 场,按上述各控泄 1 级方式运用,所需最大防洪库容分别为 14.5 亿 m³、8.0 亿 m³ 和 2.9 亿 m³;90% 保证率下所需防洪库容分别为 8.0 亿 m³、4.0 亿 m³ 和 1.0 亿 m³。

控泄 2 级方式下,对于潼关上下共同来水的一般含沙量洪水,花园口实测洪峰流量 4 000 ~ 10 000 m³/s 的洪水按场次分级控制和按过程分级控制所需最大防洪库容分别为 3.8 亿 m³、6.2 亿 m³,90% 保证率下所需防洪库容为 4.5 亿 m³;洪峰流量小于 5 a 一遇的洪水按上述两种控泄 2 级方式运用,所需最大防洪库容分别为 3.8 亿 m³、3.7 亿 m³;12 d 洪量小于 5 a 一遇的洪水按上述两种控泄 2 级方式运用,所需最大防洪库容分别为 3.8 亿 m³、6.2 亿 m³。

3) 三花间来水为主

对于三花间来水为主的洪水,按控制花园口 4 000 m³/s、5 000 m³/s、6 000 m³/s 运用,所需最大防洪库容分别为 9.0 亿 m³、4.0 亿 m³ 和 1.6 亿 m³;保证 90% 洪水按上述各控泄 1 级方式运用所需防洪库容分别为 5.0 亿 m³、2.5 亿 m³ 和 0.5 亿 m³。

控泄 2 级方式下,三花间来水为主的洪水按场次分级控制和按过程分级控制所需最大防洪库容分别为 1.6 亿 m³、3.1 亿 m³。

2. 设计洪水分析

针对不同来源区设计洪水的调洪计算结果(见表 6-6),分析不同方案下控制中小洪水所需防洪库容。

表 6-6 花园口以上不同来源区不同量级设计洪水所需防洪库容分析

| 洪水量级 | 洪水类型 | 中小洪水不同控制运用方式所需防洪库容(亿 m³) | | | | |
| | | 控泄 1 级 | | | 控泄 2 级 | |
		控 4 000 m³/s	控 5 000 m³/s	控 6 000 m³/s	按场次分级控制	按过程分级控制
2 a 一遇 (6 660 m³/s)	潼关以上来水为主	5.3	1.9	0.4	0.4	3.6
	潼关上下共同来水	4.5	1.1	0.1	0.1	3.0
	三花间来水为主	5.5	3.0	1.0	1.0	3.2
3 a 一遇 (8 040 m³/s)	潼关以上来水为主	9.0	4.9	2.9	2.9	5.2
	潼关上下共同来水	7.1	3.6	1.1	1.1	3.4
	三花间来水为主	8.9	5.5	3.2	3.2	4.9
5 a 一遇 (9 760 m³/s)	潼关以上来水为主	13.4	8.0	5.7	5.7	8.5
	潼关上下共同来水	10.2	6.7	3.4	3.4	5.6
	三花间来水为主	12.8	8.7	6.0	6.0	7.2

注:表中设计值为新研究成果。

从表6-6可见：

(1)潼关以上来水为主洪水按控制花园口 4 000 m³/s、5 000 m³/s、6 000 m³/s 运用，5 a一遇洪水所需防洪库容分别为 13.4 亿 m³、8.0 亿 m³ 和 5.7 亿 m³；控泄 2 级方式下，按场次分级控制和按过程分级控制所需防洪库容分别为 5.7 亿 m³、8.5 亿 m³。

(2)潼关上下共同来水的洪水按控制花园口 4 000 m³/s、5 000 m³/s、6 000 m³/s 运用，5 a一遇洪水所需防洪库容分别为 10.2 亿 m³、6.7 亿 m³ 和 3.4 亿 m³；控泄 2 级方式下，按场次分级控制和按过程分级控制所需防洪库容分别为 3.4 亿 m³、5.6 亿 m³。

(3)三花间来水为主洪水按控制花园口 4 000 m³/s、5 000 m³/s、6 000 m³/s 运用，5 a一遇洪水所需防洪库容分别为 12.8 亿 m³、8.7 亿 m³ 和 6.0 亿 m³；控泄 2 级方式下，按场次分级控制和按过程分级控制所需防洪库容分别为 6.0 亿 m³、7.2 亿 m³。

综合以上论述，可以得出如下结论：

(1)控泄 1 级方式下，随着花园口控制流量的增大，水库需承担的防洪库容减小。控泄 2 级方式所需防洪库容介于"控 5 000 m³/s""控 6 000 m³/s"两种控泄 1 级方式所需防洪库容之间。其中，按场次分级控制所需防洪库容略小于按过程分级控制所需防洪库容。

(2)对于花园口洪峰流量不超过 10 000 m³/s 的洪水，虽然保证全部同类型洪水按照拟定方案运用所需的防洪库容较大，但绝大部分场次洪水所需的防洪库容较小。

(3)后汛期洪峰流量小于 5 a一遇的洪水场次数与 12 d 洪量小于 5 a一遇的洪水场次数基本相当，但根据上述两类洪水样本系列分析得到的防洪库容不尽相同。后汛期花园口实测洪峰流量 4 000～10 000 m³/s 的洪水按不同控制方式运用，所需防洪库容均大于后汛期 5 a一遇洪水所需防洪库容。

(4)后汛期洪水洪峰流量虽然小，但洪水历时较长。从实测洪水分析结果来看，控制花园口洪峰流量不超过 10 000 m³/s 的实测洪水所需防洪库容仍较大。

6.2.2.2　各类型洪水所需防洪库容的外包值

根据实测洪水和设计洪水样本系列，从洪水量级、历时、发生时间、出现概率等方面，分析各类型洪水所需防洪库容的外包值，成果见表6-7、表6-8。

对花园口 1954～2008 年共 99 场 4 000～10 000 m³/s 的洪水按照控制花园口 4 000 m³/s、5 000 m³/s、6 000 m³/s 运用，所需的最大防洪库容分别为 35.5 亿 m³、19.7 亿 m³ 和 7.7 亿 m³；保证 90% 洪水按上述各控泄 1 级方式运用所需防洪库容分别为 18.0 亿 m³、7.0 亿 m³ 和 2.0 亿 m³；保证 80% 洪水按上述各控泄 1 级方式运用所需防洪库容为 7.0 亿 m³、3.0 亿 m³ 和 0.9 亿 m³。按场次分级控制、按过程分级控制所需最大防洪库容为 7.7 亿 m³、10.6 亿 m³，90% 保证率下所需防洪库容为 3.0 亿 m³、6.0 亿 m³。

对于设计洪水，由 1976 年审定成果计算所得防洪库容大于由最新研究成果计算所得防洪库容。同为 5 a一遇洪水，采用 1976 年审定成果，按照控制花园口 4 000 m³/s、5 000 m³/s、6 000 m³/s 运用，所需的最大防洪库容分别为 45.3 亿 m³、19.8 亿 m³ 和 13.9 亿 m³；按过程分级控制所需最大防洪库容为 14.0 亿 m³。采用新研究成果按照控制花园口 4 000 m³/s、5 000 m³/s、6 000 m³/s 运用，所需的最大防洪库容分别为 13.4 亿 m³、8.7 亿 m³ 和 6.0 亿 m³；按过程分级控制所需最大防洪库容为 8.5 亿 m³。

表 6-7　实测洪水、设计洪水所需防洪库容分析

分期	类型	洪水量级	场次数	中小洪水不同控制运用方式所需防洪库容（亿 m³）				
				控泄 1 级			控泄 2 级	
				控 4 000 m³/s	控泄 5 000 m³/s	控 6 000 m³/s	按场次分级控制	按过程分级控制
全年	实测洪水	4 000~6 000 m³/s	62	5.8	1.9	—	5.8	3.1
	实测洪水	4 000~10 000 m³/s	99	35.5	19.7	7.7	7.7	10.6
	1976 年审定设计洪水	3 a 一遇（10 200 m³/s）	6	23.2	12.5	6.8	6.8	7.5
		5 a 一遇（12 800 m³/s）		45.3	19.8	13.9	13.9	14.0
	新研究成果设计洪水	3 a 一遇（8 040 m³/s）	13	9.0	4.9	3.2	3.2	5.2
	相应设计洪水	5 a 一遇（9 760 m³/s）		13.4	8.7	6.0	6.0	8.5
5~8 月	实测洪水	4 000~6 000 m³/s	47	2.7	1.8	—	2.7	2.7
	实测洪水	4 000~10 000 m³/s	74	35.1	19.7	7.7	7.7	10.6
	1976 年审定设计洪水	3 a 一遇（10 200 m³/s）	5	23.2	12.5	6.8	6.8	7.5
		5 a 一遇（12 800 m³/s）		45.3	19.8	13.9	13.9	14.0
	新研究成果设计洪水	3 a 一遇（8 040 m³/s）	13	9.0	4.9	3.2	3.2	5.2
	相应设计洪水	5 a 一遇（9 760 m³/s）		13.4	8.7	6.0	6.0	8.5
9~10 月	实测洪水	4 000~6 000 m³/s	15	5.8	1.9	—	5.8	3.1
	实测洪水	4 000~10 000 m³/s	25	35.5	10.9	3.3	5.8	6.2
		洪峰流量小于 5 a 一遇（6 930 m³/s）	19	29.8	7.6	1.3	5.8	6.6
		12 d 洪量小于 5 a 一遇（52.2 亿 m³）	21	14.7	8.0	2.9	5.8	3.1
	1988 年审定设计洪水	5 a 一遇（6 930 m³/s）	1	10.4	7.1	5.1	5.1	10.6

表6-8　各方案不同保证率所需防洪库容分析

运用方式		分期	洪水场次（次）	最大防洪库容（亿 m³）	不同保证率所需的小浪底防洪库容（亿 m³）	
					80%	90%
控泄1级	控4 000 m³/s	5~8 月	74	35.1	7.0	18.0
		9~10 月	25	35.5	6.0	15.0
		全年	99	35.5	7.0	18.0
	控5 000 m³/s	5~8 月	74	19.7	3.0	7.0
		9~10 月	25	10.9	2.5	6.0
		全年	99	19.7	3.0	7.0
	控6 000 m³/s	5~8 月	74	7.7	0.9	2.0
		9~10 月	25	3.3	0.6	1.5
		全年	99	7.7	0.9	2.0
控泄2级	按场次分级控制	5~8 月	74	7.7	1.5	2.2
		9~10 月	25	5.8	2.2	3.0
		全年	99	7.7	2.2	3.0
	按过程分级控制	5~8 月	74	10.6	4.5	6.0
		9~10 月	25	6.2	4.2	4.5
		全年	99	10.6	4.5	6.0

　　前汛期(表6-8 中5~8 月成果)花园口洪峰流量不超过10 000 m³/s 的实测洪水按照控制花园口4 000 m³/s、5 000 m³/s、6 000 m³/s 运用,所需的最大防洪库容分别为35.1 亿 m³、19.7 亿 m³ 和7.7 亿 m³;保证90% 洪水按上述各控泄1 级方式运用所需防洪库容分别为18.0 亿 m³、7.0 亿 m³ 和2.0 亿 m³。按过程分级控制所需最大防洪库容为10.6 亿 m³。

　　前汛期5 a 一遇设计洪水,采用1976 年审定成果,按过程分级控制所需最大防洪库容为14.0 亿 m³。采用新研究成果,按过程分级控制所需最大防洪库容为8.5 亿 m³。

　　后汛期(9~10 月)花园口洪峰流量不超过10 000 m³/s 的实测洪水按照控制花园口4 000 m³/s、5 000 m³/s、6 000 m³/s 运用,所需的最大防洪库容分别为35.5 亿 m³、10.9 亿 m³ 和3.3 亿 m³;保证90% 洪水按上述各控泄1 级方式运用所需防洪库容分别为15.0 亿 m³、6.0 亿 m³ 和1.5 亿 m³。按过程分级控制所需最大防洪库容为6.2 亿 m³。

　　后汛期5 a 一遇设计洪水,采用1988 年审定成果,按照控制花园口4 000 m³/s、5 000 m³/s、6 000 m³/s 运用,所需的最大防洪库容分别为10.4 亿 m³、7.1 亿 m³ 和5.1 亿 m³;按过程分级控制所需最大防洪库容为10.6 亿 m³。

　　进一步分析不同历时洪水所需防洪库容。经统计,花园口洪峰流量4 000~10 000

m^3/s 的 99 场洪水中,洪水历时小于 20 d 的有 67 场洪水,按控制花园口 4 000 m^3/s 运用的最大防洪库容为 6.4 亿 m^3,控制库容不超过 7 亿 m^3。洪水历时大于等于 20 d 的 32 场洪水中,15 场洪水所需防洪库容大于 7 亿 m^3,4 场为 7 亿 ~9 亿 m^3,6 场为 10 亿 ~20 亿 m^3,5 场为 20 亿 m^3 以上。所需防洪库容大于 10 亿 m^3 的 11 场洪水主峰都发生在 8 月下旬之后,接近于后汛期。

综合以上论述,可以得到如下结论:

(1)对于花园口洪峰流量不超过 10 000 m^3/s 的实测洪水,7 亿 m^3 左右的防洪库容基本能够保证所有场次洪水都按照控花园口 6 000 m^3/s 或按场次分级控制运用,90% 的场次按照控花园口 5 000 m^3/s 运用或按过程分级控制运用,80% 左右的场次按照控花园口 4 000 m^3/s 运用。

(2)由于 1976 年审定的洪水成果较最新研究成果大,相同频率相同运用方式下,前者计算所得防洪库容大于后者。结合近期黄河中下游洪水特性,认为高频率的中小洪水,1976 年审定的设计值与实际情况有差异;而新研究的设计洪水成果考虑了上游水库影响,设计洪水过程线同时考虑了设计洪峰、洪量指标,典型洪水历时足够长,由该成果分析所得的防洪库容,更符合近期中小洪水防洪需求。

(3)新研究的中小洪水成果中,花园口 5 a 一遇洪水洪峰流量约为 10 000 m^3/s。实测洪水样本分析所得最大防洪库容大于设计洪水样本的分析结果,原因是:本次筛选的实测场次洪水仅考虑洪峰流量指标,场次洪量可能大于新研究的 5 a 一遇设计值,致使防洪库容分析结果偏大。

(4)洪水历时越长,所需防洪库容一般越大。花园口洪峰流量 4 000 ~10 000 m^3/s 的 99 场洪水中,70% 左右的短历时洪水(<20 d,占总数的 68%)按控制花园口 4 000 m^3/s 运用所需防洪库容不超过 7 亿 m^3。

(5)控泄 2 级方式中,按场次分级控制方式所需防洪库容小于按过程分级控制方式。若能提前预知场次洪水量级,则按场次分级控制方式优于按过程分级控制。但现有预报水平尚不能报出场次洪水的量级,因此该运用方式的实际可操作性不强。

(6)从设计洪水分析结果来看,后汛期不同控制运用方式所需防洪库容远小于前汛期。但从实测结果来看,花园口洪峰流量不超过 10 000 m^3/s 的实测洪水,前、后汛期所需防洪库容基本相当。原因是:花园口洪峰流量为 10 000 m^3/s 洪水,对于前汛期相当于 5 a 一遇,对于后汛期则高于 5 a 一遇。进入后汛期以后,水库已逐渐转入洪水资源化管理阶段,为了充分利用洪水资源,应尽量对后汛期高频率洪水进行控制运用。

6.2.2.3　中小洪水控制运用所需防洪库容分析

根据花园口洪峰流量划分中小洪水量级,由于相同洪峰流量对应的洪水过程千差万别,致使相同运用方式下所需的防洪库容差距较大。从绝大部分场次洪水满足防洪要求的角度出发,综合考虑洪水过程中洪峰、洪量、洪水历时等特征的不确定性,以设计洪水和实际洪水调洪计算的防洪库容结果取外包,确定中小洪水控制运用所需防洪库容。其中,设计洪水取新研究成果,实测洪水所需防洪库容取保证率 90% 的结果。不同类型中小洪水所需防洪库容成果见表 6-9。

表 6-9　不同类型中小洪水所需防洪库容

洪水类型		洪水量级	中小洪水不同控制运用方式所需防洪库容(亿 m³)			
			控 4 000 m³/s	控 5 000 m³/s	控 6 000 m³/s	按过程分级控制*
前汛期	潼关以上来水为主高含沙	10 000 m³/s (5 a 一遇)	13.4	8.0	5.7	8.5
	潼关以上来水为主一般含沙	10 000 m³/s (5 a 一遇)	18.0	8.0	5.7	8.5
	潼关上下共同来水高含沙	10 000 m³/s (5 a 一遇)	10.2	6.7	3.4	5.6
	潼关上下共同来水一般含沙	10 000 m³/s (5 a 一遇)	10.2	6.7	3.4	5.6
三花间来水为主		10 000 m³/s (5 a 一遇)	12.8	8.7	6.0	7.2
后汛期	潼关以上来水为主	10 000 m³/s (10 a 一遇)	5.0	1.0	0.5	4.0
		7 000 m³/s (5 a 一遇)	2.0	0.5	0.1	2.5
	潼关上下共同来水	10 000 m³/s (10 a 一遇)	15.0	6.0	1.5	4.5
		7 000 m³/s (5 a 一遇)	7.0	2.5	0.4	3.2
前汛期外包值		10 000 m³/s (5 a 一遇)	18.0	8.7	6.0	8.5
后汛期外包值		10 000 m³/s (10 a 一遇)	15.0	7.0	1.5	4.5
		7 000 m³/s (5 a 一遇)	10.0	4.0	1.0	3.2
全年外包值		10 000 m³/s (5 a 一遇)	18.0	8.7	6.0	8.5
		8 000 m³/s (3 a 一遇)	10.0	5.5	3.2	4.5

注：* 现有预报水平尚不能报出场次洪水的量级,按场次分级控制方式实际可操作性不强,因此本次仅列出中小洪水按过程分级控制所需防洪库容。

从表 6-9 中可以看出,花园口洪峰流量 10 000 m³/s(约 5 a 一遇)洪水,按控制花园口 4 000 m³/s、5 000 m³/s、6 000 m³/s 运用所需的防洪库容分别为 18 亿 m³、8.7 亿 m³ 和 6.0 亿 m³,按过程分级控制所需防洪库容为 8.5 亿 m³;花园口洪峰流量 8 000 m³/s(约 3 a 一遇)洪水,控制花园口 4 000 m³/s、5 000 m³/s、6 000 m³/s 运用所需的防洪库容分别为 10 亿 m³、5.5 亿 m³ 和 3.2 亿 m³,按过程分级控制所需防洪库容为 4.5 亿 m³。

6.2.3　小浪底水库对中小洪水的调控能力分析

采用平水平沙的 1968 年系列,分析不同淤积量、不同水位小浪底水库 254 m 以下的库容:水库运用第 3 年淤积量 43.86 亿 m³,254 m 相应库容为 35.6 亿 m³;第 5 年淤积量 49.89 亿 m³,254 m 相应库容为 29.5 亿 m³;第 10 年淤积量 59.31 亿 m³,254 m 相应库容为 20 亿 m³;第 13 年淤积量 70.82 亿 m³,254 m 相应库容为 10.4 亿 m³;正常运用期 254 m 相应库容为 10 亿 m³。

为了保持小浪底水库长期有效库容,中小洪水的控制运用不能超过 254 m。小浪底水库拦沙后期考虑满足供水、灌溉、发电等综合利用要求,水库调水调沙运用的蓄水量为 13 亿 m³,在分析拦沙后期中小洪水控制运用指标时,以 254 m 以下库容扣除水库综合利用和调水调沙运用所需的蓄水库容作为可用于中小洪水控制运用的防洪库容。

计算不同淤积水平 254 m 水位以下的防洪库容(见表 6-10),可以看出淤积量达到 44 亿 m³,240 m 以下库容 13 亿 m³ 左右,240~254 m 的库容为 23 亿 m³ 左右,满足控制花园口中小洪水流量 4 000 m³/s 的要求;淤积量达到 50 亿 m³ 左右,245 m 以下库容 13 亿 m³ 左右,245~254 m 的库容为 16 亿 m³ 左右,满足控制花园口中小洪水流量 4 500 m³/s 左右的要求;淤积量达到 59 亿 m³ 左右,250 m 以下库容 13 亿 m³ 左右,250~254 m 的库容为 7 亿 m³ 左右,满足控制花园口中小洪水流量 6 000 m³/s 的要求;淤积量达到 70 亿 m³ 左右,254 m 以下库容 10 亿 m³ 左右,中小洪水的控制运用需要使用 254 m 以上库容。

表 6-10　小浪底水库不同淤积水平 254 m 水位以下库容

水位 (m)	库容(亿 m³)				
	原始	2009 年 4 月	淤积 44 亿 m³	淤积 50 亿 m³	淤积 59 亿 m³
250~254	7.70	7.49	7.40	7.46	6.76
245~254	16.9	16.3	16.0	16.0	12.7
240~254	24.9	24.2	23.7	23.3	17.3
235~254	31.0	31.4	30.3	27.8	19.1
230~254	38.1	37.3	33.9	29.4	19.8
225~254	43.7	41.7	35.1	29.5	20.0

6.2.4　大洪水所需防洪库容分析

对于大洪水的控制运用方式及所需防洪库容的研究,前期已做过大量相关工作,成果较为成熟。

　　小浪底初步设计报告中,结合黄河下游防洪工程情况及防洪要求,拟定了多种水库运用方式,分析不同典型、不同量级大洪水所需防洪库容。最终结论如下:

　　按照黄河下游防洪要求,为了减少东平湖滞洪区的运用机遇,花园口控制流量应不超过 10 000 m³/s。同时,为了适当减少漫滩洪水出现概率,预报花园口 8 000 m³/s 时水库开始防洪运用,按凑泄花园口 8 000 m³/s 控制泄流;当洪水超过 5 a 一遇的标准后,改按凑泄花园口 10 000 m³/s 控制泄流,按照洪水大小,分级控制运用。该运用方式下,控制大洪水所需防洪库容为 40.5 亿 m³。

6.3　减淤控制指标分析

　　通过分析历史以来进入下游河道的非漫滩洪水,并按含沙量划分为一般含沙量洪水和高含沙量洪水,分别分析这两种类型洪水在下游河道的冲淤特性,论证下游减淤需要的控制指标。

6.3.1　实测不同含沙量洪水对下游河道冲淤情况

　　根据 1960 年 7 月至 2016 年 12 月下游水沙资料,在分析水沙过程的基础上,对汛期洪水进行了划分。划分洪水时,考虑上下站洪水过程的对应关系,以流量过程为主,尽量使上下站有一个完整的水沙传播过程。

6.3.1.1　一般含沙量非漫滩洪水冲淤特性分析

　　1960~2016 年汛期共发生 306 场非漫滩洪水,三黑小来水量 5 432 亿 m³,占 56 a 以来汛期总水量的 52.9%,来沙量 215.1 亿 t,占 56 a 以来汛期总来沙量的 55.7%。利津以上河段总淤积 14.78 亿 t 泥沙,其中花园口以上淤积 14.54 亿 t,花园口至高村淤积 12.72 亿 t,高村至艾山冲刷 5.03 亿 t,艾山至利津冲刷 7.45 亿 t。

　　将非漫滩洪水根据三黑小含沙量划分 20 kg/m³ 以下、20~60 kg/m³、60~100 kg/m³、100~200 kg/m³、200 kg/m³ 以上五个含沙量级,根据三黑小流量划分 1000~1 500 m³/s、1 500~2 000 m³/s、2 000~2 500 m³/s、2 500~3 000 m³/s、3 000~3 500 m³/s、3 500~4 000 m³/s 及 4 000 m³/s 以上七个流量级。各含沙量级洪水下游冲淤统计情况见表 6-11。

　　1. 三黑小含沙量 20 kg/m³ 以下洪水

　　1960~2016 年黄河下游共发生含沙量小于 20 kg/m³ 的非漫滩洪水 102 场,历时 995 d,三黑小来水量 2 114 亿 m³,来沙量 17.8 亿 t。此类洪水在全下游冲刷 25.03 亿 t,其中花园口以上冲刷 7.99 亿 t,花园口至高村冲刷 9.37 亿 t,高村至艾山冲刷 4.71 亿 t,艾山至利津冲刷 2.96 亿 t,其中高村以上河段冲刷量占全河段的 69.4%。

　　从该含沙量级下不同流量洪水在下游冲淤表现来看,全下游基本呈现冲刷状态,2 500 m³/s 以下流量级在艾山至利津河段呈现淤积状态;流量增大到 2 500 m³/s 以上,各河段基本呈现冲刷,下游河道和艾山至利津河段冲刷效率增加明显,流量增大到 3 500~4 000 m³/s 及以上,全下游冲刷效率进一步提高。

表 6-11　1960～2016 年非漫滩洪水分流量级下游冲淤统计

含沙量级 (kg/m³)	流量级 (m³/s)	场次	历时 (d)	平均流量 (m³/s)	平均含沙量 (kg/m³)	冲淤效率(kg/m³)				
						花园口以上	花园口至高村	高村至艾山	艾山至利津	利津以上
20 以下	1 000～1 500	23	203	1 123	5.9	-1.76	-0.81	-0.74	0.80	-2.51
	1 500～2 000	18	145	1 756	5.6	-2.42	-2.27	-0.54	-0.07	-5.30
	2 000～2 500	20	171	2 308	11.6	-3.51	-2.32	-2.41	-1.82	-10.06
	2 500～3 000	15	180	2 752	9.8	-0.86	-3.29	-3.62	-2.56	-10.32
	3 000～3500	12	130	2 644	9.1	-4.19	-1.79	-2.84	-1.65	-10.47
	3 500～4 000	8	67	3 766	9.9	-6.27	-8.53	-0.95	-2.03	-17.78
	4 000 以上	6	99	4 828	5.7	-6.68	-9.67	-1.34	-2.94	-20.63
	小计	102	995	2 459	8.4	-3.78	-4.43	-2.23	-1.40	-11.84
20～60	1 000～1 500	10	61	1 252	36.1	7.12	1.75	-2.58	2.43	8.72
	1 500～2 000	26	171	1 733	32.3	1.92	1.55	0.84	1.77	6.08
	2 000～2 500	29	234	2 255	37.0	0.14	3.34	-2.02	-1.97	-0.51
	2 500～3 000	15	138	2 768	36.3	-0.98	1.84	-1.97	-3.50	-4.61
	3 000～3 500	12	74	3 206	35.2	0.23	-1.81	-2.18	-1.39	-5.15
	3 500～4 000	7	53	3 669	34.6	-1.63	2.59	-3.48	-3.71	-6.23
	4 000 以上	15	194	4 582	27.3	-9.04	-3.57	-0.41	-2.74	-15.76
	小计	114	925	2 814	32.7	-2.87	-0.02	-1.28	-1.98	-6.15
60～100	1 000～1 500	9	53	1 319	72.2	20.21	8.65	-0.46	1.06	29.46
	1 500～2 000	13	84	1 776	79.6	23.03	10.39	-1.21	-1.02	31.17
	2 000～2 500	9	53	2 180	83.0	14.00	4.24	-2.10	-2.67	13.45
	2 500～3 000	9	71	2 739	80.4	12.08	10.65	-0.22	-0.18	22.33
	3 000～4 000	4	26	3 515	78.2	10.93	3.29	-2.37	0.72	12.59
	4 000 以上	2	27	4 239	85.9	5.55	10.77	-1.61	-2.81	11.90
	总计	46	314	2 341	80.4	14.22	8.50	-1.22	-0.92	20.57
100～200	1 000～1 500	5	25	1 145	116.8	49.19	29.71	3.68	1.98	84.56
	1 500～2 000	8	42	1 667	132.9	36.37	32.45	4.68	3.88	77.38
	2 000～2 500	14	76	2 232	130.7	40.03	24.85	5.00	1.24	71.15
	2 500～3 000	3	15	2 765	173.9	28.44	47.11	4.80	-1.34	79.04
	4 000 以上	1	13	4 177	100.4	-17.54	11.89	6.86	-11.27	-10.04
	小计	31	171	2 129	130.4	30.14	27.30	5.09	-0.36	62.19
200 以上	1 000～1 500	2	8	1 264	289.5	158.35	68.76	8.01	15.45	250.46
	1 500～2 000	2	9	1 770	337.9	184.23	70.64	11.56	-1.24	265.19
	2 000～2 500	5	29	2 298	229.0	52.13	55.51	15.14	4.95	127.75
	2 500～3 000	4	17	2 738	280.8	88.31	83.86	15.12	5.82	193.04
	小计	13	63	2 210	263.2	87.05	67.68	14.21	5.30	174.21

2. 三黑小含沙量 20～60 kg/m³ 的洪水

1960～2016 年黄河下游共发生含沙量 20～60 kg/m³ 的非漫滩洪水 114 场,三黑小来水量 2 249 亿 m³,来沙量 73.5 亿 t,洪水总历时 925 d。该含沙量级洪水在全下游共冲刷 13.82 亿 t 泥沙,其中花园口以上冲刷 6.45 亿 t,花园口至高村冲刷 0.04 亿 t,高村至艾山冲刷 2.88 亿 t,艾山到利津冲刷 4.45 亿 t。

从该含沙量级下不同流量级洪水在下游冲淤表现来看,随着洪水平均流量的增大,下游逐步由淤积转为冲刷。2 000 m³/s 以下流量级洪水在全下游和艾山至利津河段呈现淤积;2 000～2 500 m³/s 流量级洪水在全下游呈现微冲,其中高村以上河段大体呈现淤积,高村以下河段基本呈现冲刷,当流量达到 2 500 m³/s 以上时,全下游和高村以下河段基本呈现冲刷,并且随着流量级的增大,全下游的冲刷效率有增大的趋势。

3. 三黑小含沙量 60～100 kg/m³ 的洪水

该含沙量级洪水共发生 46 场,三黑小来水量 635 亿 m³,来沙量 51.1 亿 t,洪水总历时 314 d。该含沙量级洪水在全下游淤积 13.06 亿 t,其中花园口以上淤积 9.03 亿 t,花园口至高村淤积 5.40 亿 t,高村至艾山、艾山至利津河段分别冲刷泥沙 0.78 亿 t 和 0.59 亿 t。从该含沙量级在下游表现可以看出,含沙量 60～100 kg/m³ 的洪水在全下游的淤积主要集中在高村以上河段,占全下游淤积量的 110%,在高村以下河段则呈现微冲。

该含沙量级洪水随着流量的增大,全下游的淤积效率和淤积比逐步降低。当洪水平均流量达到 3 000～4 000 m³/s 时,全河段淤积量占来沙量比例明显减小,全下游淤积效率明显降低,全下游的淤积效率只有该类洪水平均淤积效率的 50% 左右,高村以下河段冲刷效率进一步增加。

4. 三黑小含沙量 100～200 kg/m³ 的洪水

该含沙量级洪水共发生 31 场,三黑小来水量 314.5 亿 m³,来沙量 41.0 亿 t,洪水总历时 171 d。该含沙量级洪水在全下游淤积 19.56 亿 t,其中花园口以上淤积 9.48 亿 t,花园口至高村淤积 8.59 亿 t,高村至艾山淤积 1.60 亿 t,艾山到利津微冲,冲刷泥沙 0.11 亿 t。从该含沙量级在下游表现可以看出,此类洪水下游河道淤积主要集中在高村以上河段,占全下游淤积量的 92.4%。

该含沙量级洪水随着流量级的增大,全下游的淤积效率和淤积比有降低的趋势。洪水平均流量小于 3 000 m³/s 时,下游河道淤积严重,淤积效率都在 70 kg/m³ 以上;洪水平均流量 4 000 m³/s 以上时,全下游及艾山至利津河段呈现冲刷。从上述分析看,对于该含沙量级的洪水,当流量增大到 3 500～4 000 m³/s 时,下游河道淤积效率将明显减小。

5. 三黑小含沙量 200 kg/m³ 以上的洪水

该含沙量级洪水共发生 13 场,三黑小来水量 120 亿 m³,沙量 31.7 亿 t,洪水总历时 63 d。该含沙量级洪水下游利津以上淤积 20.96 亿 t 泥沙,其中花园口以上淤积了 10.47 亿 t,花园口至高村淤积 8.14 亿 t,高村至艾山淤积 1.71 亿 t,艾山至利津淤积 0.64 亿 t 泥沙。

由表 6-11 可以看出,该含沙量级下洪水在全下游整体呈现严重的淤积。洪水平均流量 3 000 m³/s 以下,全河段淤积严重,淤积效率都达到 120 kg/m³ 以上,有些甚至达到 250 kg/m³ 以上。

6. 非漫滩洪水冲淤特性小结

综上所述,非漫滩洪水随着含沙量级的增大,全下游逐步由冲刷转为淤积;另外,非漫滩洪水随着流量级的增大,全下游由淤积逐步转为冲刷或者淤积效率降低。

从不同水沙、历时洪水搭配在下游的整体表现来看,可以得出如下结论:

(1)含沙量 20 kg/m³ 以下,全下游基本呈现冲刷,流量增大到 2 500 m³/s 及以上,下游河道和艾山—利津段冲刷效率增加明显,流量增大到 3 500 m³/s 及以上,全下游冲刷效率进一步提高;从不同洪水历时在下游冲淤表现来看,流量级 2 500 ~ 3 500 m³/s 洪水历时达到 4 ~ 5 d 及以上对全下游和高村以下河段冲刷效果较好;流量级 3 500 ~ 4 000 m³/s 洪水历时 4 ~ 5 d 以上在全下游和高村以下河段均具有较好的冲刷效果。

(2)含沙量 20 ~ 60 kg/m³,随着流量级的增大,下游逐步由淤积转为冲刷。当流量达到 2 500 m³/s 以上时,全下游和高村以下河段基本呈现冲刷,并且随着流量级的增大,全下游的冲刷效率有增大的趋势。从不同洪水历时在下游冲淤情况来看,流量级 2 500 ~ 3 500 m³/s 洪水历时达到 6 ~ 7 d 及以上在全下游和高村以下河段都有较好的冲刷效果;流量级 3 500 ~ 4 000 m³/s 洪水历时 4 ~ 5 d 及以上在全下游和高村以下河段冲刷效果较好。

(3)含沙量 60 ~ 100 kg/m³ 和含沙量 100 ~ 200 kg/m³ 洪水,随着流量级的增大,全下游淤积效率和淤积比呈现降低的趋势。流量达到 3 000 ~ 3 500 m³/s 以上,全下游的淤积效率显著降低。

6.3.1.2 一般含沙量漫滩洪水冲淤特性分析

1960 ~ 2016 年此类洪水出现 22 场,小黑武总来水量 1 123.7 亿 m³,来沙量 48.99 亿 t,平均含沙量为 43.59 kg/m³,洪水历时 309 d。利津以上共冲刷 1.20 亿 t,其中花园口以上冲刷 3.40 亿 t,花园口—高村淤积 2.35 亿 t,高村—艾山淤积 3.08 亿 t,艾山—利津冲刷 3.23 亿 t。艾山—利津河段各流量级漫滩洪水均为冲刷,从不同流量级漫滩洪水下游河道冲淤效率变化情况看,流量 2 500 ~ 3 000 m³/s 时,高村—艾山、艾山—利津河段表现为冲刷,冲刷效率分别为 5.6 kg/m³、2.54 kg/m³,流量 3 500 ~ 4 000 m³/s 时,全下游及艾山—利津河段游冲刷效率相对较大,分别为 10.55 kg/m³、4.35 kg/m³。下游汛期漫滩洪水冲淤情况见表 6-12。

表 6-12　1960 ~ 2016 年一般含沙量漫滩洪水下游冲淤统计

小黑武流量 （m³/s）	洪水 场次	历时 (d)	小黑武 水量 （亿 m³）	小黑武 沙量 （亿 t）	冲淤效率（kg/m³）				
					小浪底— 花园口	花园口— 高村	高村— 艾山	艾山— 利津	小浪底— 利津
2 500 ~ 3 000	2	21	51.7	3.71	7.86	11.47	-5.60	-2.54	11.20
3 000 ~ 3 500	4	59	165.6	15.73	1.37	27.09	5.17	-2.76	30.87
3 500 ~ 4 000	3	44	141.2	6.71	0.41	-3.61	-3.00	-4.35	-10.55
>4 000	13	185	765.2	22.83	-5.35	-2.90	3.84	-2.64	-7.05
总计	22	309	1 123.7	48.98	-3.03	2.09	2.74	-2.87	-1.06

6.3.1.3 高含沙量洪水对下游河道冲淤情况分析

1960~2016 年,黄河下游共发生高含沙量洪水 21 场,总历时 115 d,小黑武来水量 278.1 亿 m³,来沙量 72.4 亿 t。利津以上共淤积泥沙 43.11 亿 t。全下游的淤积效率为 155.0 kg/m³,淤积比为 60%。各河段的淤积效率分别为 64.0 kg/m³、78.8 kg/m³、10.8 kg/m³ 和 1.3 kg/m³。

1.非漫滩高含沙量洪水冲淤特性

在 21 场高含沙量洪水中,非漫滩高含沙量洪水共有 14 场,历时 67 d,占所有高含沙量洪水历时的 58.3%,进入下游的水量 125.7 亿 m³,沙量 32.9 亿 t,分别占高含沙量洪水总来水来沙量的 45.2% 和 45.5%。利津以上共淤积泥沙 22.10 亿 t,占所有高含沙量洪水总淤积量的 51.3%。全下游的淤积效率为 175.7 kg/m³,高村以下的淤积效率为 21.6 kg/m³。1960~2016 年黄河下游高含沙量洪水的水沙特征及下游冲淤情况见表 6-13。

1960~2016 年,黄河下游共发生大于 150 kg/m³ 洪水(不包括高含沙量洪水)共 10 场,总历时 67 d。进入下游的水量 106.1 亿 m³,沙量 18.9 亿 t,利津以上共淤积泥沙 9.44 亿 t,全下游淤积效率为 89.0 kg/m³,淤积比为 50%,各河段的冲淤效率分别为 45.3 kg/m³、39.5 kg/m³、4.3 kg/m³、-0.1 kg/m³。各场次大于 150 kg/m³ 一般含沙量洪水下游河道的冲淤情况见表 6-14。

下面从不同流量级的冲淤情况对非漫滩高含沙量洪水和大于 150 kg/m³ 洪水进行对比。

1)1 000~1 500 m³/s

流量级在 1 000~1 500 m³/s 的高含沙量洪水共有 2 场,共历时 8 d,进入下游的水沙量分别为 8.7 亿 m³ 和 2.5 亿 t,全下游淤积效率为 250.7 kg/m³,淤积比为 86%,各河段淤积效率分别为 158.5 kg/m³、68.8 kg/m³、8.0 kg/m³、15.4 kg/m³。流量小于 1 500 m³/s 的高含沙量洪水,在全下游淤积非常严重,尤其是花园口以上河段,其次是花园口—高村河段,高村以下河段也有一定的淤积,艾山—利津河段淤积效率较大。

2)1 500~2 000 m³/s

流量级在 1 500~2 000 m³/s 的高含沙量洪水共有 3 场,历时 15 d,进入下游的水量 23.2 亿 m³,沙量 6.2 亿 t,全下游淤积效率为 195.8 kg/m³,淤积比为 74%,各河段淤积效率分别为 118.3 kg/m³、66.3 kg/m³、8.7 kg/m³、2.5 kg/m³。对于 1 500~2 000 m³/s 的高含沙量洪水来说,全下游淤积效率相对 1 000~1 500 m³/s 有所减小,各河段均有所体现,尤其在花园口以上和艾山—利津河段。

流量级在 1 500~2 000 m³/s 的 150 kg/m³ 以上一般含沙量洪水共有 3 场,共历时 17 d,进入下游的水量 24.2 亿 m³,沙量 3.8 亿 t,全下游淤积效率为 75.5 kg/m³,淤积比为 48%,各河段淤积效率分别为 41.7 kg/m³、27.5 kg/m³、8.2 kg/m³、-1.9 kg/m³。可以看出全下游及各河段的淤积效率相对于同流量级高含沙量洪水都有不同程度减小,高村以上河段减小幅度更大。

3)2 000~2 500 m³/s

流量级在 2 000~2 500 m³/s 的高含沙量洪水共有 4 场,历时 23 d,进入下游的水量

表6-13　1960～2016年黄河下游高含沙量洪水的水沙特征及下游冲淤统计

高含沙量洪水编号	起始时间（年-月-日）	结束时间（年-月-日）	历时（d）	最大流量（m³/s）	最大含沙量（kg/m³）	平均流量（m³/s）	平均含沙量（kg/m³）	水量（亿 m³）	沙量（亿 t）	冲淤效率（kg/m³）				
										小浪底—花园口	花园口—高村	高村—艾山	艾山—利津	小浪底—利津
非漫滩高含沙量洪水														
1	1995-07-18	1995-07-21	4	1 663	334.5	1 185	266.3	4.1	1.1	164.3	46.1	9.2	9.0	228.7
2	1999-07-16	1999-07-19	4	1 921	433.7	1 342	310.9	4.6	1.4	153.4	88.8	6.9	21.1	270.2
1～2合计	1 000～1 500 m³/s		8					8.7	2.5	158.5	68.8	8.0	15.4	250.7
3	1996-07-17	1996-07-21	5	2 342	396.8	1 629	336.5	7.0	2.4	181.0	79.4	6.5	1.4	268.4
4	1973-08-20	1973-08-25	6	2 614	305.6	1 829	162	9.5	1.5	22.5	60.0	4.5	8.1	95.1
5	1996-07-29	1996-08-01	4	2 169	470.3	1 945	339.2	6.7	2.3	187.7	61.5	16.8	-4.1	261.9
3～5合计	1 500～2 000 m³/s		15					23.2	6.2	118.3	66.3	8.7	2.5	195.8
6	1971-08-20	1971-08-25	6	2 997	484.7	2 049	164.1	10.6	1.7	29.8	47.0	16.9	-7.7	86.1
7	1997-07-31	1997-08-04	5	3 440	483.9	2 076	364.9	9.0	3.3	149.1	88.2	16.0	12.7	266.0
8	1970-08-09	1970-08-13	5	3 135	344.8	2 268	267.4	9.8	2.6	8.5	101.8	42.5	8.5	161.2
9	1969-07-28	1969-08-03	7	3 157	335	2 489	265.7	15.1	4.0	79.2	50.9	17.4	13.8	161.3
6～9合计	2 000～2 500 m³/s		23					44.5	11.6	65.9	68.7	22.5	7.3	164.4
10	1974-08-01	1974-08-03	3	3 615	352.7	2 559	224.2	6.6	1.5	78.2	43.5	7.3	-6.1	122.9
11	1988-07-08	1988-07-10	3	3 073	328.3	2 566	160.7	6.7	1.1	99.6	21.2	-6.7	1.4	115.4
12	1994-08-11	1994-08-16	6	3 496	330.6	2 734	197.6	14.2	2.8	3.2	65.3	12.3	-2.6	78.1
13	1970-08-03	1970-08-08	6	4 635	506.7	2 759	377.6	14.3	5.4	128.2	115.8	35.9	6.8	286.7
14	1994-09-02	1994-09-04	3	3 551	301.1	2 915	242.6	7.6	1.8	79.6	59.5	11.1	16.0	166.3

续表 6-13

高含沙量洪水编号	起始时间（年-月-日）	结束时间（年-月-日）	历时（天）	最大流量（m³/s）	最大含沙量（kg/m³）	平均流量（m³/s）	平均含沙量（kg/m³）	水量（亿 m³）	沙量（亿 t）	冲淤效率（kg/m³）				
										小浪底—花园口	花园口—高村	高村—艾山	艾山—利津	小浪底—利津
10~14合计	2 500~3 000 m³/s		21					49.4	12.6	74.2	70.2	15.7	3	163.2
1~14合计			67					125.8	32.9	85.3	68.9	16.3	5.3	175.7
漫滩高含沙量洪水														
15	1971-07-26	1971-07-28	3	4 626	337	3 334	240.7	8.6	2.1	72.6	61.9	10.5	12.2	157.2
16	1973-08-27	1973-09-03	8	4 550	422.1	3 627	271.2	25.1	6.8	2.5	97.3	14.7	1.5	116.0
17	1977-07-06	1977-07-13	8	7 649	476.5	4 145	271.1	28.7	7.8	18.2	113.3	0.2	-3.1	128.6
18	1977-08-04	1977-08-10	7	7 496	516.9	4 201	340.2	25.4	8.6	40.2	117.9	5.4	8.0	171.4
19	1988-08-05	1988-08-13	9	6 107	491.9	3 942	196.7	30.7	6.0	68.9	36.1	7.2	-12.6	99.6
20	1992-08-10	1992-08-17	8	4 525	392.1	3 084	257.2	21.3	5.5	66.2	114.1	3.2	-7.1	176.3
21	1994-07-09	1994-07-13	5	4 161	341.1	2 935	205.7	12.7	2.6	105.2	40.2	6.2	-1.9	149.7
15~21合计			48					152.5	39.4	46.5	87	6.4	-2.0	137.9
1~21总合计			115					278.3	72.3	64.0	78.8	10.8	1.3	155.0

表6-14　1960~2016年黄河下游含沙量大于150 kg/m³ 一般含沙量洪水的水沙特征及下游冲淤统计

>150 kg/m³ 洪水编号	起始时间 (年-月-日)	结束时间 (年-月-日)	历时 (d)	最大流量 (m³/s)	最大含沙量 (kg/m³)	平均流量 (m³/s)	平均含沙量 (kg/m³)	水量 (亿m³)	沙量 (亿t)	冲淤效率 (kg/m³)				
										小浪底—花园口	花园口—高村	高村—艾山	艾山—利津	小浪底—利津
1	1995-08-06	1995-08-12	7	2 862	258.8	1 579	161.9	9.6	1.5	39.0	34.5	4.6	-2.9	75.2
2	1969-08-09	1969-08-15	7	2 680	280.7	1 683	151.6	10.2	1.5	25.7	11.3	11.4	-6.3	42.1
3	1992-07-30	1992-08-01	3	2 273	189.9	1 733	160.8	4.5	0.7	84.0	49.2	8.4	10.3	151.9
1~3 合计	1 500~2 000 m³/s		17					24.3	3.7	41.7	27.5	8.2	-1.9	75.5
4	1978-07-13	1978-07-18	6	2 565	279.5	2 112	209.3	10.9	2.3	55.4	47.8	8.8	7.3	119.2
5	1979-07-29	1979-08-03	5	2 692	255.5	2 154	201.8	11.2	2.3	72.0	36.8	-7.3	-0.3	101.2
6	1978-07-20	1978-07-26	7	3 179	266.8	2 182	176.3	13.2	2.3	20.5	35.0	12.1	2.7	70.2
7	1995-09-02	1995-09-07	6	2 919	207.0	2 224	151.0	11.5	1.7	28.8	38.0	1.2	-9.3	58.7
8	1980-07-29	1980-08-01	4	3 127	241.3	2 390	189.5	8.3	1.6	105.1	11.2	8.1	-0.7	123.7
4~8 合计	2 000~2 500 m³/s		28					55.1	10.2	52.3	35.0	4.6	0.0	91.8
9	1994-08-05	1994-08-09	5	5 211	277.2	2 714	218.9	11.7	2.6	51.0	83.2	-3.3	4.7	135.7
10	1989-07-21	1989-07-26	6	5 298	203.69	2 895	157.1	15.0	2.4	20.8	41.5	2.9	-1.3	63.8
9~10 合计	2 500~3 000 m³/s		11					26.7	5.0	34.0	59.8	0.2	1.3	95.3
总合计			56					106.1	18.9	45.3	39.5	4.3	-0.1	89.0

44.4 亿 m³,沙量 11.6 亿 t,全下游淤积效率为 164.4 kg/m³,淤积比为 63%,各河段淤积效率分别为 65.9 kg/m³、68.7 kg/m³、22.5 kg/m³、7.3 kg/m³。对于 2 000~2 500 m³/s 流量级高含沙量洪水来说,全下游淤积效率进一步减小,分河段而言,各河段分布趋于平均,花园口以上河段淤积效率减小显著,高村以下河段淤积效率则增大,尤其是高村—艾山的卡口河段。

流量级在 2 000~2 500 m³/s 的 150 kg/m³ 以上一般含沙量洪水共有 5 场,历时 28 d,进入下游的水量 55.1 亿 m³,沙量 10.2 亿 t,全下游淤积效率为 91.8 kg/m³,淤积比为 50%,各河段淤积效率分别为 52.3 kg/m³、35.0 kg/m³、4.6 kg/m³、0 kg/m³。全下游及各河段的淤积效率都相对同流量级高含沙量洪水明显减小,且高村以下河段淤积效率减小幅度更为显著。

4)2 500~3 000 m³/s

流量级在 2 500~3 000 m³/s 的高含沙量洪水共有 5 场,历时 21 d,进入下游的水量 49.3 亿 m³,沙量 12.6 亿 t,全下游淤积效率为 163.2 kg/m³,淤积比为 64%,各河段淤积效率分别为 74.2 kg/m³、70.2 kg/m³、15.7 kg/m³、3.0 kg/m³。对于 2 500~3 000 m³/s 流量级高含沙量洪水来说,全下游淤积效率和 2 000~2 500 m³/s 相当,分河段而言,高村以下河段淤积效率较 2 000~2 500 m³/s 有所减小。流量级在 2 500~3 000 m³/s 的 150 kg/m³ 以上一般含沙量洪水共有 2 场,共历时 11 d,进入下游的水量 26.7 亿 m³,沙量 4.9 亿 t,全下游淤积效率为 95.3 kg/m³,淤积比为 52%,各河段淤积效率分别为 34.0 kg/m³、59.8 kg/m³、0.2 kg/m³、1.3 kg/m³。全下游及各河段的淤积效率都相对同流量级高含沙量洪水明显减小,且高村以下河段淤积效率减小幅度更为显著。

综上所述,对于非漫滩高含沙量洪水,随着流量级的增大,全下游淤积效率有所减小,非漫滩高含沙量洪水的淤积则主要集中在高村以上河段。

2. 漫滩高含沙量洪水冲淤特性

1)漫滩高含沙量洪水下游河道冲淤概况

在 21 场高含沙量洪水中,漫滩高含沙洪水共有 7 场,分别发生在 1971 年、1973 年、1977 年、1988 年、1992 年和 1994 年,历时 48 d,占所有高含沙量洪水历时的 41.7%,进入下游的水量 152.4 亿 m³,沙量 39.4 亿 t,分别占高含沙量洪水总来水来沙量的 54.8% 和 54.5%。利津以上共淤积泥沙 21.02 亿 t,占所有高含沙量洪水总淤积量的 48.8%。全下游的淤积效率为 137.9 kg/m³,淤积比为 53%。高村以下的淤积效率为 4.4 kg/m³。

对于这 7 场漫滩高含沙量洪水而言,洪水平均流量基本在 3 000 m³/s 以上,最大日均流量都在 4 000 m³/s 以上,淤积主要集中在高村以上河段,占全下游淤积量的 96.8%,尤其是花园口—高村河段,占全下游淤积量的 63.1%,而该河段为游荡性河段,漫滩高含沙量洪水一般都要发生以主槽冲刷和滩地淤积为特征的冲淤变化,即所谓的"淤滩刷槽"。高村以下河段淤积量仅占全下游淤积量的 3.2%。

2)漫滩高含沙洪水的同流量水位变化及横断面调整变化

洪水前后的同流量水位变化,往往能反映下游河道的冲淤变化,尤其是主槽的冲淤变化情况。根据上述年份洪水要素的实测资料,分析洪水前后的同流量水位的特征值变化,见表 6-15。1971 年 7 月高含沙量洪水过后高村以上河段均表现为同流量水位降低,花园口、夹河滩、高村站洪水过后同流量水位均下降了 0.1 m。其横断面调整则表现为主槽的横向摆动，塑造新的主槽，因此主槽实际也有所扩大。1973 年 8 月高含沙量洪水过后花园口和高村断面的同流量水位降低明显，分别降低了 0.71 m 和 0.05 m，与横断面调整保持一致，因此也有明显的淤滩刷槽效果。1977 年 7 月高含沙量洪水过后，在高村以上河段同流量水位降低明显，花园口、夹河滩、高村站洪水过后同流量水位分别下降了 0.4 m、0.7 m、0.8 m。8 月高含沙量洪水过后，高村以上河段同流量水位则相应升高，但从 1977 年 6 月和 9 月的横断面调整来看，高村以上河段表现出明显的淤滩刷槽。1988 年、1992 年和 1994 年的高含沙量洪水多数河段都呈现同流量水位降低的现象，且各主要测站洪水过后没有明显的同流量水位升高的现象发生（除 1994 年夹河滩断面），且这三场洪水在下游的冲淤表现为高村以上河段淤积，高村—艾山河段微淤，艾山—利津河段冲刷，由此可以得出，高村以上河段表现为明显淤滩刷槽，高村以下河段主槽不淤甚至冲刷。

根据漫滩高含沙量洪水年份实测大断面统测成果，重点分析高村以上河段汛期前后河道横断面变化情况，用“√”代表淤滩刷槽，用“×”代表主槽抬高萎缩，用“○”代表主槽摆动，用“—”代表主槽变化不明显，可以看出漫滩高含沙量洪水各年份花园口、夹河滩、高村各站汛期前后横断面变化情况，见表 6-16。其中具有明显淤滩刷槽效果的断面形态变化见图 6-3、图 6-4。

表 6-15　漫滩高含沙量洪水前后同流量水位变化情况

1971 年 7 月洪水前后同流量水位				1973 年 8 月洪水前后同流量水位				1977 年 7 月洪水前后同流量水位			
站名	流量 (m^3/s)	水位 (m)	日期	站名	流量 (m^3/s)	水位 (m)	日期	站名	流量 (m^3/s)	水位 (m)	日期
花园口	1 110	92.1	7 月 26 日	花园口	2 340	93.06	8 月 25 日	花园口	1 700	92.1	7 月 6 日
	1 100	92.0	8 月 1 日		2 340	92.35	9 月 5 日		1 680	91.7	7 月 15 日
夹河滩	1 020	73.0	7 月 27 日	夹河滩	2 970	73.84	8 月 25 日	夹河滩	1 590	73.7	7 月 7 日
	1 100	72.9	8 月 2 日		2 990	74.25	9 月 6 日		1 540	73.0	7 月 16 日
高村	1 180	60.6	7 月 28 日	高村	3 070	61.86	8 月 28 日	高村	1 940	60.9	7 月 7 日
	1 240	60.5	8 月 4 日		3 180	61.81	9 月 7 日		1 920	60.1	7 月 17 日
孙口	1 250	45.4	7 月 29 日	孙口	3 070	47.05	8 月 31 日	孙口	1 790	46.1	7 月 8 日
	1 200	45.4	8 月 2 日		3 070	47.09	9 月 9 日		1 790	46.2	7 月 18 日
艾山	1 140	37.7	7 月 29 日	艾山	2 900	39.68	8 月 31 日	艾山	2 060	39.0	7 月 9 日
	1 200	37.8	8 月 3 日		2 940	39.71	9 月 9 日		2 040	38.8	7 月 19 日
泺口	1 330	27.3	7 月 29 日	泺口	2 860	29.15	9 月 1 日	泺口	1 970	28.3	7 月 9 日
	1 310	27.4	8 月 4 日		2 860	29.28	9 月 10 日		2 000	28.2	7 月 18 日
利津	1 260	11.8	7 月 30 日	利津	2 650	13.05	9 月 1 日	利津	1 810	11.8	7 月 9 日
	1 270	12.0	8 月 4 日		2 700	12.93	9 月 10 日		1 800	11.9	7 月 21 日

续表6-15

1988年8月洪水前后同流量水位				1992年8月洪水前后同流量水位				1994年7月洪水前后同流量水位			
站名	流量(m³/s)	水位(m)	日期	站名	流量(m³/s)	水位(m)	日期	站名	流量(m³/s)	水位(m)	日期
花园口	3 590	93.3	8月7日	花园口				花园口	1 110	92.74	7月9日
	3 670	92.9	8月14日						1 080	92.55	7月15日
夹河滩	4 420	74.6	8月9日	夹河滩	2 100	74.20	8月12日	夹河滩	1 120	75.57	7月10日
	4 520	74.5	8月15日		2 150	74.23	8月19日		1 090	75.83	7月15日
高村	4 900	62.7	8月10日	高村	2 060	62.25	8月14日	高村	1 530	61.84	7月11日
	4 880	62.2	8月20日		2 080	62.08	8月21日		1 570	61.68	7月15日
孙口	4 880	48.1	8月11日	孙口	2 030	47.57	8月15日	孙口	1 220	46.93	7月11日
	4 890	48.1	8月21日		2 050	47.47	8月22日		1 210	47.00	7月17日
艾山	4 710	41.2	8月11日	艾山	1 970	40.33	8月15日	艾山	1 520	39.90	7月12日
	4 680	41.2	8月21日		1 990	40.26	8月23日		1 570	39.94	7月17日
泺口	4 490	30.6	8月11日	泺口	2 050	29.88	8月16日	泺口	2 100	30.14	7月12日
	4 560	30.5	8月21日		2 010	29.41	8月23日		2 110	29.97	7月16日
利津	4 090	13.5	8月12日	利津	1 970	12.98	8月17日	利津	1 790	13.17	7月13日
	4 090	13.5	8月22日		1 950	12.76	8月24日		1 780	13.22	7月17日

表6-16　漫滩高含沙量洪水年份高村以上河段横断面调整变化情况

典型年份	花园口	夹河滩	高村
1971	○	—	√
1973	√	×	√
1977	√	○	√
1988	√	√	○
1992	○	○	√
1994	○	×	√

注："√"代表淤滩刷槽，"×"代表主槽抬高萎缩，"○"代表主槽摆动，"—"代表主槽变化不明显。

3.漫滩高含沙量洪水滩槽淤积分配

根据漫滩高含沙量洪水年份汛期前后下游河道的横断面形态,用断面法计算下游河道的滩槽淤积情况,见表6-17,输沙率法计算的漫滩高含沙量洪水时段的滩槽淤积量见表6-18。由表6-17、表6-18可以看出,从整个汛期来看,艾山以上河段基本上滩槽淤积从数量上各占50%左右,艾山以下河段主槽还有所冲刷;从漫滩高含沙量洪水时段来看,高村以上河段滩地淤积占主体,主槽略有淤积,高村以下河段则主槽呈现出冲刷,滩地淤积。

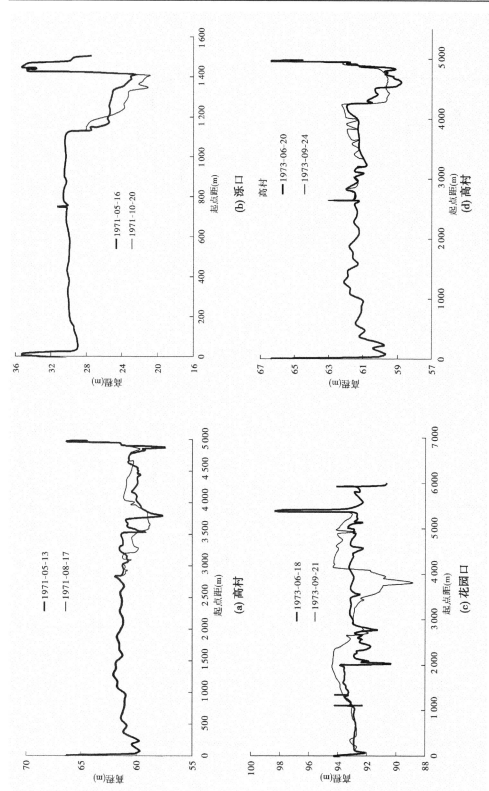

图 6-3　1971 年、1973 年下游主要测站高含沙量洪水前后横断面变化

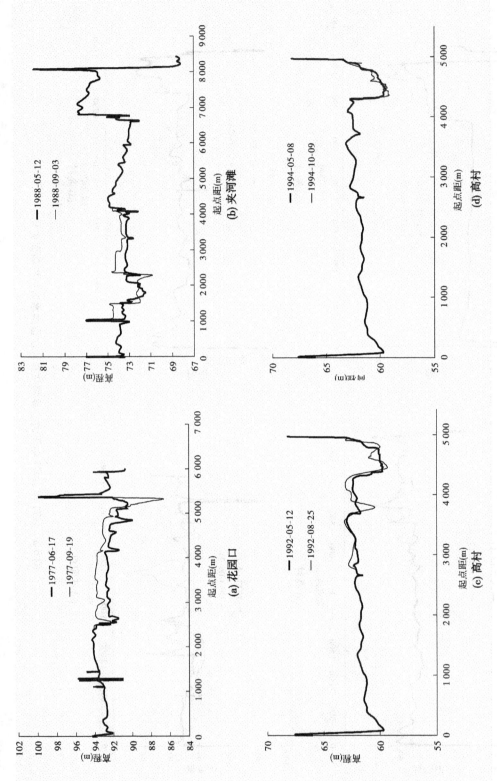

图 6-4　1977 年、1988 年、1992 年和 1994 年下游主要测站高含沙量洪水前后横断面变化

表6-17 漫滩高含沙量洪水汛期下游河道各河段滩槽淤积量统计 （断面法，单位：亿 t）

典型年	花园口以上			花园口—高村			高村—艾山			艾山—利津			利津以上		
	主槽	滩地	全断面	主槽	滩地	全断面	主槽	滩地	全断面	主槽	滩地	全断面	主槽	滩地	全断面
1971	1.88	1.09	2.97	0.91	1.13	2.04	0.27	0.13	0.40	0.00	0.03	0.03	3.06	2.37	5.43
1973	0.62	0.47	1.09	1.49	2.39	3.88	0.28	0.41	0.69	-0.30	0.13	-0.17	2.09	3.39	5.48
1977	-0.52	0.60	0.08	2.66	4.37	7.03	0.25	0.36	0.61	0.36	0.14	0.50	2.75	5.46	8.21
1988	1.57	1.02	2.59	1.53	1.40	2.93	0.29	0.11	0.40	-0.45	0.00	-0.45	2.94	2.54	5.48
1992	0.75	1.17	1.92	2.84	1.79	4.63	0.07	-0.01	0.06	-0.10	-0.02	-0.12	3.56	2.93	6.49
1994	0.76	0.78	1.54	1.94	1.32	3.26	0.09	0.07	0.16	0.04	0.01	0.05	2.83	2.17	5.00
合计	5.05	5.12	10.17	11.38	12.40	23.78	1.25	1.06	2.31	-0.45	0.28	-0.17	17.23	18.86	36.09

表6-18 漫滩高含沙量洪水下游河道各河段全断面淤积量统计 （输沙率法，单位：亿 t）

年份	花园口以上			花园口—高村			高村—艾山			艾山—利津			利津以上		
	主槽	滩地	全断面	主槽	滩地	全断面	主槽	滩地	全断面	主槽	滩地	全断面	主槽	滩地	全断面
1971	-0.46	1.09	0.63	-0.59	1.13	0.54	-0.04	0.13	0.09	0.08	0.03	0.11	-1.01	2.37	1.36
1973	-0.40	0.47	0.07	0.05	2.39	2.44	-0.04	0.41	0.37	-0.09	0.13	0.04	-0.48	3.39	2.91
1977	0.94	0.60	1.54	1.87	4.37	6.24	-0.21	0.36	0.15	-0.02	0.14	0.12	2.58	5.46	8.04
1988	1.09	1.02	2.11	-0.30	1.40	1.10	0.11	0.11	0.22	-0.39	0.00	-0.39	0.52	2.54	3.06
1992	0.24	1.17	1.41	0.64	1.79	2.43	0.08	-0.01	0.07	-0.14	-0.02	-0.16	0.83	2.93	3.76
1994	0.56	0.78	1.34	-0.81	1.32	0.51	0.01	0.07	0.08	-0.03	0.01	-0.02	-0.27	2.17	1.90
合计	1.97	5.12	7.09	0.86	12.40	13.26	-0.09	1.06	0.97	-0.59	0.28	-0.31	2.16	18.86	21.02

6.3.2　减淤控制指标

6.3.2.1　一般含沙量洪水控制指标及调控原则

通过对不同水沙条件洪水冲淤特性的分析研究,一般含沙量洪水控制指标及调控原则如下:

对于含沙量 20 kg/m³ 以下非漫滩洪水,流量增大到 2 500 m³/s 及以上,下游河道和艾山—利津段冲刷效率增加明显,流量增大到 3 500 m³/s 及以上,全下游冲刷效率进一步提高。

对于含沙量 20 ~ 60 kg/m³ 非漫滩洪水,随着流量级的增大,下游逐步由淤积转为冲刷。当流量达到 2 500 m³/s 以上时,全下游和高村以下河段基本呈现冲刷,并且随着流量级的增大,全下游的冲刷效率呈现增大的趋势。

对于含沙量 60 ~ 100 kg/m³ 和 100 kg/m³ 以上非漫滩洪水,随着流量级的增大,全下游淤积效率和淤积比呈现降低的趋势。当洪水流量达到 3 000 ~ 3 500 m³/s 以上时,全下游的淤积效率显著降低。

由前述洪水冲淤特性分析来看,从下游河道减淤的角度来说,调控上限流量选择在 2 500 ~ 3 000 m³/s 时能取得较好的减淤效果,当调控上限流量选择在 3 500 ~ 4 000 m³/s 时减淤效果优于 2 500 ~ 3 000 m³/s 流量级。洪水历时控制在 4 ~ 5 d。

对于小浪底水库拦沙后期下游河道平滩流量控制,黄河水利委员会及中国水利水电科学研究院等单位对黄河下游中水河槽的规模进行了大量的研究,成果表明,小浪底水库拦沙后期,在正常的来水来沙条件下,黄河下游适宜的中水河槽保持规模为过流能力 4 000 m³/s 左右。经过小浪底水库运用以来的拦沙和调水调沙,2007 年汛后下游河道主槽最小平滩流量达到 3 700 m³/s 左右。水库调水调沙过程中应控制凑泄小黑武流量不大于下游河道平滩流量,前两年控制小黑武流量不大于 3 700 m³/s,之后控制小黑武流量不大于 4 000 m³/s。

6.3.2.2　高含沙量洪水控制指标及调控原则

1. 非漫滩高含沙量洪水

根据实测资料分析,对非漫滩高含沙量洪水,当流量小于 2 000 m³/s 时,下游河道淤积比较严重,且淤积主要集中在高村以上河段,高村以下河段也有一定程度的淤积。其全下游平均淤积效率达 210.8 kg/m³,全下游淤积比达 77%。

流量级在 2 000 ~ 2 500 m³/s 的非漫滩高含沙量洪水,全下游淤积效率达 164.4 kg/m³,全下游淤积比达 63%。此流量级非漫滩高含沙量洪水高村以下河段淤积较为严重,高村—艾山、艾山—利津河段的淤积效率分别为 22.5 kg/m³ 和 7.3 kg/m³。

流量级在 2 500 ~ 3 000 m³/s 的非漫滩高含沙量洪水,属于较大流量的非漫滩高含沙量洪水,其全下游淤积效率达 163.2 kg/m³,全下游淤积比为 64%。高村—艾山、艾山—利津河段的淤积效率分别为 15.7 kg/m³ 和 3.0 kg/m³。此流量级非漫滩高含沙量洪水高村以下河段的淤积也有所减轻。

2. 漫滩高含沙量洪水

实测漫滩高含沙量洪水共 7 场,全下游的淤积效率为 137.9 kg/m³,淤积比为 53%。

沿程来看,其淤积主要集中在高村以上河段,占全下游总淤积量的 96.8% ,但由于高村以上河段会产生淤滩刷槽的作用,因此主槽淤积并不明显,高村以下河段微淤甚至冲刷,高村—艾山、艾山—利津河段的冲淤效率分别为 6.4 kg/m³ 和 –2.0 kg/m³ 。

根据高含沙量洪水在下游河道的冲淤特性,水库对不同水沙条件的高含沙量洪水的调节需区别对待。对于平均流量在 2 500 m³/s 以下的非漫滩高含沙量洪水,全下游主槽淤积严重,水库应当拦蓄,避免此类洪水进入下游淤积主槽;对于平均流量在 2 500 m³/s 以上的非漫滩高含沙量洪水,下游河道淤积依旧明显,而前述分析的 150 kg/m³ 以上一般含沙量洪水 2 500 ~ 3 000 m³/s 流量级高村—艾山河段的淤积效率仅为 0.2 kg/m³ ,因此水库应适当拦蓄,低壅水排沙出库,减小下游河道淤积。对于漫滩高含沙量洪水,其在下游河道有淤滩刷槽效果,且高村以下河段基本不淤,因此水库不予拦蓄。

因此,水库针对高含沙量洪水的控制指标及调节原则如下:对于天然情况下 2 500 m³/s 流量以下的非漫滩高含沙量洪水,水库以拦为主;对于天然情况下 2 500 m³/s 流量以上的非漫滩高含沙量洪水,水库应适当拦蓄,低壅水排沙出库;对于漫滩高含沙量洪水,水库不予拦蓄。

6.4 本章小结

黄河下游防洪减淤主要考虑下游防洪保护区防洪要求、下游滩区防洪要求及下游河道减淤积和维持中水河槽规模的要求。

防洪方面,综合分析黄河中游暴雨洪水特性、下游防洪标准、滩区防洪要求、防洪水库运用方式、防洪工程现状等实际情况,确定如下三类防洪控制指标:①维持中水河槽控制指标:取下游平滩流量 4 000 m³/s。②滩区防洪控制指标:取花园口洪水流量 6 000 m³/s、8 000 m³/s、12 370 m³/s。③下游防洪控制指标:取花园口洪水流量 10 000 m³/s、22 000 m³/s。

花园口洪峰流量 10 000 m³/s(约 5 a 一遇)洪水,按控制花园口 4 000 m³/s、5 000 m³/s、6 000 m³/s 运用所需的防洪库容分别为 18 亿 m³、8.7 亿 m³ 和 6.0 亿 m³;按控泄 2 级(4 000/6 000 m³/s)方式运用所需防洪库容为 6.0 亿 m³。相同控制方式下,不同类型中小洪水所需防洪库容不同。其中:①前汛期潼关以上来水为主高含沙中小洪水,花园口洪峰流量 10 000 m³/s 洪水按控制花园口 4 000 m³/s、5 000 m³/s、6 000 m³/s 和控泄 2 级(4 000/6 000 m³/s)方式运用所需的防洪库容分别为 13.4 亿 m³、8.0 亿 m³、5.7 亿 m³ 和 8.5 亿 m³。②前汛期潼关以上来水为主一般含沙中小洪水,花园口洪峰流量 10 000 m³/s 洪水按上述四种方式运用所需的防洪库容分别为 15.0 亿 m³、8.0 亿 m³、5.7 亿 m³ 和 8.5 亿 m³。③前汛期潼关上下共同来水高含沙、一般含沙中小洪水,花园口洪峰流量 10 000 m³/s 洪水按上述四种方式运用所需的防洪库容分别为 10.2 亿 m³、6.7 亿 m³、3.4 亿 m³ 和 5.6 亿 m³。④三花间来水为主中小洪水,花园口洪峰流量 10 000 m³/s 洪水按上述四种方式运用所需的防洪库容分别为 12.8 亿 m³、8.7 亿 m³、6.0 亿 m³ 和 7.2 亿 m³。

减淤方面,对于一般含沙量洪水,调控上限流量选择在 2 500 ~ 3 000 m³/s 时能取得较好的减淤效果,当调控上限流量选择在 3 500 ~ 4 000 m³/s 时减淤效果优于 2 500 ~

3 000 m³/s 流量级。洪水历时控制在 4~5 d。小浪底水库拦沙后期,在正常的来水来沙条件下,黄河下游适宜的中水河槽保持规模为过流能力 4 000 m³/s 左右。对于高含沙洪水,天然情况下 2 500 m³/s 流量以下的非漫滩高含沙洪水,水库以拦为主;对于天然情况下 2 500 m³/s 流量以上的非漫滩高含沙洪水,水库应适当拦蓄,低壅水排沙出库;对于漫滩高含沙洪水,水库不予拦蓄。

参 考 文 献

[1] 蔡彬,张希玉,尚冠华,等. 2011 年黄河秋汛洪水调度分析[J]. 人民黄河,2011(11):15-17.

[2] 付健,安催花,万占伟,等. 小浪底水库 2000~2006 年运用效果分析[J]. 人民黄河,2011(9):11-13.

[3] 张金良. 黄河调水调沙实践[J]. 天津大学学报,2008(9):1046-1051.

[4] 张素平,祝杰,刘红珍,等. 2001 年黄河下游水库联合调度及洪水处理预案[J]. 人民黄河,2001(7):22-23.

[5] 王宝玉,胡建华. 小浪底水库后期洪水防洪库容分析[J]. 人民黄河,1998(5):20-22.

[6] 张乐天,魏军,毕东升. 黄河"2010·08"洪水泥沙调度简析[J]. 人民黄河,2012(9):30-32.

[7] 翟家瑞. 对 2010 年汛初黄河调水调沙的思考[J]. 人民黄河,2010(9):1-6.

[8] 张原锋,刘晓燕,张晓华. 黄河下游中常洪水调控指标[J]. 泥沙研究,2006(6):1-5.

第 7 章 洪水泥沙分类管理模式研究

7.1 洪水泥沙分类管理方案拟定

7.1.1 洪水管理原则与涉及水库分析

洪水量级越大,发生频率越低,对下游威胁越大。为充分发挥防洪工程体系的作用,利于黄河下游河道防洪减淤及水库长期有效库容的维持,对于不同量级洪水,水库工程调控措施应有所区别。

结合洪水泥沙特性及防洪工程体系情况,按照 4.3 节划分的洪水量级,制定不同量级洪水管理原则,具体如下:①对于小洪水,强调进行水沙调节,水沙调节的方式包括小浪底水库的预泄、敞泄、控泄和多个水库的联合控制运用等多种方式,水沙调节的指标应与汛期调水调沙指标相结合。②对于中洪水,管理重点在于防洪减灾(削峰)和减淤。③对于大洪水和特大洪水,应以防洪减灾为重点。

中小洪水是防洪调度经常面临的洪水,出现频次高,对水库和下游河道影响的累积作用大。小浪底水库防洪库容大小在洪水泥沙管理中具有重要的约束作用。因此,随着小浪底水库防洪库容的变化,洪水泥沙管理的侧重点亦随之调整,在淤积量小于 60 亿 m^3 之前,水库防洪库容较大,应重点研究中小洪水管理模式;在拦沙量接近设计值至水库正常运用期时,重点研究中小洪水、大洪水的洪水泥沙管理模式。

不同类型场次洪水管理模式研究,主要是分类型对不同量级、不同时间典型洪水进行水库群多方案计算,分析不同运用方式下水库和下游河道洪水泥沙情况。其中,典型洪水在类型上划分了潼关以上来水为主高含沙、潼关以上来水为主一般含沙、三花间来水为主、潼关上下共同来水高含沙和潼关上下共同来水一般含沙五类;各类型洪水在量级上考虑了中小洪水、大洪水及特大洪水;在时间上划分了前、后汛期洪水。结合黄河中下游防洪工程现状及近期规划,洪水管理涉及的水库包括现有的三门峡、小浪底、陆浑、故县、河口村水库。各类型不同量级洪水管理模式研究涉及水库范围见表 7-1。

从洪水来源区来看,潼关以上来水为主的洪水,由于三花间来水较小,支流水库仅承担本流域下游防洪安全,黄河中下游洪水泥沙调度任务由干流水库完成,因此只需分析三门峡、小浪底水库的运用方式。另外,结合两座水库近年来运用情况,为了充分利用小浪底水库相对较大的库容,尽量减少三门峡水库淤积,对于中小洪水的管理模式研究,仅需分析小浪底水库运用方式,三门峡水库按敞泄滞洪方式运用。三花间来水为主和潼关上下共同来水的洪水,支流水量不容忽视,因此需分析干支流水库联合运用方式。

从洪水发生时间来看,后汛期洪水含沙量较低,高含沙量洪水发生概率小,因此对后汛期高含沙量洪水进行水库运用方式研究意义不大。

表 7-1　　各类型不同量级洪水管理模式研究涉及水库范围

洪水类型	前汛期		后汛期	
	中小洪水	大洪水、特大洪水	中小洪水	大洪水、特大洪水
潼关以上来水为主高含沙	小浪底	三门峡、小浪底	—	—
潼关以上来水为主一般含沙	小浪底	三门峡、小浪底	小浪底	三门峡、小浪底
三花间来水为主	五库	五库	五库	五库
潼关上下共同来水高含沙	五库	五库	—	—
潼关上下共同来水一般含沙	五库	五库	五库	五库

注：五库指三门峡水库、小浪底水库、陆浑水库、故县水库、河口村水库。

7.1.2　小浪底水库管理阶段划分

分类管理研究的目的是最大程度地利用来水来沙条件,协调水沙关系,寻求解决水库减淤和下游河道防洪矛盾的较优方案。

洪水泥沙分类管理的主要手段是水库群的联合调节,其中,又以小浪底水库的运用方式为核心。小浪底水库的调洪库容是黄河洪水泥沙管理模式研究的关键因素,因此以小浪底水库累积淤积量为阶段划分的控制指标,以小浪底水库为主的库群联合调度方式为主要研究内容。

根据"小浪底水利枢纽拦沙初期运用调度规程",小浪底水库运用分为三个时期,即拦沙初期、拦沙后期和正常运用期。其中,拦沙初期为水库泥沙淤积量达到 21 亿 m^3 至 22 亿 m^3 以前;拦沙后期指拦沙初期之后至库区形成高滩深槽,坝前滩面高程达 254 m,相应水库泥沙淤积总量 75.5 亿 m^3 的时期;正常运用期指在保持 254 m 高程以上 40.5 亿 m^3 防洪库容的前提下,利用 254 m 高程以下 10.5 亿 m^3 的槽库容长期进行调水调沙运用的时期。

至 2011 年 10 月,小浪底水库累计淤积量为 26.26 亿 m^3,根据"小浪底水利枢纽拦沙初期运用调度规程",水库运用已进入拦沙后期。该时期小浪底水库可拦蓄黄河泥沙 50 多亿 m^3,持续时间可能较长,其间,小浪底水库入库水沙过程可能会发生较大变化,黄河下游河道边界条件也将有较大变化。显然,水库运用是一个动态变化过程,不同时期对洪水泥沙的调控能力不同,因此应分阶段研究水库对洪水泥沙的管理模式,确定各阶段管理方式与调控指标。

7.1.2.1　小浪底水库拦沙后期减淤运用阶段划分

小浪底水库拦沙后期运用阶段的划分,应遵循水利枢纽的开发目标,尤其是有利于黄河下游河道防洪减淤的原则,既要考虑水库的淤积量、淤积形态和库容保持情况,又要考虑下游河道的边界条件、水库的来水来沙条件及实现下游河道不断流的目标等。

拦沙后期与拦沙初期关键区别在于,拦沙后期具有降低库水位、基本泄空水库蓄水、冲刷恢复库容的机会。初步分析拦沙后期可分三个阶段,其具体指标的采用要综合考虑水库运行年限、库区泥沙淤积形态、坝前滩面高程及其他工程建设情况研究确定。

1. 拦沙后期第一阶段

拦沙后期第一阶段为拦沙初期结束(水库淤积量达到21亿~22亿 m^3)进入拦沙后期后的第一阶段,该阶段水库仍以拦沙为主。根据水库蓄水情况和水库泥沙淤积特点、下游河道防洪减淤的需要,此阶段,不泄空水库蓄水冲刷库区淤积物。该阶段结束的时间要综合考虑水库运用年限、库区淤积量、淤积形态及结束时进行库区降水冲刷的效果等因素研究确定。通过水库降低水位冲刷时机研究,认为水库淤积量达42亿 m^3 时第一阶段结束。

2. 拦沙后期第二阶段

水库淤积总量达42亿 m^3 以后至水库淤积总量75.5亿 m^3 时为拦沙后期第二阶段。此阶段拦沙、调水调沙同时进行,根据水文预报,入库来连续大水时,短时降低水位冲刷恢复库容;一般水沙条件,逐步抬高水位拦粗排细运用,库区有冲有淤。此阶段是合理延长水库拦沙后期年限的关键阶段。

3. 拦沙后期第三阶段

拦沙后期第二阶段结束之后至整个拦沙期结束(坝前滩面高程达254 m)为拦沙后期第三阶段。这个阶段拦沙容积已不多,实际是拦沙期向正常运用期的过渡阶段。

7.1.2.2 小浪底水库拦沙后期防洪运用阶段划分

计算不同水沙系列下小浪底水库拦沙后期逐年累计淤积量,结果见表7-2。由表可见,拦沙后期水库运用第3~4年,淤积量达到40亿 m^3 左右;第5~6年,淤积量达到50亿 m^3 左右;第8~10年,淤积量达到60亿 m^3 左右;第11~14年,淤积量达到70亿~75亿 m^3,基本达到设计淤积量。

在小浪底水库拦沙后期,为了保持小浪底水库长期有效库容,中小洪水的控制运用一般不能超过254 m。根据小浪底水库减淤运用方式研究结果,拦沙后期考虑满足供水、灌溉、发电等综合利用要求,水库调水调沙运用的蓄水量为13亿 m^3。254 m以下库容扣除水库综合利用和调水调沙运用所需的蓄水库容作为可用于中小洪水控制运用的防洪库容,不同水沙系列计算的254 m以下的防洪库容见表7-2。可见,水库运用的前3年,254 m以下的防洪库容都大于20亿 m^3;淤积量达到50亿 m^3 左右时,防洪库容约为15亿 m^3;运用到第8~10年,淤积量达到60亿 m^3 左右,防洪库容为6亿~7亿 m^3;运用到第12年以后,水库淤积量达到70亿 m^3 后,254 m以下库容基本只能满足调水调沙运用要求。

根据表6-9的结果,对于5 a一遇的洪水,控制花园口4 000 m^3/s、5 000 m^3/s、6 000 m^3/s 运用所需的小浪底防洪库容约分别为18亿 m^3、9亿 m^3 和6亿 m^3。小浪底水库初步设计阶段,正常运用期有7.9亿 m^3 的保滩库容。在小浪底水库淤积量达到60亿 m^3 之前,254 m以下的防洪库容能够满足控制花园口中小洪水流量不超过6 000 m^3/s 的要求。但淤积量达到60亿 m^3 后,小浪底水库对中小洪水的防洪运用可能使用254 m以上库容。因此,淤积量是否达到60亿 m^3 可以作为防洪运用的一个分界点。

根据小浪底水库减淤运用方式的研究结果,减淤运用以水库淤积量是否达到42亿 m^3 作为第一、第二阶段划分的分界点,进入第二阶段后,水库将进行降水冲刷运用,水库伺机降水冲刷库内淤积泥沙、恢复库容,降水冲刷对水库防洪库容影响也较大,因此减淤运用的第一阶段也是防洪运用的第一阶段。

表 7-2　不同水沙系列计算的小浪底水库逐年累计淤积量及 254 m 以下库容和防洪库容

年序	累计淤积（亿 m³）			254 m 库容（亿 m³）			254 m 以下防洪库容（亿 m³）		
	1960 年系列	1968 年系列	1990 年系列	1960 年系列	1968 年系列	1990 年系列	1960 年系列	1968 年系列	1990 年系列
1	28.14	31.31	29.56	52.3	48.9	50.8	39.3	35.9	37.8
2	35.89	37.07	31.90	44.2	42.8	48.3	31.2	29.8	35.3
3	40.12	43.86	37.58	39.8	35.6	42.2	26.8	22.6	29.2
4	45.37	47.10	41.05	34.9	32.4	38.6	21.9	19.4	25.6
5	45.70	49.89	47.96	33.6	29.5	31.4	20.6	16.5	18.4
6	47.14	54.26	53.30	32.1	25.4	26.1	19.1	12.4	13.1
7	54.20	57.42	57.96	25.3	22.4	21.5	12.3	9.4	8.5
8	51.19	63.15	60.13	27.8	17.0	19.3	14.8	4.0	6.3
9	55.61	56.10	62.89	23.4	22.8	16.8	10.4	9.8	3.8
10	60.73	59.31	66.12	18.7	20.0	13.9	5.7	7.0	0.9
11	66.51	65.00	72.72	12.8	15.0	7.9			
12	69.07	68.95	75.56	11.1	11.8	5.8			
13	71.42	70.82	74.32	8.7	10.4	7.0			
14	75.81	76.04	72.50	5.4	5.6	8.4			
15	78.69	74.08	75.87	3.6	6.9	6.0			

注：254 m 以下防洪库容指 254 m 总库容减去 13 亿 m³ 调水调沙库容。

因此，小浪底水库拦沙后期的防洪运用主要分为三个阶段，第一阶段为拦沙初期结束至水库淤积量达到 42 亿 m³ 的时期，254 m 以下防洪库容基本在 20 亿 m³ 以上；第二阶段为水库淤积量 42 亿～60 亿 m³ 的时期，这一阶段水库的防洪库容减少较多，但中小洪水防洪运用水位仍不超过 254 m；第三阶段为淤积量大于 60 亿 m³ 以后的时期，这一时期 254 m 以下的防洪库容很小，中小洪水的控制运用可能使用 254 m 以上防洪库容。

7.1.2.3　小浪底水库运用阶段划分

洪水泥沙分类管理研究以小浪底水库累计淤积量为阶段划分的控制指标。至 2011 年 10 月，小浪底水库累计淤积量达 26.26 亿 m³，根据"小浪底水利枢纽拦沙初期运用调度规程"，水库运用已进入拦沙后期。此后小浪底水库将经历拦沙后期、正常运用期两个阶段。对于水库拦沙后期，从防洪角度考虑，结合中小洪水所需防洪库容研究结果，分为三个防洪运用阶段；从减淤角度考虑，为有利于黄河下游河道防洪减淤，分为三个减淤运用阶段。因此，根据防洪减淤运用要求，按照小浪底水库累计淤积量，将洪水泥沙分类管理阶段分为四个阶段（拦沙后期三个阶段＋正常运用期），具体划分情况见图 7-1。

需要强调的是，考虑到小浪底水库达正常运用期时间可能较为久远，不确定性因素较多，分析正常运用期洪水泥沙管理模式的实际意义不大，因此重点研究小浪底水库拦沙后

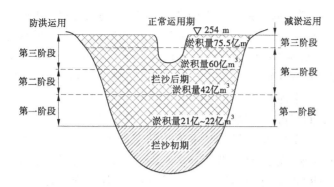

图 7-1　小浪底水库运用阶段划分示意图

期洪水泥沙管理模式,正常运用期水库群按小浪底水库设计方式运用。

7.1.3　小浪底水库汛限水位分析

7.1.3.1　小浪底水库实际运行及设计阶段运用指标情况

根据小浪底水库初步设计报告研究成果,水库设计正常蓄水位 275 m,正常死水位 230 m(初期运用死水位 205 m),主汛期(7~8 月)限制水位 254 m。

水库建成后,结合当前黄河实际来水来沙特点、下游防洪减淤要求及水库运行情况,水利部和国家防总等先后批复了多项关于小浪底水库的洪水泥沙调度方案。

2002 年水利部批复了"小浪底水库 2002 年防洪及调水调沙运用指标",批复中同意 2002 年前汛期(7 月 11 日至 9 月 10 日)防洪限制水位定为 225 m;后汛期(9 月 11 日至 10 月 23 日)防洪限制水位在 225 m 以上,由当年汛期黄河来水监测、预报情况和水库在次年充分发挥抗旱、供水等效益要求综合确定。水库蓄洪限制水位为 265 m。前汛期调水调沙起调水位为 210 m。

2005 年国家防总批复了"黄河中下游近期洪水调度方案",方案中对黄河中下游前、后汛期时间范围进行了调整,并进一步明确水库后汛期防洪指标。规定小浪底水库前汛期(7 月 11 日至 8 月 31 日)防洪汛限水位为 225 m,后汛期(9 月 1 日至 10 月 31 日)防洪汛限水位为 248 m。从 8 月 21 日起可向后汛期汛限水位过渡,从 10 月 21 日起可向非汛期水位过渡。水库蓄洪限制水位为 275 m。

2009 年国家水利水电规划总院批复了"小浪底水利枢纽拦沙后期(第一阶段)运行调度规程",规定拦沙后期第一阶段调水调沙最低运用水位一般不低于 210 m,水库蓄洪限制水位为 275 m。前、后汛期防洪运用指标与"黄河中下游近期洪水调度方案"一致。

2015 年国家防总批复了"黄河洪水调度方案",规定小浪底水库前汛期(7 月 1 日至 8 月 31 日)现状汛限水位为 230.0 m,随着淤积量增加,汛限水位将逐步抬升(淤积量达 42.0 亿 m³ 时抬升至 240.0 m),后汛期(9 月 1 日至 10 月 31 日)汛限水位为 248.0 m。8 月 21 日起水库水位可以向后汛期汛限水位过渡,10 月 21 日起可以向正常蓄水位过渡,水库蓄洪限制水位为 275 m。

7.1.3.2　前汛期小浪底水库汛限水位及特征库容分析

前汛期是洪水泥沙管理的重点,其汛期防洪限制水位合理与否直接关系到水库的防洪安全。小浪底水库拦沙后期采用逐步抬高水位的运用方式,随着水库拦沙量的增加,库容逐步减少,汛限水位也逐步提高,直至水库淤积量达到设计值,形成高滩深槽,汛限水位达到设计的 254 m。水库不同淤积量情况下的汛限水位由水库淤积、下游减淤及调水调沙和兴利需求等多种因素确定。在《黄河下游长远防洪形势和对策研究》中,针对不同典型洪水,分析了小浪底水库拦沙初期库内不同蓄水体、水库不同运用方案下库区的淤积量,研究认为水库的前期蓄水量越多,排沙比越小,水库淤积越严重。为了延长小浪底水库的使用年限、保持水库长期有效库容,水库的前期蓄水量不能过大,但水库的前期蓄水量必须满足基本的供水、发电、调水调沙要求。因此,综合考虑多种因素后,水库前期蓄水量基本上以调水调沙库容确定,拦沙后期调水调沙库容最后推荐为 13 亿 m³。

本次采用 13 亿 m³ 作为拦沙后期小浪底水库汛限水位以下的最大蓄水量,据此确定前汛期小浪底水库汛限水位。根据这一标准,洪水泥沙管理过程中,前汛期各防洪运用阶段小浪底水库采用的库容曲线及相应汛限水位情况见表 7-3。

表 7-3　前汛期各防洪运用阶段小浪底水库采用的库容曲线及相应汛限水位情况

(单位:水位,m;库容,亿 m³)

防洪运用阶段		本次研究采用的库容曲线	汛限水位	汛限水位相应库容	汛限水位至 254 m 库容	汛限水位至 210 m 库容	调洪库容
现状		2010 年 4 月实测	225	13.6	41.3	8.1	88.4
拦沙后期	第一阶段	淤积量 42 亿 m³	240	11.9	23.7	11.9	70.3
	第二阶段	淤积量 60 亿 m³	250	13.2	6.8	13.2	52.6
	第三阶段	淤积量 75.5 亿 m³	254	10.5	0	10.5	40.5
正常运用期		设计库容	254	10.5	0	10.5	40.5

从表 7-3 中可以看出,水库淤积量达到 42 亿 m³ 左右时,基本上是防洪减淤运用第一阶段末,根据调水调沙库容要求,水库的汛限水位为 240 m 左右,此时汛限水位至 254 m 库容约为 23.7 亿 m³(中小洪水的最大控制库容),汛限水位至 275 m 间的调洪库容约为 70.3 亿 m³。库区淤积量达到 60 亿 m³ 左右时,汛限水位为 250 m 左右,相应的调洪库容为 52.6 亿 m³ 左右,汛限水位至 254 m 库容为 6.8 亿 m³ 左右。当水库淤积量达到 75.5 亿 m³ 时,汛限水位已达到设计的 254 m,调洪库容为 40.5 亿 m³。

7.1.3.3　后汛期小浪底水库汛限水位及控制流量分析

后汛期作为汛期到非汛期过渡的关键时期,其汛限水位及调度方式制定合理与否直接关系到水库汛期防洪及汛后能否蓄满,进而影响水库兴利效益。结合后汛期洪水特点,参考水库实际调度情况,以保持小浪底水库长期有效库容、不降低水库防洪标准,同时减小下游滩区淹没损失、实现洪水资源化为原则,确定后汛期小浪底水库汛限水位和控制流量。

1.防御后汛期大洪水所需的防洪库容

根据黄河设计公司 1990 年开展的"黄河小浪底水库防御后汛期洪水的防洪库容及其

对下游的防洪作用分析"研究成果,后汛期黄河中下游洪水主要由秋季连阴雨形成,相同频率洪水洪峰和洪量均比前汛期小,小浪底后汛期防洪库容应小于前汛期。

鉴于小浪底水库具有较大的长期稳定的防洪库容,为充分发挥其优势,应尽量先利用小浪底水库拦洪,减轻下游滞洪区和三门峡水库的淹没损失与泥沙淤积损失的影响。因此,三门峡水库按"先敞后控"方式调洪,在预报小浪底水库蓄洪量可能超过 25 亿 m³ 后,三门峡水库运用方式由敞泄改变为与三小间来水凑泄小浪底泄洪流量。小浪底水库按初步设计报告中拟定的防御"上大洪水"方式运用。通过计算分析,为同时满足防御千年、万年一遇洪水要求,小浪底水库在 10 月 16 日之前需预留防洪库容 22.3 亿 m³。

2. 后汛期中小洪水控制流量及所需库容

从第 4 章"洪水泥沙分类研究"结果来看,高含沙量洪水主要发生在 7、8 月,后汛期发生概率很低,9 月 11 日之前高含沙量洪水已基本结束,9 月 30 日之后上游来水均为清水。因此,从减小下游滩区淹没损失角度出发,水库宜对后汛期中小洪水按不超过下游平滩流量方式运用,所需防洪库容为 10 亿 m³ 左右。

3. 后汛期小浪底水库汛限水位

对于相同频率的洪水,后汛期设计洪水的洪峰、洪量比前汛期偏小。因此,为提高汛后水库蓄满率,可适当提高汛限水位。首先应确定汛限水位最小与最大抬高值,在综合考虑水库减淤和洪水资源化、下游防洪及滩区减灾等多方面因素后,确定后汛期汛限水位及调度方式。

汛限水位最小抬高值是从保证水库及上下游防洪安全角度确定的。因此,以小浪底水库前汛期汛限水位为最小抬高值。汛限水位最大抬高值是从提高水库蓄满率角度考虑的,从防御后汛期洪水所需的防洪库容分析结果来看,只要保证 10 月 16 日之前小浪底水库在 275 m 以下留有 22.3 亿 m³ 防洪库容,即能满足水库防洪标准要求。此为汛限水位最大抬高值。

为了保持小浪底水库长期有效库容,后汛期中小洪水的控制运用同样应尽量考虑最高运用水位不超过 254 m,同时考虑汛期到非汛期的过渡,逐步提高水库蓄满率,以及拦沙后期各阶段汛限水位衔接,由此拟定后汛期各防洪运用阶段小浪底水库汛限水位,见表 7-4。参照小浪底水库建成后各项批复内容及洪水泥沙特性分析结果,推荐水库自 8 月 21 日起可向后汛期汛限水位过渡,9 月 30 日之后,小浪底水库在各阶段确定的后汛期汛限水位基础上,可逐步抬高水位,进行洪水资源化利用。

从表 7-4 中可以看出,水库淤积量达到 42 亿 m³ 左右时,结合中小洪水按不超过下游平滩流量运用所需防洪库容要求,水库的汛限水位为 248 m 左右,此时汛限水位至 254 m 库容约为 10.9 亿 m³(中小洪水的最大控制库容),汛限水位至 275 m 间的调洪库容约为 57.4 亿 m³。库区淤积量达到 60 亿 m³ 左右时,从减小水库滩面淤积角度考虑,汛限水位取 254 m 左右,比同期前汛期汛限水位抬高了 4 m,后汛期汛限水位至 275 m 间的调洪库容为 45.9 亿 m³ 左右。当水库淤积量达到 75.5 亿 m³ 时,水库已开始向正常运用期过渡,汛限水位采用正常运用期原设计值 265 m,比同期前汛期汛限水位抬高了 11 m,调洪库容为 24.5 亿 m³。

表7-4　后汛期各防洪运用阶段小浪底水库采用的库容曲线及相应汛限水位情况

（单位：水位，m；库容，亿 m³）

防洪运用阶段		本次研究采用的库容曲线	汛限水位	汛限水位相应库容	前、后汛期汛限水位之间库容	汛限水位至254 m库容	调洪库容
现状		2010 年 4 月实测	248	43.9	30.3	11.0	58.1
拦沙后期	第一阶段	淤积量 42 亿 m³	248	24.7	12.8	10.9	57.4
	第二阶段	淤积量 60 亿 m³	254	20.0	6.8	0	45.9
	第三阶段	淤积量 75.5 亿 m³	265	26.5	16.0	0	24.5
正常运用期		设计库容	265	26.5	16.0	0	24.5

7.1.4　各类型洪水运用方式拟定

根据洪水量级分别研究中小洪水管理模式和大洪水、特大洪水管理模式。中小洪水为黄河中下游常遇洪水，其管理模式不但要适应对场次洪水的控制调节，还要考虑该模式对水库和下游的长期累积影响；大洪水、特大洪水发生概率小，其管理模式研究的重点是如何有效防御场次洪水所带来的灾害。因此，分别选取历时仅数天的典型场次洪水和历时达数十年的水沙代表系列为中小洪水管理模式研究的样本系列，选取场次设计洪水为大洪水、特大洪水管理模式研究的样本系列。

具体研究思路是：

（1）拟定中小洪水管理模式。根据各类型洪水特性及防洪减淤需求，初步拟定不同量级洪水管理方案。结合洪水预见期、干支流来水时空差特点，提出中小洪水水沙调节的优化方案。

（2）确定中小洪水管理模式。首先，以场次洪水样本系列为研究基础，根据中小洪水防洪运用所需防洪库容分析成果及小浪底水库淤积量变化情况，分类型、分阶段分析小浪底水库调水调沙的能力，初步确定各类型各阶段水库管理模式；计算小浪底水库不同管理模式下各类型中小洪水对水库及下游河道冲淤影响，评价水沙调节优化方案效果，确定各类型场次洪水管理模式。然后，以 50 a 水沙代表系列为研究基础，从下游滩区防洪的角度出发，考虑水库拦沙年限、拦沙减淤比、下游洪水情况等综合指标，计算不同管理模式对小浪底水库和下游的影响，确定较优方案。最后，根据拦沙后期、正常运用期防洪库容变化情况，综合确定中小洪水的防洪运用方式。

（3）确定大洪水、特大洪水管理模式。在中小洪水管理模式研究成果基础上，根据不同典型、不同量级设计洪水样本系列，计算不同管理模式下水库及下游河道洪水情况，研究各水库间防洪库容分配方式、滞洪区投入运用时机，综合水库保坝、下游防洪和滩区减灾等多方面需求，确定大洪水、特大洪水管理模式。

（4）通过上述研究，提炼各类型洪水管理模式的共性，构建黄河中下游洪水泥沙管理模式的大框架;甄别不同类型洪水个性特点,在总体框架下提出各类型场次洪水管理模式。

7.1.4.1　中小洪水运用方式拟定

中小洪水管理必须充分考虑洪水对水库和下游河道冲淤、下游滩区淹没的长期影响。黄河中下游发生中小洪水时,防洪运用以小浪底水库为主,三门峡水库敞泄,支流陆浑、故县、河口村水库视洪水类型考虑是否需要配合运用。

根据各类型洪水泥沙特性分析结论可知,不同类型洪水的预见期不同,干支流来水在时间和空间上存有差异,使水库进行水沙调节的能力和机遇不同。洪水预见期越长,水库防洪库容越大,水沙调节的效果越显著,风险越小。干支流来水时空上有差异者,可考虑利用时间差和空间差的组合和调整,进行水沙调节,最大限度地减少水库、河道泥沙淤积和下游滩区淹没损失。

1.小浪底水库运用方式拟定

1986 年以来,由于黄河上游龙羊峡水库蓄水运用,拦蓄了黄河上游的相对清水,使得黄河中游中小洪水量级减小、高含沙量洪水比例增加。根据潼关站实测资料分析(见表 4-6、表 4-7),1960~1986 年,潼关站 4 000 m³/s 以上高含沙量洪水所占比例为 40.7%,6 000 m³/s 以上高含沙量洪水所占比例为 53.1%。1987~2015 年,潼关站 4 000 m³/s 以上高含沙量洪水所占比例达 54.2%,6 000 m³/s 以上高含沙量洪水所占比例为 100%。特别是 9 月 11 日之前,1960~1986 年,潼关站 4 000 m³/s 以上高含沙量洪水所占比例为 50%,6 000 m³/s 以上高含沙量洪水所占比例为 63%。1987~2015 年,潼关站 4 000 m³/s 以上高含沙量洪水所占比例达 61.9%,5 000 m³/s 以上高含沙量洪水所占比例为 75.0%。也就是说,在现状工程情况下,黄河中游的成灾洪水几乎全部为高含沙,尤其是前汛期的较大洪水几乎全部为高含沙量洪水。对高含沙量洪水是控还是不控,将会是困扰小浪底水库防洪调度的关键问题。

因此,从兼顾水库和河道减淤、尽量减小下游滩区淹没损失的角度,拟定控泄运用和敞泄运用两类中小洪水防洪运用方式。同时,根据不同类型洪水泥沙特点,在控泄/敞泄方案基础上进行优化,提出优化方案。表 7-5 是不同类型中小洪水小浪底水库运用方式拟定方案。

1)控泄 1 级方案

控泄方案的指导思想一是减小下游滩区的淹没损失,二是分析不同控制方案水库和下游的冲淤情况,以分析确定控制运用方式的利弊。控泄 1 级方案考虑了控制花园口 4 000 m³/s、5 000 m³/s、6 000 m³/s 三种。

(1)方案一,控花园口 4 000 m³/s。对于预报花园口洪峰流量 4 000~10 000 m³/s 的中小洪水,小浪底水库按照控制花园口 4 000 m³/s 运用。

(2)方案二,控花园口 5 000 m³/s。对于预报花园口洪峰流量 4 000~10 000 m³/s 的中小洪水,小浪底水库按照控制花园口 5 000 m³/s 运用。

(3)方案三,控花园口 6 000 m³/s。对于预报花园口洪峰流量 4 000~10 000 m³/s 的中小洪水,小浪底水库按照控制花园口 6 000 m³/s 运用。

表 7-5　不同类型中小洪水小浪底水库运用方式拟定方案

洪水类型		控泄 1 级			控泄 2 级			敞泄		
		常规	错峰调节	预泄	常规	错峰调节	预泄	常规	错峰调节	预泄
潼关以上来水为主高含沙		√			√			√		√
潼关上下共同来水高含沙		√			√			√	√	√
潼关以上来水为主一般含沙	前汛期	√		√	√	√		√		√
	后汛期	√								
潼关上下共同来水一般含沙	前汛期	√	√	√	√	√		√		
	后汛期	√								
三花间来水为主		√		√						

2）控泄 2 级方案

从近期黄河中下游洪水泥沙特性分级和不同量级中小洪水所需防洪库容的分析结果可知,花园口洪峰流量 6 000 m³/s 及以下洪水发生概率较高,对该量级洪水按照控制花园口 4 000 m³/s 的方式运用,所需库容较小。为了充分利用小浪底水库库容,减小下游滩区淹没损失,在控泄 1 级的基础上,提出对花园口洪峰流量 4 000 ~ 10 000 m³/s 的中小洪水进行分级控制的方案。具体运用方式为:

小浪底水库先按控制花园口流量不大于 4 000 m³/s 运用,当水库蓄洪量达 3 亿 m³ 后,转入按控制花园口流量不大于 6 000 m³/s 运用。

3）敞泄方案

敞泄方案的指导思想是尽量减少水库淤积、发挥下游河道的淤滩刷槽作用。从维持小浪底水库长期较大库容角度出发,拟定中小洪水敞泄方案。具体运用方式为:

若入库流量小于水库的泄流能力,水库维持库水位按照入库流量泄洪,否则水库按照敞泄滞洪运用,直到库水位回落到汛限水位。

4）优化方案

在上述各方案基础上,利用洪水预见期、干支流来水在时间和空间上存有差异的特点,有针对性地对各类型洪水管理方案进行优化,具体如下:

（1）方案一:利用洪水预见期较长的优势,进行预泄运用。

在洪水到来之前,根据预报进行预泄调度,不仅可以增加水库的防洪库容,提高水库水沙调节的能力,还有利于水库排沙。同时,随着科学技术的发展,今后洪水预报水平将逐渐提高,洪水调度与洪水预报的结合将更加紧密。

潼关以上来水为主的洪水,预见期较长,小浪底水库可以根据洪水预报预泄库内部分蓄水,通过预泄降低水库蓄水水位,达到敞露库底、缩短异重流行程的目的,给三门峡大流量下泄在库区产生强烈冲刷创造条件,并为上游高含沙量洪水打通通道,从而增大排沙比。考虑水库预泄流量对峰前基流的影响,预泄流量应小于平滩流量。具体运用方式为:

若中期预报黄河中游有强降雨天气或潼关站发生含沙量大于等于 200 kg/m³ 的洪水,小浪底水库根据洪水预报,在洪水预见期(2 d)内,按照控制不超过下游平滩流量预泄,直到库水位降到 210 m。入库流量大于平滩流量后,若预报潼关含沙量大于等于 200 kg/m³,水库按照维持库水位或敞泄滞洪运用,若预报潼关含沙量小于 200 kg/m³,水库按照控泄 1 级方案和控泄 2 级方案分析比较后推荐的控制方式运用。入库流量小于下游平滩流量后,水库按照不超过下游平滩流量补水,水位最低降至 210 m。此后,按照减淤方式运用。

(2)方案二:利用干支流来水存在时空差特点,进行错峰调节。

潼关上下共同来水的洪水,干支流来水一般不遭遇,小花间洪水峰现时间普遍早于干流洪水,峰现时差长则可达 5~6 d。因此,可联合干支流水库进行错峰调节,延长下游河道冲刷时间,据此提出错峰调节的优化方案。如何调节支流水库来水过程是该方案的关键。支流水库运用方式见下文,小浪底水库运用方式如下:

若中期预报黄河中游有强降雨天气或潼关站发生含沙量大于等于 200 kg/m³ 的洪水,小浪底水库根据洪水预报,在洪水预见期(2 d)内,按照控制不超过下游平滩流量预泄,直到库水位降到 210 m。入库流量大于平滩流量后,若预报潼关含沙量大于等于 200 kg/m³,水库按照维持库水位或敞泄滞洪运用,若预报潼关含沙量小于 200 kg/m³,水库按照控泄 1 级方案和控泄 2 级方案分析比较后推荐的控制方式运用。退水过程中,视来水来沙、库区泥沙等情况,水库凑泄花园口 2 600~4 000 m³/s,水位最低降至 210 m。此后,按照减淤方式运用。

2. 支流水库运用方式拟定

潼关上下共同来水的洪水涉及的水库包括三门峡、小浪底、陆浑、故县和河口村五座。在以小浪底水库为核心对中小洪水进行控制运用的基础上,调整陆浑、故县水库运用方式,配合小浪底水库进行水沙调节,最大限度地减少水库、河道泥沙淤积和下游滩区淹没损失。支流水库的中小洪水管理方案如下。

1)陆浑水库运用方式

(1)方案一,采用陆浑水库原设计运用方式,具体如下:

当入库流量小于 1 000 m³/s 时,原则上按进出库平衡方式运用;当入库流量大于等于 1 000 m³/s 时,按控制下泄流量 1 000 m³/s 运用。当库水位达到 20 a 一遇洪水位(321.5 m)时,则灌溉洞控泄 77 m³/s 流量,其余泄水建筑物全部敞泄排洪;如水位继续上涨,达到 100 a 一遇洪水位(324.95 m)时,灌溉洞打开参加泄流。在退水过程中,按不超过本次洪水实际出现的最大泄流量泄洪,直到库水位降至汛限水位。

(2)方案二,在水库原设计运用方式基础上,根据来水情况,兼顾水库库区及下游河道安全,利用干支流来水时间差和空间差,水库先控泄运用,蓄洪削峰。后尽量延长清水下泄历时,直至降至汛限水位以下。稀释和冲泄小浪底水库出库高含沙水流,提高进入下游水流挟沙能力。具体运用方式如下:

当入库流量小于 500 m³/s(可调,视场次洪水量级而定)时,原则上按进出库平衡方式运用;当入库流量大于等于 500 m³/s(可调,视场次洪水量级而定)且有上涨趋势时,按入库流量的一半控制下泄,最大泄量不超过 1 000 m³/s。在此过程中,若预报花园口站洪峰流量将超过 8 000 m³/s,水库原则上按进出库平衡方式运用,最大泄量不超过 1 000 m³/s。若库水位达到 20 a 一遇洪水位(321.5 m),则灌溉洞控泄 77 m³/s 流量,其余泄水建筑物全部敞泄排洪。在退水过程中,当入库流量回落到 1 000 m³/s 以下时,视来水大小,水库开始凑泄花园口 2 600 ~ 4 000 m³/s,为减轻伊河下游防洪压力,最大出库流量不超过 700 m³/s,直到水位降至汛限水位。

2)故县水库运用方式

(1)方案一,采用故县水库原设计运用方式,具体如下:

当入库流量小于 1 000 m³/s 时,原则上按进出库平衡方式运用;当入库流量大于等于 1 000 m³/s 时,按控制下泄流量 1 000 m³/s 运用。当库水位达 20 a 一遇洪水位(543.2 m)时,如入库流量不大于 20 a 一遇洪水位相应的泄洪能力(7 400 m³/s),原则上按进出库平衡方式运用;如入库流量大于 20 a 一遇洪水位相应的泄洪能力,按敞泄滞洪运用。在退水过程中,按不超过本次洪水实际出现的最大泄流量泄洪,直到库水位降至汛限水位。

(2)方案二,在水库原设计运用方式基础上,利用干支流来水时间差和空间差,水库先控泄运用,蓄洪削峰,后尽量延长清水下泄历时,直至降至汛限水位以下。具体运用方式如下:

当入库流量小于 500 m³/s(可调,视场次洪水量级而定)时,原则上按进出库平衡方式运用;当入库流量大于等于 500 m³/s(可调,视场次洪水量级而定)且有上涨趋势时,按入库流量的一半控制下泄,最大泄量不超过 1 000 m³/s。在此过程中,若预报花园口站洪峰流量将超过 8 000 m³/s,水库原则上按进出库平衡方式运用,最大泄量不超过 1 000 m³/s。若库水位达到 20 a 一遇洪水位(543.2 m),入库流量不大于 20 a 一遇洪水位相应的泄洪能力(7 400 m³/s),原则上按进出库平衡方式运用;如入库流量大于 20 a 一遇洪水位相应的泄洪能力,按敞泄滞洪运用。在退水过程中,当入库流量回落到 1 000 m³/s 以下时,水库开始凑泄花园口 2 600 ~ 4 000 m³/s,为减轻伊河下游防洪压力,最大出库流量不超过 700 m³/s,直到水位降至汛限水位。

3)河口村水库运用方式

河口村水库于 2014 年 9 月开始下闸蓄水,2018 年投入正常运用。考虑到该水库为新建水库,需经历一段考核检验期,因此运用方式采用《沁河河口村水利枢纽初步设计报告》研究成果,具体如下:

若预报武陟站流量小于 4 000 m³/s,水库按敞泄滞洪运用;若预报武陟站流量大于 4 000 m³/s,控制武陟流量不超过 4 000 m³/s。

7.1.4.2　各类型大洪水和特大洪水运用方式拟定

大洪水和特大洪水运用方式研究以前汛期(7 ~ 8 月)为主。潼关以上来水为主的洪水,研究三门峡、小浪底水库的联合运用方式;对三花间来水为主和潼关上下共同来水的类型,重点研究干支流水库群联合防洪方式。

1. 三门峡、小浪底水库运用方式拟定

潼关以上来水为主的洪水历时较长、洪峰高、含沙量大,三花间和小花间来水相对较小。洪水管理模式研究主要是三门峡、小浪底水库和东平湖滞洪区三者间的防洪库容分配的研究,最终使水库、蓄滞洪区联合运用后,能够解决大洪水和特大洪水情况下水库保坝和黄河下游防洪的问题。

1)三门峡水库运用方式

在小浪底水库初步设计报告中,小浪底水库正常运用期潼关以上来水为主的洪水三门峡水库按照"先敞后控"方式运用,具体运用方式为:三门峡水库首先按照敞泄滞洪运用,当库水位达到滞洪最高水位后,视下游洪水情况进行泄洪。如预报花园口流量仍大于 10 000 m³/s,维持库水位按入库流量泄洪;否则,按控制花园口 10 000 m³/s 进行退水,直至库水位回落至汛限水位。

小浪底水库建成后,运用初期防洪库容较大,同时三门峡水库运用需考虑降低潼关高程、减少水库蓄水对渭河下游和水库库区的影响等,因此在此阶段三门峡水库的运用方式为敞泄。

本次研究拟定三门峡水库的运用方式包括敞泄和"先敞后控"两种。

2)小浪底水库运用方式

在小浪底水库初步设计报告中,水库正常运用期的运用方式为:预报花园口洪水流量小于 8 000 m³/s,控制汛限水位,按入库流量泄洪;预报花园口洪水流量大于 8 000 m³/s,含沙量小于 50 kg/m³,小花间来洪流量小于 7 000 m³/s 时,小浪底水库泄量与小花间来洪流量凑花园口 8 000 m³/s。水库按控制花园口 8 000 m³/s 运用过程中,当蓄洪量达到 7.9 亿 m³ 时,反映该次洪水已超过 5 a 一遇,改为控制花园口 10 000 m³/s 运用,如入库流量小于控制花园口 10 000 m³/s 的允许泄量,则按入库流量泄洪,不降低水库蓄水位。若水库蓄洪量达 20 亿 m³,而且还在继续上涨,为了保留足够的库容控制特大洪水,需要控制水库的蓄水位不再升高,相应增大泄洪流量,允许花园口超过 10 000 m³/s,下游东平湖配合分洪。此时,如果入库流量小于水库的泄洪能力,按入库流量泄洪;否则,按敞泄滞洪运用。当预报花园口 10 000 m³/s 以上洪量将达 20 亿 m³ 时,说明东平湖分洪量已达 17.5 亿 m³,小浪底水库恢复按控制花园口 10 000 m³/s 运用,继续蓄洪。

小浪底水库运用方式考虑控制中小洪水和不控制中小洪水。其中,在控制中小洪水过程中,对于不同类型洪水又分别考虑预泄、敞泄和控泄三种方式。大洪水和特大洪水小浪底水库运用方式拟定方案见表 7-6。

其中,"不控中小洪水"方案小浪底水库的运用方式为:按控制花园口 10 000 m³/s 运用,预报花园口流量小于 10 000 m³/s 时,若入库流量不大于水库泄洪能力,维持汛限水位,按入库流量泄洪,否则按敞泄滞洪运用;预报花园口洪水流量大于 10 000 m³/s 时,按控制花园口 10 000 m³/s 运用。

"控中小洪水"方案小浪底水库的运用方式为:预报花园口洪水流量小于中小洪水控制流量时,控制汛限水位,按入库流量泄洪,反之按推荐的中小洪水控制方式运用。当小浪底水库蓄洪量达到控制中小洪水蓄洪量时,改为按控制花园口 10 000 m³/s 运用,如入库流量小于控制花园口 10 000 m³/s 的允许泄量,则按入库流量泄洪;若入库流量大于水库相应泄洪能力,按敞泄滞洪运用。预报花园口流量大于 10 000 m³/s 时,按控制花园口 10 000 m³/s 运用。预报花园口流量退落到 10 000 m³/s 以下时,按控制花园口 10 000 m³/s 退水,直至水位降至汛限水位。

表 7-6　前汛期大洪水和特大洪水小浪底水库运用方式拟定方案

洪水类型	小浪底水库运用方式	
	中小洪水	大洪水、特大洪水
潼关以上来水为主高含沙	预泄、敞泄	不控中小洪水
潼关以上来水为主一般含沙	预泄、控泄	控/不控中小洪水
三花间来水为主	控泄	控中小洪水
潼关上下共同来水高含沙	预泄、敞泄/控泄	控/不控中小洪水
潼关上下共同来水一般含沙	预泄、控泄	控中小洪水

　　"不控中小洪水"方案计算出的防洪库容是确保黄河下游防洪安全的最小防洪库容,如果在洪水到来前,能够较准确预报出将发生超过 100 a 一遇的"上大洪水",那么按照此方案运用,水库将以最小的代价完成防洪任务。"控中小洪水"方案考虑到目前的洪水预报水平和洪水预见期的有限性,认为洪水的量级是逐步确定的,在洪水的初期并不能完全确定整场洪水的量级,所以在洪水起涨、量级并未达到大洪水的标准前,水库按照尽可能保滩、减小下游淹没损失的方式运用。

　　2. 干支流水库群联合运用方式拟定

　　三花间来水为主和潼关上下共同来水的洪水预见期较短,主要研究大洪水和特大洪水情况下三门峡水库投入运用时机、东平湖的分洪时机等问题。

　　1）小浪底水库运用方式

　　对于三花间来水为主和潼关上下共同来水的洪水,由于水库下游来水较大,首先启用小浪底、陆浑、故县等水库拦蓄上游来水,削减进入下游的洪水流量。同时,由于洪水的预见期较短,对于一般含沙量洪水,为了争取滩区群众撤退时间、减轻滩区洪水淹没损失,在洪水起涨段,小浪底水库应首先按照控制中小洪水的方式运用,在此过程中若预报小花间的流量即将达到中小洪水控制流量且有上涨趋势,小浪底水库按照发电流量控制下泄流量。当水库蓄洪量达到中小洪水控制库容或小花间流量大于等于 9 000 m^3/s 后,小浪底水库按照控制花园口不超过 10 000 m^3/s 运用。对于高含沙量洪水,小浪底水库同样考虑了"控中小洪水"和"不控中小洪水"方案。拟定方案见表 7-6。

　　2）三门峡水库运用方式

　　三门峡水库的运用原则是水库首先按照敞泄运用,待小浪底水库不能完全承担下游防洪任务时,三门峡水库配合小浪底水库联合承担下游防洪任务。因此,首先分析三门峡水库按照敞泄运用的可行性,然后分析三门峡水库控制运用时机。

　　在小浪底水库初步设计报告中,确定三门峡水库对 100 a 一遇"下大洪水"投入控制运用,即当小浪底水库的蓄洪量达到 26 亿 m^3（相当于小浪底蓄水位 269.29 m）时,三门峡水库开始按照小浪底水库的出库流量控制泄流。本次根据小浪底水库的运用情况确定三门峡水库的控制运用时机,即当小浪底水库达到某一蓄水位时,三门峡水库开始进行控制运用,并按小浪底水库的出库流量泄流,拟定了小浪底水库蓄水位达 260 m、263 m、265 m 三个方案,进行三门峡水库投入控制运用时机对比。

3)陆浑水库运用方式

在水库原设计运用方式基础上,利用干支流来水时间差和空间差,适时进行水沙调节。具体运用方式如下:

(1)预报花园口站洪峰流量小于 8 000 m³/s 时,采用推荐的中小洪水控制方式运用。

(2)预报花园口站洪峰流量 8 000~12 000 m³/s 时,原则上按进出库平衡方式运用;当入库流量大于等于 1 000 m³/s 时,按控制下泄流量 1 000 m³/s 运用。当库水位达到 20 a 一遇洪水位(321.5 m)时,则灌溉洞控泄 77 m³/s 流量,其余泄水建筑物全部敞泄排洪;如水位继续上涨,达到 100 a 一遇洪水位(324.95 m)时,灌溉洞打开参加泄流。在退水过程中,按不超过本次洪水实际出现的最大泄流量泄洪,直到库水位降至汛限水位。

(3)若预报花园口站洪峰流量达 12 000 m³/s 且有上涨趋势,当水库水位低于 323 m 时,水库按不超过 77 m³/s 控泄。当水库水位达 323 m 时,若入库流量小于蓄洪限制水位相应的泄流能力(3 230 m³/s),原则上按入库流量泄洪;否则按敞泄运用,直到蓄洪水位回降到蓄洪限制水位。在退水阶段,若预报花园口站流量仍大于等于 10 000 m³/s,原则上按进出库平衡方式运用;当预报花园口站流量小于 10 000 m³/s 时,在故县、小浪底水库之前按控制花园口站流量不大于 10 000 m³/s 泄流至汛限水位。

4)故县水库运用方式

在水库原设计运用方式基础上,利用干支流来水时间差和空间差,适时进行水沙调节。具体运用方式如下:

(1)预报花园口站洪峰流量小于 8 000 m³/s 时,采用推荐的中小洪水控制方式运用。

(2)预报花园口站洪峰流量 8 000~12 000 m³/s 时,原则上按进出库平衡方式运用;当入库流量大于等于 1 000 m³/s 时,按控制下泄流量 1 000 m³/s 运用。当库水位达 20 a 一遇洪水位(543.2 m)时,如入库流量不大于 20 a 一遇洪水位相应的泄洪能力(7 400 m³/s),原则上按进出库平衡方式运用;如入库流量大于 20 a 一遇洪水位相应的泄洪能力,按敞泄滞洪运用。在退水过程中,按不超过本次洪水实际出现的最大泄流量泄洪,直到库水位降至汛限水位。

(3)若预报花园口站洪峰流量达 12 000 m³/s 且有上涨趋势,当水库水位低于 548 m 时,水库按不超过 90 m³/s(发电流量)控泄。当水库水位达 548 m 时,若入库流量小于蓄洪限制水位相应的泄流能力(11 100 m³/s),原则上按进出库平衡方式运用;否则按敞泄滞洪运用至 548 m。在退水阶段,若预报花园口站流量仍大于等于 10 000 m³/s,原则上按进出库平衡方式运用;当预报花园口站流量小于 10 000 m³/s 时,在小浪底水库之前按控制花园口站流量不大于 10 000 m³/s 泄流至汛限水位。

5)河口村水库运用方式

采用《沁河河口村水利枢纽初步设计报告》研究成果,具体运用方式如下:

(1)当预报花园口站流量小于 12 000 m³/s 时,若预报武陟站流量小于 4 000 m³/s,水库按敞泄滞洪运用;若预报武陟站流量大于 4 000 m³/s,控制武陟流量不超过 4 000 m³/s。

（2）当预报花园口流量达 12 000 m³/s 且有上涨趋势时,水库关闭泄流设施;当水库水位达到防洪高水位(285.43 m)时,开闸泄洪,其泄洪方式取决于入库流量的大小:若入库流量小于防洪高水位相应的泄流能力,按入库流量泄洪;否则,按敞泄滞洪运用,直到水位回降至防洪高水位。此后,如果预报花园口流量大于 10 000 m³/s,控制防洪高水位,按入库流量泄洪;当预报花园口流量小于 10 000 m³/s 时,按控制花园口 10 000 m³/s 且沁河下游不超过 4 000 m³/s 泄流,直到水位回降至汛期限制水位。

7.2　场次洪水分类管理模式研究

由 4.2 节分析可知,不同类型洪水泥沙特点不同,在水库减淤与下游河道防洪矛盾、水库防洪与洪水资源化矛盾的现状情况下,若能有针对性地对各类型洪水进行管理,可使防洪工程体系发挥更大效益。

利用水库群洪水泥沙分类管理模型对洪水泥沙过程进行多种模式的水沙调控和库区泥沙冲淤演变模拟计算,考虑洪水预报、洪水泥沙分类分级指标、水库群防洪运用约束条件等多种因素,分析各种模式对进入黄河下游洪水的调控作用、对小浪底水库和下游河道减淤影响、对黄河下游和滩区防洪效果,以及下游分滞洪区的投入运用概率,提出不同类型场次洪水管理模式。

7.2.1　潼关以上来水为主洪水管理模式研究

7.2.1.1　小浪底水库控制中小洪水能力分析

主要来源于潼关以上的洪水分为潼关以上来水为主高含沙量洪水、潼关以上来水为主一般含沙量洪水两种类型。根据两种类型洪水不同控制运用方式所需防洪库容,分析小浪底水库拦沙后期、正常运用期控制中小洪水能力。小浪底水库不同淤积量下可用于控制中小洪水的库容与不同控制运用方式所需防洪库容比较见表 7-7。

由表 7-7 可见,潼关以上来水为主高含沙量洪水按控泄 1 级中的控 4 000 m³/s、控 5 000 m³/s、控 6 000 m³/s 方式及控泄 2 级方式运用,所需防洪库容依次为 13.4 亿 m³、8.0 亿 m³、5.7 亿 m³ 和 8.5 亿 m³;潼关以上来水为主一般含沙量洪水按上述控泄方式运用,所需防洪库容依次为 15.0 亿 m³、8.0 亿 m³、5.7 亿 m³ 和 8.5 亿 m³。

仅从小浪底水库不同淤积量情况下控制中小洪水能力分析结果来看,在洪水泥沙分类管理防洪运用的第一阶段(淤积量达到 42 亿 m³ 之前),水库 254 m 以下防洪库容较大,以减小下游滩区淹没损失为主,宜按控制花园口中小洪水流量 4 000 m³/s 运用。此后,水库可按控制花园口中小洪水流量 5 000 m³/s 或控泄 2 级方式运用,但在水库淤积量达到 42 亿 m³ 之后,254 m 以下防洪库容略显不足。因此,在防洪运用的第二阶段(淤积量为 42 亿~60 亿 m³),水库可按控 5 000 m³/s 或控泄 2 级方式运用;在防洪运用的第三阶段至正常运用期(淤积量达到 60 亿 m³ 之后),宜按控 6 000 m³/s 运用。

7.2.1.2　潼关以上来水为主高含沙量中小洪水管理模式研究

潼关以上来水为主高含沙量洪水是指:潼关 5 d 洪量占花园口 70% 以上,含沙量大于等于 200 kg/m³ 的洪水。它是黄河中下游高含沙量洪水的主要类型。主要特点是:预见

表 7-7　小浪底水库不同淤积量情况下控制中小洪水能力分析(潼关以上来水为主)

（单位:水位,m;库容,亿 m³）

防洪运用阶段			现状	拦沙后期第一阶段	拦沙后期第二阶段	拦沙后期第三阶段	正常期
小浪底水库库容变化情况	淤积量(亿 m³)		2010 年实测	42	60	75.5	75.5 后
	汛限水位		225	240	250	254	254
	汛限水位至 254 m 库容		41.3	23.7	6.8	0	0
	可用于控制中小洪水的库容		41.3	23.7	6.8	向 7.9 过渡	7.9
潼关以上来水为主高含沙量洪水所需防洪库容	控泄1级	控 4 000 m³/s　13.4	√	√			
		控 5 000 m³/s　8.0	√	√	√	√	√
		控 6 000 m³/s　5.7	√	√	√	√	√
	控泄 2 级	8.5	√	√	√	√	√
潼关以上来水为主一般含沙量洪水所需防洪库容	控泄1级	控 4 000 m³/s　15.0	√	√			
		控 5 000 m³/s　8.0	√	√	√	√	√
		控 6 000 m³/s　5.7	√	√	√	√	√
	控泄 2 级	8.5	√	√	√	√	√

注:"√"表示该淤积量情况下水库可按此控制方式运用。

期长。洪水集中发生在 7、8 月,占 94% 左右,基本上量级越大比例越大。花园口 4 000 m³/s 以上流量级洪水平均历时为 15 d 左右,绝大多数洪水场次历时在 5～30 d。前汛期洪水主要来源于龙门以上,其中河龙间来水为主和上游 + 河龙间 + 龙潼间共同来水的洪水发生概率较高。另外,潼关以上来水为主的洪水中,花园口 6 000 m³/s 以上流量级洪水多为高含沙量洪水。

黄河中下游常遇高含沙量洪水的调度是洪水泥沙管理的难点,高含沙量洪水对水库和下游河道冲淤影响大,若按照控制方式运用,水库淤积较严重,不利于水库拦沙年限延长和长期有效库容保持,若按照敞泄方式运用,又对黄河下游滩区的淹没影响较大。

因此,对于潼关以上来水为主的高含沙量洪水,应重点解决水库减淤和下游滩区减灾的矛盾,研究前汛期高含沙量洪水敞泄和控泄的利弊。分析比较小浪底水库拦沙后期分别按控泄 1 级、控泄 2 级和敞泄方式运用后水库和下游的洪水情况,同时,利用潼关以上来水为主洪水预见期长的优势,对推荐方案进行预泄优化,评估预泄效果。各方案水库运用方式见 7.1.4 节。

1. 不同管理模式对水库和下游河道冲淤影响分析

选择 1966 年 8 月 1 日("66·8")、1977 年 8 月 4 日("77·8")和 1992 年 8 月 16 日("92·8")三场潼关以上来水为主的高含沙典型洪水,计算小浪底水库不同管理模式下该类型洪水对水库及下游河道冲淤影响,结果见表 7-8 ~ 表 7-10。三场洪水花园口实测洪峰流量依次为 10 200 m³/s、10 800 m³/s、6 430 m³/s。表中库区和下游河道冲淤采用数学模型计算。

从表 7-8 ~ 表 7-10 的计算结果可以看出:

(1)发生高含沙量洪水水库淤积较为严重,起调水位 225 m 敞泄方案"66·8"、"77·8"和"92·8"场次洪水水库淤积量分别为 2.25 亿 t、3.99 亿 t 和 4.02 亿 t,分别占来沙总量的 31%、45% 和 51%,有 30% ~ 50% 的泥沙淤积在水库里。

(2)小浪底水库起调水位越低,排沙比越大、水库淤积量越小、出库含沙量越大,下游主槽和滩地淤积量越大。

(3)水库控泄 1 级与控泄 2 级方式相比,控泄 2 级的效果介于控 4 000 m³/s 和控 6 000 m³/s 之间。

(4)控制运用方案控制流量越小,水库蓄水位越高、排沙比越小、淤积量越大、出库含沙量越小,下游主槽和滩地淤积量越小;控 4 000 m³/s 方案水库淤积量明显高于控 6 000 m³/s、控泄 2 级方案。

表 7-8　"66·8"洪水不同方案水库和下游冲淤分析

起调水位 (m)	项目		运用方式				
			控泄 1 级		控泄 2 级	敞泄	
			控 4 000 m³/s	控 6 000 m³/s		常规	预泄
225	小浪底水库	最大入库(m³/s)	8 090	8 090	8 090	8 090	8 090
		最大出库(m³/s)	3 900	5 640	5 660	7 650	5 770
		最高水位(m)	231.29	226.08	228.87	225.02	225.00
		拦蓄洪量(亿 m³)	5.71	0.91	3.27	0.02	0.00
		淤积量(亿 t)	3.65	2.56	3.15	2.25	0.39
		排沙比(%)	49.17	64.21	56.13	68.55	94.35
		出库含沙量(kg/m³)	79.43	103.7	90.74	110.72	129.73
	花园口	洪峰流量(m³/s)	5 540	7 030	6 020	8 020	8 110
		>4 000 m³/s 洪量(亿 m³)	0.95	6.28	5.57	6.27	6.39
	下游河道冲淤量	主槽(亿 t)	−0.42	−0.26	−0.36	−0.22	0.17
		滩地(亿 t)	0.10	0.17	0.14	0.20	0.44
		全断面(亿 t)	−0.32	−0.09	−0.22	−0.02	0.61

表 7-9　"77·8"洪水不同方案水库和下游冲淤分析

起调水位（m）	项目		运用方式				
			控泄 1 级		控泄 2 级	敞泄	
			控 4 000 m³/s	控 6 000 m³/s		常规	预泄
225	小浪底水库	最大入库（m³/s）	10 100	10 100	10 100	10 100	10 100
		最大出库（m³/s）	3 800	5 800	5 800	7 730	7 340
		最高水位（m）	230.77	227.63	229.89	225.57	225.00
		拦蓄洪量（亿 m³）	5.45	2.39	4.14	0.49	0
		淤积量（亿 t）	6.33	4.99	5.72	3.99	3.64
		排沙比（%）	28.52	43.67	39.04	54.55	58.59
		出库含沙量（kg/m³）	70.63	108.28	103.79	142.56	140.28
	花园口	洪峰流量（m³/s）	5 070	7 060	6 060	9 730	9 380
		>4 000 m³/s 洪量（亿 m³）	0.35	6.52	4.21	7.27	7.39
	下游河道冲淤量	主槽（亿 t）	−1.662	−0.869	−1.36	−0.314	−0.259
		滩地（亿 t）	0.397	1.242	0.56	0.808	1.064
		全断面（亿 t）	−1.265	0.373	−0.80	0.494	0.805
220	小浪底水库	最大入库（m³/s）	10 100	10 100	10 100	10 100	10 100
		最大出库（m³/s）	3 800	5 800	5 800	7 200	6 750
		最高水位（m）	227.25	223.50	225.99	221.11	220.00
		拦蓄洪量（亿 m³）	5.45	2.39	4.14	0.77	0
		淤积量（亿 t）	6.01	4.56	4.98	3.50	2.94
		排沙比（%）	32.14	48.48	47.18	60.10	66.49
		出库含沙量（kg/m³）	79.59	120.20	125.44	157.12	159.19
	花园口	洪峰流量（m³/s）	5 070	7 060	6 060	9 240	8 730
		>4 000 m³/s 洪量（亿 m³）	0.35	6.52	4.21	7.19	7.26
	下游河道冲淤量	主槽（亿 t）	−1.407	−0.638	−0.75	0.084	0.174
		滩地（亿 t）	0.463	1.285	0.76	0.998	1.831
		全断面（亿 t）	−0.944	0.647	0.01	1.082	2.005

表7-10 "92·8"洪水不同方案水库和下游冲淤分析

起调水位(m)		项目	运用方式		
			控泄1级	敞泄	
			控4 000 m³/s	常规	预泄
225	小浪底水库	最大入库(m³/s)	4 550	4 550	4 550
		最大出库(m³/s)	3 770	4 550	4 550
		最高水位(m)	226.11	225.00	225.00
		拦蓄洪量(亿m³)	1.0	0	0
		淤积量(亿t)	4.53	4.02	3.37
		排沙比(%)	42.58	49.04	57.26
		出库含沙量(kg/m³)	67.82	78.11	77.54
	花园口	洪峰流量(m³/s)	4 530	5 810	5 810
		>4 000 m³/s洪量(亿m³)	0.17	1.02	1.02
	下游河道冲淤量	主槽(亿t)	-2.246	-1.158	-1.763
		滩地(亿t)	1.002	2.059	2.094
		全断面(亿t)	-1.244	0.901	0.331
220	小浪底水库	最大入库(m³/s)	4 550	4 550	4 550
		最大出库(m³/s)	3 770	4 550	4 550
		最高水位(m)	221.47	220.00	220.00
		拦蓄洪量(亿m³)	1.0	0	0
		淤积量(亿t)	4.19	3.78	2.43
		排沙比(%)	46.87	52.13	69.14
		出库含沙量(kg/m³)	74.65	83.03	99.44
	花园口	洪峰流量(m³/s)	4 530	5 810	5 810
		>4 000 m³/s洪量(亿m³)	0.17	1.02	1.02
	下游河道冲淤量	主槽(亿t)	-1.807	-0.400	1.250
		滩地(亿t)	1.122	1.649	2.068
		全断面(亿t)	-0.685	1.249	3.318

（5）与控制运用方案相比,敞泄运用方案水库排沙比大、出库含沙量大、水库淤积量小,下游主槽和滩地淤积量大。

（6）与不预泄方案相比,对于潼关以上来水为主的高含沙量洪水,由于洪水预见期较长,水库预泄方案能较明显减少水库淤积量。水库提前预泄,可增大排沙比,洪水过后继续降低水位,可进一步减少库区泥沙淤积。

(7)从水库和河道冲淤、下游滩区减灾等多方面综合比较,对于花园口洪峰流量 6 000 m³/s 左右的高含沙量洪水,水库按控制花园口 4 000 m³/s 运用的方式较好;对于花园口洪峰流量 10 000 m³/s 左右的高含沙量洪水,水库按控制花园口 6 000 m³/s 方式运用较好。

从典型场次洪水不同运用方式水库和下游河道冲淤计算的分析中可以看出,水库按照控制下游平滩流量的方式(控 4 000 m³/s)运用,水库排沙比减小较大,水库淤积量比其他方案增加较多,下游的淤积量比其他方案减少较多。从单个场次洪水水库拦沙量、下游减淤量和下游洪水淹没情况综合分析,控制运用方案略优于敞泄运用方案。

为了说明不同控制流量对水库和下游河道长期冲淤的影响,在《长远防洪形势和对策研究》中分析了小浪底水库淤积量达到 50 亿 m³ 之前,中小洪水控制不同流量方案 (3 000 ~ 8 000 m³/s)对水库拦沙年限和下游河道减淤效果的影响,研究结论为:①控制流量小于等于 4 000 m³/s,水库的拦沙年限比控制 5 000 ~ 8 000 m³/s 减少较多,控制流量应不小于 5 000 m³/s。②中小洪水控制流量越大,水库达到设计淤积量时下游河道的减淤量越大,水库的拦沙减淤比越小,拦沙减淤效益越好;控制中小洪水流量为 5 000 m³/s 及其以上对下游河道减淤效果影响不大,但中小洪水控制流量减小至 5 000 m³/s 以下时,对下游河道减淤效果影响较大。

可见,从对水库和下游减淤效果看,虽然控制运用对每一场洪水下游的减淤效果比敞泄运用好,但控制运用增加水库淤积量、减少水库使用年限,从长期看,使水库发挥减淤作用的时间短,故达到设计淤积量时,下游的减淤量小,即水库的使用时间越长、有效库容保持得越好,水库整体效益发挥得就越好。因此,从减淤运用的整体效果上看,敞泄运用方案优于控泄方案。

2.预泄优化方案可预泄库容分析

潼关以上来水为主的高含沙量洪水,预见期较长,本次在敞泄方案基础上进行优化,拟定预泄+敞泄方案,通过预泄降低库水位,利于防洪排沙。从上述三场典型洪水不同方案水库和下游冲淤分析结果可见,水库预泄方案能较明显减少水库淤积量。

水库通过预泄可腾空库容大小与洪水起涨段形状、峰前基流量、涨水历时等因素有关。1954 ~ 2008 年间,花园口 4 000 ~ 10 000 m³/s 洪水中潼关以上来水为主高含沙量洪水共发生了 32 场,统计分析不同场次三门峡入库洪水上涨历时与预泄量、峰前基流量与预泄量关系(见图 7-2、图 7-3),估计该类洪水通过预泄增加的防洪库容。

由图 7-2 可见,潼关以上来水为主高含沙量洪水上涨历时多为 15 ~ 30 h(占 72%),预泄量多为 1 亿 ~ 4 亿 m³,平均预泄量约 3 亿 m³。由图 7-3 可见,峰前基流量越大,预泄量越小。基流量为 500 m³/s 时,预泄量为 3 亿 ~ 7 亿 m³;基流量为 1 000 m³/s 时,预泄量为 1 亿 ~ 5 亿 m³;基流量为 2 000 m³/s 时,预泄量为 0 ~ 2 亿 m³。

总体而言,潼关以上来水为主高含沙量洪水通过提前预泄,平均可增加防洪库容约 3 亿 m³。

3.潼关以上来水为主高含沙量中小洪水的管理模式

综合考虑水库和下游河道减淤、黄河下游和滩区防洪等多种因素,制定潼关以上来水为主高含沙量中小洪水的管理模式如下:

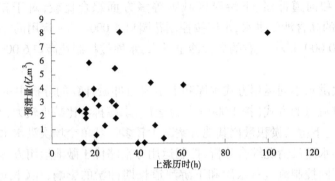

图 7-2　场次洪水上涨历时与预泄量关系（潼关以上来水为主高含沙）

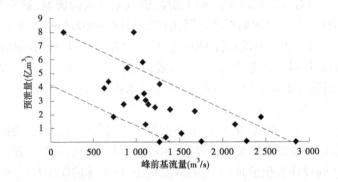

图 7-3　场次洪水峰前基流量与预泄量关系（潼关以上来水为主高含沙）

若潼关站发生含沙量大于等于 200 kg/m³ 的洪水,小浪底水库根据洪水预报,在洪水预见期(2 d)内,水库按照控制不超过下游平滩流量预泄。入库流量大于平滩流量后,水库按照维持库水位或敞泄滞洪运用,入库流量小于下游平滩流量后,水库按照不超过下游平滩流量补水,水位最低降至 210 m。此后,按照减淤方式运用。预泄期间若库水位降到210 m,水库停止预泄,视来水来沙、库区泥沙等情况按照维持库水位或敞泄方式运用。

7.2.1.3　潼关以上来水为主一般含沙量中小洪水管理模式研究

潼关以上来水为主一般含沙量洪水是指:潼关 5 d 洪量占花园口 70% 以上,含沙量小于 200 kg/m³ 的洪水。主要特点是:洪水预见期长。洪水主要发生在 7、8 月,潼关以上各来源区组成的洪水发生概率相差不大。花园口站洪水量级多为 4 000 ~ 6 000 m³/s,平均历时为 16 d 左右,绝大多数洪水场次历时在 5 ~ 30 d,量级越大,发生次数越少,历时越长。

对于潼关以上来水为主的一般含沙量洪水,应以防洪为主,重点研究前汛期水库按不同控泄方式运用后水库和下游的洪水情况,同时,利用潼关以上来水为主洪水预见期长的优势,对推荐方案进行预泄优化,评估预泄效果。不同控泄方案水库运用方式见 7.1.4 节。

1. 不同管理模式对水库和下游河道冲淤影响分析

选择 1976 年 8 月 27 日("76·8")和 1978 年 8 月 10 日("78·8")两场潼关以上来水为主的一般含沙典型洪水,分别计算小浪底水库现状情况和累计淤积量达 60 亿 m³ 时,不同管理模式下该类型洪水对水库及下游河道冲淤影响,结果见表 7-11 ~ 表 7-13。上述两场洪水花园口实测洪峰流量分别为 11 000 m³/s、6 000 m³/s。表中库区和下游河道冲淤采用数学模型计算。

表 7-11　"76·8"洪水不同方案水库和下游冲淤分析

（小浪底水库累计淤积量:2010 年现状）

项目		运用方式					
		控泄 1 级 （控 4 000 m³/s）		控泄 2 级		敞泄	
		常规	预泄	常规	预泄	常规	预泄
小浪底水库	最大入库(m³/s)	7 360	7 360	7 360	7 360	7 360	7 360
	最大出库(m³/s)	3 860	4 000	5 660	5 790	7 360	7 360
	最高水位(m)	244.15	242.71	234.60	233.85	225.00	225.00
	拦蓄洪量(亿 m³)	23.63	21.33	9.49	8.64	0	0
	淤积量(亿 t)	2.99	2.85	1.63	1.14	1.03	1.05
	排沙比(%)	33.28	36.70	63.56	74.88	77.06	76.91
	出库含沙量(kg/m³)	10.87	11.77	18.60	20.74	22.54	22.37
花园口	洪峰流量(m³/s)	4 620	5 000	6 290	6 250	8 190	8 280
	>4 000 m³/s 洪量(亿 m³)	0.77	1.42	24.09	22.65	24.67	25.19
下游河道冲淤量	主槽(亿 t)	−1.81	−1.80	−1.58	−1.64	−1.50	−1.50
	滩地(亿 t)	0	0.10	0.42	0.50	0.53	0.55
	全断面(亿 t)	−1.81	−1.70	−1.16	−1.14	−0.97	−0.95

表 7-12　"78·8"洪水不同方案水库和下游冲淤分析

（小浪底水库累计淤积量:2010 年现状）

项目		运用方式		
		控泄 1 级 （控 4 000 m³/s）	控泄 2 级	敞泄
小浪底水库	最大入库(m³/s)	5 600	5 600	5 600
	最大出库(m³/s)	3 910	3 910	5 600
	最高水位(m)	225.68	225.68	225.00
	拦蓄洪量(亿 m³)	0.58	0.58	0
	淤积量(亿 t)	0.40	0.39	0.25
	排沙比(%)	58.07	58.07	72.17
	出库含沙量(kg/m³)	62.75	62.75	77.99

续表 7-12

项目		运用方式		
		控泄 1 级 (控 4 000 m³/s)	控泄 2 级	敞泄
花园口	洪峰流量(m³/s)	3 990	3 990	5 050
	>4 000 m³/s 洪量(亿 m³)	0	0	0.32
下游河道 冲淤量	主槽(亿 t)	−0.17	−0.17	−0.15
	滩地(亿 t)	0	0	0

表 7-13　"76·8"洪水不同方案水库和下游冲淤分析

(小浪底水库累计淤积量:60 亿 m³)

项目		运用方式		
		控泄 1 级 (控 5 000 m³/s)	控泄 2 级	敞泄
小浪底 水库	最大入库(m³/s)	7 360	7 360	7 360
	最大出库(m³/s)	4 790	5 660	7 360
	最高水位(m)	257.41	255.53	250.00
	拦蓄洪量(亿 m³)	13.23	9.49	0
	淤积量(亿 t)	1.74	1.58	1.26
	排沙比(%)	0.49	0.54	0.72
	出库含沙量(kg/m³)	14.42	15.83	20.98
花园口	洪峰流量(m³/s)	5 620	6 290	8 190
	>4 000 m³/s 洪量(亿 m³)	21.69	24.09	24.67
下游河道 冲淤量	主槽(亿 t)	−1.89	−1.75	−1.57
	滩地(亿 t)	0.40	0.40	0.52
	全断面(亿 t)	−1.49	−1.35	−1.05

从表 7-11 ～ 表 7-13 可见,小浪底水库现状情况和累计淤积量达 60 亿 m³ 情况下,均表现出控制流量越小、水库淤积量越大、排沙比越小、下游主槽和滩地淤积量越小的特点。与控制运用方案相比,敞泄运用方案水库排沙比大、水库淤积量小、下游主槽和滩地淤积量大。另外,与不预泄方案相比,水库提前预泄能较明显减少水库淤积量,下游滩地淤积量略有增加,主槽冲刷量变化不大。

小浪底水库现状淤积情况下,254 m 以下防洪库容较大。从表 7-11、表 7-12 可见,对"76·8"洪水,水库分别按控制花园口 4 000 m³/s、控泄 2 级和敞泄方式运用,所需的防洪库容分别为 23.63 亿 m³、9.49 亿 m³ 和 0 亿 m³,不同运用方式之间所需防洪库容差别较大;控 4 000 m³/s 方式花园口平滩流量以上洪量仅 0.77 亿 m³,水库和下游河道主槽淤积量明显减小。"78·8"洪水量级较小,控 4 000 m³/s 和控泄 2 级方式效果相同,所需的防洪库容只有 0.58 亿 m³;控泄与敞泄方案库区和下游河道冲淤情况差别不大。综合考虑水库和下游河道冲淤量、下游淹没损失程度三方面因素,认为控 4 000 m³/s 方式较好。

小浪底水库累计淤积量达 60 亿 m³ 时,254 m 以下防洪库容仅 6.8 亿 m³。从表 7-13 可见,对"76·8"洪水,水库分别按控制花园口 5 000 m³/s、控泄 2 级和敞泄方式运用,所需的防洪库容分别为 13.23 亿 m³、9.49 亿 m³ 和 0 亿 m³;花园口平滩流量以上洪量分别为 21.69 亿 m³、24.09 亿 m³ 和 24.67 亿 m³;水库排沙比分别为 0.49%、0.54% 和 0.72%;下游河道和滩地冲淤量分别为 −1.48 亿 t、−1.35 亿 t 和 −1.06 亿 t。从下游减灾的角度看,控 5 000 m³/s 方式较好;从水库和下游河道减淤角度看,控泄 2 级方式较好。综合考虑水库和下游河道冲淤量、下游淹没损失程度三方面因素,认为控 5 000 m³/s 方式较好。

2. 预泄优化方案可预泄库容分析

利用潼关以上来水为主洪水预见期较长的特点,本次在原常规方案基础上进行优化,通过水库提前预泄降低库水位,增大排沙比和防洪库容。从"76·8"洪水不同方案水库和下游冲淤分析结果可见,水库预泄方案能较明显减少水库淤积量。

1954 ~ 2008 年间,前汛期花园口 4 000 ~ 10 000 m³/s 洪水中潼关以上来水为主一般含沙量洪水共发生了 26 场,统计分析不同场次三门峡入库洪水上涨历时与预泄量、峰前基流量与预泄量关系(见图 7-4、图 7-5),估计该类洪水通过预泄增加的防洪库容。

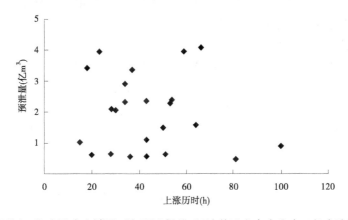

图 7-4　场次洪水上涨历时与预泄量关系(潼关以上来水为主一般含沙)

由图 7-4 可见,潼关以上来水为主一般含沙量洪水上涨历时多为 20 ~ 60 h(占 83%),预泄量多为 0.5 亿 ~ 2.5 亿 m³,平均预泄量约 2 亿 m³。由图 7-5 可见,峰前基流量越大,预泄量越小。基流量为 500 m³/s 时,预泄量为 3 亿 ~ 5 亿 m³;基流量为 1 000 m³/s 时,预泄量为 2 亿 ~ 4 亿 m³;基流量为 2 000 m³/s 时,预泄量为 0 ~ 2 亿 m³。

总体而言,潼关以上来水为主一般含沙量洪水通过提前预泄,平均可增加防洪库容 2 亿 m³ 左右。

3. 前汛期潼关以上来水为主一般含沙量中小洪水的管理模式

综合考虑水库和下游河道减淤、黄河下游和滩区防洪等多种因素,制定前汛期潼关以上

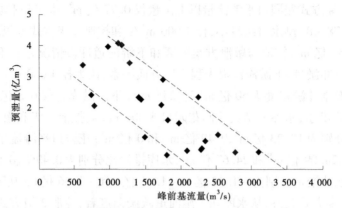

图 7-5　场次洪水峰前基流量与预泄量关系(潼关以上来水为主一般含沙)

上来水为主一般含沙量中小洪水的管理模式：

(1)在洪水泥沙分类管理防洪运用的第一阶段(淤积量达到 42 亿 m^3 之前)，若中期预报黄河中游有强降雨天气，水库提前预泄，洪水过程中，水库按控制花园口流量不大于 4 000 m^3/s 运用。

(2)在洪水泥沙分类管理防洪运用的第二、三阶段(淤积量达到 42 亿 m^3 之后)，若中期预报黄河中游有强降雨天气，水库提前预泄，洪水过程中，水库按控制花园口流量不大于 5 000 m^3/s 运用。

预泄方式如下：若中期预报黄河中游有强降雨天气，小浪底水库根据洪水预报，在洪水预见期(2 d)内，水库按照控制不超过下游平滩流量预泄。预泄期间若库水位降到 210 m，水库停止预泄，视来水来沙、库区泥沙等情况按照维持库水位或控泄方式运用。

7.2.1.4　潼关以上来水为主大洪水和特大洪水管理模式研究

潼关以上来水为主的大洪水和特大洪水可简称为"上大洪水"。该量级洪水泥沙管理的重点是防洪减灾，含沙量高低对水库管理模式的制定影响不大。因此，潼关以上来水为主高含沙量大洪水和特大洪水、潼关以上来水为主一般含沙量大洪水和特大洪水管理模式可一并研究。

1.三门峡水库

小浪底水库运用初期三门峡水库的运用方式为敞泄，而在小浪底水库初步设计报告中，小浪底水库正常运用期"上大洪水"三门峡水库按照"先敞后控"方式运用。据此，拟定三门峡水库敞泄运用和"先敞后控"两种运用方式，分析不同运用方式对小浪底水库及下游防洪影响。

首先分析在小浪底水库淤积量达到 42 亿 m^3 左右时，三门峡水库采用不同的运用方式对小浪底水库的影响。小浪底水库按照直接控制花园口 10 000 m^3/s 的方式运用，不考虑对中小洪水的控制和下游东平湖的分洪。三门峡水库不同运用方式下三门峡、小浪底水库的蓄水和下游洪水情况见表 7-14。从表中可以看出，三门峡水库敞泄运用和"先敞后控"运用对小浪底水库的影响差别很大，三门峡水库敞泄运用，对于万年一遇洪水，即使小浪底水库蓄到 280 m，还不能满足下游防洪要求，仍需下游东平湖分洪 8 亿 m^3；而三门峡水库"先敞后控"运用,万年一遇洪水小浪底水库的最高蓄水位为 266.53 m,下游基本不需要东平湖分洪。因此,从小浪底水库防洪保坝的角度分析,三门峡水库不能按照敞泄方式运用。对于千年一遇及其以下洪水,防洪运用第一阶段三门峡水库还可以按照敞泄运用。

表 7-14　三门峡水库不同运用方式下水库和下游洪水情况

(单位:洪量,亿 m³;洪峰流量,m³/s;水位,m)

三门峡水库运用方式	重现期(a)	水库情况						下游洪水情况			
		三门峡			小浪底			花园口		孙口	
		蓄洪量	最大蓄量	最高水位	蓄洪量	最大蓄量	最高水位	洪峰流量	超万洪量	洪峰流量	超万洪量
敞泄	10 000	49.98	50.56	334.77	82.79	94.69	280.00	13 700	10.42	12 700	8.03
	1 000	31.88	32.46	330.74	56.90	68.80	269.43	11 700	3.62	10 500	1.46
	200	20.61	21.19	327.26	32.77	44.67	258.50	11 400	3.05	10 400	1.28
	100	15.61	16.19	325.45	25.96	37.86	255.12	10 000	0	10 000	0
先敞后控	10 000	49.98	50.56	334.77	50.20	62.10	266.53	12 000	4.18	10 600	1.79
	1 000	31.88	32.46	330.74	32.55	44.45	258.39	11 700	3.51	10 500	1.46
	200	20.61	21.19	327.26	20.61	32.51	252.34	11 400	2.98	10 400	1.28
	100	15.61	16.19	325.45	15.71	27.61	249.67	10 000	0	10 000	0

虽然三门峡水库"先敞后控"运用能够有效降低小浪底水库的运用水位,但与敞泄运用相比,三门峡水库高水位的运用时间明显增加。表 7-15 是两种方案下三门峡、小浪底水库不同水位的历时统计,从表中可以看出,万年一遇洪水、三门峡水库 325 m 以上历时"先敞后控"运用是敞泄运用的 2 倍,千年一遇洪水"先敞后控"运用是敞泄运用历时的3~4倍。三门峡水库高水位运用历时越长,水库淤积越严重,即三门峡水库"先敞后控"运用对减少水库淤积是不利的。但三门峡水库"先敞后控"运用减少了小浪底水库的高水位运用历时,对小浪底水库的减淤有利。

为了减小三门峡水库高水位运用时间,在《黄河下游长远防洪形势和对策研究》(简称研究)中,分析比较了小浪底水库淤积量达到 50 亿 m³ 时"上大洪水"三门峡水库"先敞后控"(方案一)和小浪底蓄水位达到 270 m 三门峡水库再控制运用的方式(方案二)。方案二中三门峡水库的具体运用方式为:三门峡水库首先按敞泄运用,当小浪底水库的蓄水位达到 270 m 后,若入库流量大于水库泄流能力,按入库流量泄洪,否则按照敞泄滞洪运用,直至洪水退落、按照下游防洪要求退水。

表 7-15　三门峡、小浪底水库各级水位历时统计

三门峡水库运用方式	重现期（a）	水库各级水位（m）以上历时（h）							
		三门峡				小浪底			
		≥315	≥320	≥325	≥330	≥254	≥260	≥265	≥270
敞泄	10 000	512	440	344	204	548	520	488	408
	1 000	380	300	160	60	532	440	220	0
	200	220	148	84	0	268	0	0	0
	100	184	116	32	0	56	0	0	0
先敞后控	10 000	712	676	628	572	548	508	364	0
	1 000	644	572	428	264	520	0	0	0
	200	436	356	204	0	0	0	0	0
	100	368	288	120	0	0	0	0	0

　　研究中对两种方案三门峡、小浪底水库的蓄水和水库淤积情况进行了较全面的分析，认为两种方案两个水库的总淤积量相差不大，最后结论为：方案二虽然能减少三门峡水库高水位持续时间及库区淤积，但却造成一部分洪水既淹没三门峡库区，又淹没小浪底库区，使两水库的防洪库容重复利用，且增加东平湖滞洪区的分洪量，因此最后研究仍推荐三门峡水库采用"先敞后控"的运用方式。

　　因此，根据本次和以往的研究成果，防洪运用第一阶段，对于千年一遇及其以下洪水，三门峡水库还可以按照敞泄运用，但对于万年一遇洪水，三门峡水库必须按照"先敞后控"方式运用。进入第二阶段后，小浪底水库防洪库容逐步减小，对于潼关以上来水为主的洪水，三门峡水库仍采用"先敞后控"的运用方式。

　　2. 小浪底水库

　　根据小浪底水库初步设计报告，对于超过 100 a 一遇的"上大洪水"，需要使用东平湖滞洪区分洪运用。本次为了分析小浪底水库不同淤积量情况下不同运用方式的利弊，在方案的对比分析中首先剔除三门峡和东平湖的影响，三门峡水库按照"先敞后控"方式运用、下游不考虑东平湖滞洪区运用，待小浪底的运用方式确定后，再分析东平湖的运用时机。

　　小浪底水库的运用方式考虑了"不控中小洪水"和"控中小洪水"两个方案。前者计算出的防洪库容是确保黄河下游防洪安全的最小防洪库容；后者贴近实际，考虑到当前洪水预报水平和洪水预见期的有限性，以尽可能保滩、减小下游淹没损失为出发点制定水库运用方式。各方案的具体运用方式见 7.1.4.2 节。

　　为了分析小浪底水库不同淤积量下上述两个方案对水库及下游影响，选择水库淤积量达到 42 亿 m³ 和设计淤积量 75.5 亿 m³ 左右两个时期，即防洪运用的第一阶段末和第三阶段末，分别计算水库和下游的洪水情况。小浪底水库不同淤积量、不同运用方式下水库和下游洪水情况见表 7-16，从表中看出：

表 7-16　小浪底水库不同淤积量、不同运用方式下水库和下游洪水情况

(单位:淤积量、洪量,亿 m³;洪峰流量,m³/s;水位,m)

小浪底		重现期(a)	水库情况						下游洪水情况			
			三门峡			小浪底			花园口		孙口	
淤积量	运用方式		蓄洪量	最大蓄量	最高水位	蓄洪量	最大蓄量	最高水位	洪峰流量	超万洪量	洪峰流量	超万洪量
42.0	不控中小洪水	10 000	49.98	50.56	334.77	50.20	62.10	266.53	12 000	4.18	10 600	1.79
		1 000	31.88	32.46	330.74	32.55	44.45	258.39	11 700	3.51	10 500	1.46
		200	20.61	21.19	327.26	20.61	32.51	252.34	11 400	2.98	10 400	1.28
		100	15.61	16.19	325.45	15.71	27.61	249.67	10 000	0	10 000	0
	控中小洪水	10 000	49.98	50.56	334.77	73.05	84.95	276.12	12 000	4.15	10 600	1.83
		1 000	31.88	32.46	330.74	55.62	67.52	268.88	11 700	3.44	10 500	1.44
		200	20.61	21.19	327.26	42.99	54.89	263.30	11 400	2.80	10 400	1.28
		100	15.61	16.19	325.45	39.35	51.25	261.63	10 000	0	10 000	0
75.5	不控中小洪水	10 000	49.98	50.56	334.77	50.21	60.21	278.39	12 000	4.16	10 600	1.79
		1 000	31.86	32.44	330.74	32.55	42.45	271.87	11 700	3.51	10 500	1.44
		200	20.58	21.16	327.25	20.66	30.66	266.89	11 400	2.96	10 400	1.28
		100	15.59	16.17	325.44	15.71	25.71	264.56	10 000	0	10 000	0
	控中小洪水	10 000	49.98	50.56	334.77	54.60	64.60	280.00	12 000	4.52	10 600	1.99
		1 000	31.88	32.46	330.74	35.44	45.44	272.94	11 700	3.41	10 500	1.44
		200	20.61	21.19	327.26	21.96	31.96	267.48	11 400	2.78	10 400	1.28
		100	15.61	16.19	325.45	20.76	30.76	266.94	10 000	0	10 000	0

(1)"控中小洪水"方式小浪底水库的蓄洪量大于不控制方式,因此如果能够准确预报大洪水的量级,对"上大洪水"不进行中小洪水控制运用的方式优于控制方式。

(2)防洪运用第一阶段(淤积量小于 42 亿 m³),"不控制中小洪水"方案可以不使用东平湖分洪,而控制中小洪水方案,万年一遇洪水必须使用东平湖分洪。

(3)防洪运用第三阶段末(淤积量达到设计淤积量),中小洪水控制流量加大、控制库容减小,控制中小洪水对小浪底水库蓄洪量的影响减弱。与不控制方式相比,千年、万年一遇洪水"控中小洪水"方式小浪底水库蓄洪量增加 2 亿~4 亿 m³,不论是否控制中小洪水,下游都需要使用东平湖分洪。

(4)防洪运用第二、三阶段(淤积量 42 亿~75.5 亿 m³),小浪底水库淤积量逐渐达到60 亿 m³,254 m 以下中小洪水控制库容只有 7 亿 m³ 左右,254 m 以上的防洪库容只有 50亿 m³ 左右,与万年一遇洪水不控制中小洪水小浪底水库的蓄洪量相当,因此淤积量超过60 亿 m³ 后,即使不控制中小洪水,小浪底水库也没有能力全部承担下游的防洪任务,必

须使用东平湖分洪。

综合上述分析结论,并结合中小洪水管理模式研究成果,推荐小浪底水库运用方式如下:

(1)潼关以上来水为主高含沙量洪水。

为保持小浪底水库长期有效库容,对潼关以上来水为主高含沙量中小洪水采用敞泄方式。因此,在发生潼关以上来水为主大洪水和特大洪水情况下,小浪底水库的运用方式选用"不控中小洪水"方案。

(2)潼关以上来水为主一般含沙量洪水。

潼关以上来水为主一般含沙量洪水含沙量较低,洪水管理以防洪减灾为主,对中小洪水采用控泄方式。大洪水和特大洪水情况下,如果在洪水到来之前能够准确预报"上大洪水"的量级,在水库淤积量达到 60 亿 m^3 之前,按照"不控中小洪水"的方式运用较好;淤积量达到 60 亿 m^3 后,控制中小洪水对水库运用的影响减小,考虑到"控中小洪水"方案可以为下游滩区群众撤退、转移争取时间,采用"控中小洪水"方案较好。如果洪水量级只能逐步确定,小浪底水库一般按照"控中小洪水"方式运用,在小浪底水位达到 254 m后,应根据洪水量级及时转入按控制花园口 10 000 m^3/s 运用,同时下游东平湖滞洪区相机配合分洪。

目前黄河龙门、潼关、花园口等站的洪水预报基本是按照滚动修正预报的方式进行的,"上大洪水"小浪底水库的洪水预见期只有 2 ~ 4 d,由于"上大洪水"一般历时较长,根据黄河中下游洪水预报的现状判断,在洪水到来之前准确预报"上大洪水"量级的难度较大,因此从现实和防洪调度偏于安全的角度出发,小浪底水库选用"控中小洪水"的运用方式。

3. 东平湖滞洪区运用时机

1)联合运用方式确定

"上大洪水"使用东平湖分洪,一是要根据不同量级洪水三门峡、小浪底水库蓄水和下游洪水情况分析东平湖滞洪区运用时机,二是要解决三门峡、小浪底、东平湖三者联合分担防洪任务的方式。从防洪减灾的角度出发,若上游水库有能力拦蓄洪水、不使用下游分滞洪区,则防洪的效益较大。但从表 7-13 看出,对于万年一遇的"上大洪水",仅靠水库已不能解决下游防洪安全问题。同时,由于水库的蓄水位较高、高水位历时较长,水库淤积较严重,一味靠水库拦蓄洪水对水库长期有效库容的保持是不利的,因此需要统筹安排、合理运用水库和蓄滞洪区。

小浪底水库初步设计阶段确定发生 100 a 一遇及其以上"上大洪水"使用东平湖滞洪区,当小浪底水库的蓄洪水位达到 100 a 一遇后,小浪底水库根据入库流量和泄流能力按照维持库水位的方式运用,下游花园口站洪水超过 10 000 m^3/s、东平湖配合分洪,待预报花园口流量小于 10 000 m^3/s 或花园口超万洪量接近 20 亿 m^3,小浪底水库恢复按照控制花园口 10 000 m^3/s 运用。

在小浪底初步设计报告中,"上大洪水"三门峡水库按照"先敞后控"方式运用,三门峡的运用方式具有相对的独立性,东平湖的运用时机仅与小浪底水库的蓄洪量有关,东平湖滞洪区分蓄小浪底水库不能拦蓄的洪水。

本次在分析东平湖滞洪区的运用时机时,考虑了东平湖与小浪底联合运用(方式一)和东平湖与三门峡、小浪底联合运用(方式二)两种方式,三门峡、小浪底、东平湖的具体运用方式见表7-17。方式一基本与小浪底水库原设计的正常运用期运用方式一致,只是原设计中,小浪底的蓄水达到20亿 m³ 时,开始按照敞泄或维持库水位运用,而本次是在小浪底库水位达到263 m(同时还比较了262 m、265 m方案)时,小浪底开始按照敞泄或维持库水位运用。方式二是本次新提出的方案,方式二的指导思想是尽量减少三门峡水库高水位运用时间,减轻三门峡水库淤积。

表7-17 三门峡、小浪底、东平湖联合运用方式

方式	联合运用	三门峡	小浪底
一	东平湖、小浪底	先敞后控。水库首先按自然滞洪运用,当达到最高水位后,维持库水位按入库流量泄洪,预报花园口小于10 000 m³/s后,按照控制花园口10 000 m³/s泄洪	水位达到263 m,预报花园口流量大于10 000 m³/s,如果入库流量小于水库的泄洪能力,按入库流量泄洪;否则,按敞泄滞洪运用;预报花园口流量小于10 000 m³/s,按照控制花园口10 000 m³/s运用
二	东平湖、三门峡、小浪底	先按照先敞后控方式运用,当小浪底开始敞泄运用时,三门峡也按照敞泄运用,小浪底恢复控花园口10 000 m³/s运用时,三门峡恢复按先敞后控方式运用	水位达到263 m,若预报花园口超10 000 m³/s,小浪底按照敞泄运用,直到花园口超万洪量达到20亿 m³;若预报花园口小于10 000 m³/s,按照控制花园口10 000 m³/s运用

表7-18是两种方式下水库和下游的计算结果,从表中看出,方式一和方式二三门峡水库的最高水位相同,方式二各级洪水小浪底水库的蓄水位和黄河下游洪水量级都高于方式一。从表中计算结果看,方式一明显优于方式二。

两种方式下三门峡、小浪底水库的高水位持续时间统计见表7-19,从表中看出,方式一三门峡水库的高水位历时大于方式二,方式二能够减轻三门峡水库的淤积,但是方式二小浪底水库的高水位历时大于方式一,小浪底水库的淤积大于方式一。

因此,从总体上看,方式一优于方式二,根据方式一分析小浪底水库拦沙后期不同阶段东平湖的运用时机。

2)东平湖运用时机分析

首先分析计算减淤运用第一阶段末,小浪底水库淤积量达到42亿 m³ 左右时东平湖分洪运用时机,东平湖分洪运用的时机拟定三个方案:方案一,当小浪底水库蓄水位达到262 m时,若仍预报花园口洪峰流量大于10 000 m³/s,小浪底水库根据入库流量按照维持库水位或敞泄运用,如果入库流量小于水库泄流能力,小浪底水库按照入库流量泄洪;否则,小浪底水库敞泄,直到花园口超万洪量达到20亿 m³ 或预报花园口流量小于10 000 m³/s,小浪底水库恢复按照控制花园口10 000 m³/s运用。方案二、方案三分别是小浪底

水位达到 263 m、265 m 时,下游东平湖再配合分洪。三个方案的计算结果见表 7-20。

表 7-18 不同联合运用方式下水库和下游洪水情况

（单位:洪量,亿 m³;洪峰流量,m³/s;水位,m）

联合方式	重现期（a）	水库情况						下游洪水情况			
		三门峡			小浪底			花园口		孙口	
		蓄洪量	最大蓄量	最高水位	蓄洪量	最大蓄量	最高水位	洪峰流量	超万洪量	洪峰流量	超万洪量
一	10 000	49.98	50.56	334.77	56.89	68.79	269.43	19 800	18.73	17 200	16.80
	1 000	31.88	32.46	330.74	42.73	54.63	263.18	16 200	14.69	14 000	13.05
	200	20.61	21.19	327.26	42.11	54.01	262.90	11 400	3.05	10 500	1.68
二	10 000	49.98	50.56	334.77	65.00	76.90	272.82	20 500	20.82	17 800	18.81
	1 000	31.88	32.46	330.74	56.00	67.90	269.04	18 100	19.82	15 500	18.10
	200	20.61	21.19	327.26	43.33	55.23	263.46	11 800	7.34	11 500	6.11
差值	10 000	0	0	0	-8.11	-8.11	-3.39	-700	-2.09	-600	-2.01
	1 000	0	0	0	-13.27	-13.27	-5.86	-1 900	-5.13	-1 500	-5.05
	200	0	0	0	-1.22	-1.22	-0.56	-400	-4.29	-1 000	-4.43

表 7-19 不同联合运用方式下三门峡、小浪底水库高水位历时

联合方式	重现期（a）	水库各级水位(m)以上历时(h)							
		三门峡				小浪底			
		≥315	≥320	≥325	≥330	≥254	≥260	≥265	≥270
一	10 000	712	676	628	572	708	588	392	0
	1 000	644	572	428	264	680	576	0	0
	200	436	356	204	0	572	368	0	0
二	10 000	712	676	616	424	708	588	528	376
	1 000	452	368	176	76	680	552	376	0
	200	392	320	204	0	540	332	0	0
差值	10 000	0	0	12	148	0	0	-136	-376
	1 000	192	204	252	188	0	24	-376	0
	200	44	36	0	0	32	36	0	0

表7-20 东平湖不同分洪运用时机计算成果

(单位:洪量,亿 m³;洪峰流量,m³/s;水位,m)

联合方式	重现期(a)	水库情况						下游洪水情况			
		三门峡			小浪底			花园口		孙口	
		蓄洪量	最大蓄量	最高水位	蓄洪量	最大蓄量	最高水位	洪峰流量	超万洪量	洪峰流量	超万洪量
一	10 000	49.98	50.56	334.77	56.30	68.20	269.17	19 700	19.34	17 200	17.34
	1 000	31.88	32.46	330.74	40.65	52.55	262.23	16 200	16.78	14 500	15.14
	200	20.61	21.19	327.26	40.01	51.91	261.94	13 500	5.06	11 700	3.79
	100	15.61	16.19	325.45	39.35	51.25	261.63	11 400	2.54	10 400	1.15
二	10 000	49.98	50.56	334.77	56.89	68.79	269.43	19 800	18.73	17 200	16.80
	1 000	31.88	32.46	330.74	42.73	54.63	263.18	16 200	14.69	14 000	13.05
	200	20.61	21.19	327.26	42.11	54.01	262.9	11 400	3.05	10 500	1.68
	100	15.61	16.19	325.45	39.35	51.25	261.63	11 400	2.54	10 400	1.15
三	10 000	49.98	50.56	334.77	54.87	66.77	268.55	19 800	20.61	16 700	18.44
	1 000	31.88	32.46	330.74	47.01	58.91	265.14	15 400	10.39	12 800	8.80
	200	20.61	21.19	327.26	42.99	54.89	263.30	11 400	2.80	10 400	1.28
	100	15.61	16.19	325.45	39.35	51.25	261.63	11 400	2.54	10 400	1.15

注:方案一、二、三,小浪底水库水位分别达到262 m、263 m、265 m,水库泄流允许花园口大于10 000 m³/s,下游东平湖配合分洪。

从表中可见:

(1)万年一遇洪水,三个方案小浪底水库的蓄洪量、花园口的超万洪量相差很小。这主要是因为当花园口的超万洪量达到20亿 m³后,即东平湖蓄满后,小浪底水库恢复按控制花园口10 000 m³/s运用,小浪底水库继续蓄水。

(2)千年一遇洪水,东平湖越晚投入运用,小浪底水库的蓄量越大、下游的洪水越小。

(3)方案一东平湖的分洪运用概率约为100 a一遇,与小浪底水库正常运用期的运用概率相同,在拦沙后期小浪底水库防洪库容较大的情况下,可以适当利用小浪底水库防洪库容减小东平湖的运用概率、减少淹没损失,因此不推荐采用方案一。

另外又分析了三个方案小浪底水库各级水位的历时,见表7-21。从表中可以看出,方案三265 m以上的历时比方案二明显增加。

小浪底水库正常运用期,水库蓄洪量达到20亿 m³时相应的库水位为266.6 m,方案三小浪底水库水位达265 m下游东平湖配合分洪的方案与正常运用期小浪底水库运用水位接近,不利于减少小浪底水库的淤积。因此,推荐方案二作为采用方案,即小浪底水库蓄水位达到263 m后,下游东平湖配合分洪,分洪运用的概率约为200 a一遇。

在《黄河下游长远防洪形势和对策研究》中,分析计算了小浪底水库淤积量达到50亿 m³时,东平湖的分洪运用时机,最后也推荐小浪底水库水位达到263 m时,东平湖分洪,分洪运用的概率也为 200 a 一遇左右。

表 7-21　东平湖不同运用时机方案小浪底各级水位历时

方案	重现期（a）	水库各级水位(m)以上历时(h)		
		≥254	≥260	≥265
一	10 000	708	588	388
	1 000	680	568	0
	200	556	348	0
二	10 000	708	588	392
	1 000	680	576	0
	200	572	368	0
三	10 000	708	588	544
	1 000	680	576	0
	200	576	376	0

注:方案一、二、三,小浪底水库水位分别达到 262 m、263 m、265 m,水库泄流允许花园口大于 10 000 m³/s,下游东平湖配合分洪。

因此,在洪水泥沙分类管理减淤运用第一阶段,在小浪底水库水位达到 263 m 后,下游东平湖配合分洪;减淤运用第二阶段,淤积量达到 50 亿 m³ 之前,在小浪底水库水位达到 263 m 后,下游东平湖配合分洪,淤积量超过 50 亿 m³ 后,在小浪底水库水位达到 263~266.6 m 时,下游东平湖配合分洪;减淤运用第三阶段,在小浪底库水位达到 266.6 m 后,下游东平湖配合分洪。

7.2.1.5　潼关以上来水为主高含沙量洪水管理模式

(1)三门峡水库按照"先敞后控"方式运用。

(2)小浪底水库按照不控制中小洪水的方式运用。其中:

①预报花园口洪峰流量 4 000~10 000 m³/s。若潼关站发生含沙量大于等于 200 kg/m³ 的洪水,小浪底水库根据洪水预报,在洪水预见期(2 d)内,水库按照控制不超过下游平滩流量预泄。入库流量大于平滩流量后,水库按照维持库水位或敞泄滞洪运用,入库流量小于下游平滩流量后,水库按照不超过下游平滩流量补水,水位最低降至 210 m。此后,按照减淤方式运用。预泄期间若库水位降到 210 m,水库停止预泄,视来水来沙、库区泥沙等情况按照维持库水位或敞泄方式运用。

②预报花园口洪峰流量大于 10 000 m³/s,小浪底水库按控制花园口 10 000 m³/s 运用。预报花园口流量小于 10 000 m³/s,若入库流量不大于水库泄洪能力,维持汛限水位,按入库流量泄洪,否则按敞泄滞洪运用;预报花园口洪峰流量大于 10 000 m³/s,按控制花园口 10 000 m³/s 运用。小浪底水库的蓄水位达到 263~266.6 m,下游东平湖配合分洪。

③预报花园口流量回落到 10 000 m³/s 以下,按控制花园口流量不大于 10 000 m³/s 泄洪,直到小浪底水库水位降至汛限水位。

7.2.1.6　潼关以上来水为主一般含沙量洪水管理模式

综上所述,潼关以上来水为主一般含沙量洪水管理模式为:

（1）三门峡水库按照"先敞后控"方式运用。

（2）小浪底水库按照控制中小洪水的方式运用。其中：

①预报花园口洪峰流量 4 000 ~ 10 000 m³/s。若潼关站发生含沙量大于等于 200 kg/m³ 的洪水,小浪底水库根据洪水预报,在洪水预见期（2 d）内,按照控制不超过下游平滩流量预泄。入库流量大于平滩流量后,水库按控制花园口流量不大于 4 000 m³/s（淤积量达到 42 亿 m³ 之前）/5 000 m³/s（淤积量达到 42 亿 m³ 之后）运用。入库流量小于下游平滩流量后,水库按照不超过下游平滩流量补水,水位最低降至 210 m。此后,按照减淤方式运用。预泄期间若库水位降到 210 m,水库停止预泄,视来水来沙、库区泥沙等情况按照维持库水位或敞泄方式运用。

②预报花园口洪峰流量大于 10 000 m³/s,小浪底水库按控制花园口 10 000 m³/s 运用。预报花园口流量小于 10 000 m³/s,若入库流量不大于水库泄洪能力,维持汛限水位,按入库流量泄洪,否则按敞泄滞洪运用;预报花园口洪峰流量大于 10 000 m³/s,按控制花园口 10 000 m³/s 运用。小浪底水库的蓄水位达到 263 ~ 266.6 m,下游东平湖配合分洪。

③预报花园口流量回落到 10 000 m³/s 以下,按控制花园口流量不大于 10 000 m³/s 泄洪,直到小浪底水库水位降至汛限水位。

7.2.2　三花间来水为主洪水管理模式研究

7.2.2.1　小浪底水库不同淤积量情况下控制中小洪水能力分析

根据三花间来水为主洪水不同控制运用方式所需防洪库容,分析小浪底水库拦沙后期、正常运用期控制中小洪水能力。小浪底水库不同淤积量下可用于控制中小洪水的库容与不同控制运用方式所需防洪库容比较见表 7-22。

表 7-22　小浪底水库不同淤积量情况下控制中小洪水能力分析（三花间来水为主）

（单位:水位,m;库容,亿 m³）

防洪运用阶段	小浪底水库库容变化情况				三花间来水为主洪水所需防洪库容			
	淤积量（亿 m³）	汛限水位	汛限水位至 254 m 库容	可用于控制中小洪水的库容	控泄 1 级			控泄 2 级
					控 4 000 m³/s	控 5 000 m³/s	控 6 000 m³/s	
					12.8	8.7	6.0	7.2
现状	2010 年实测 225	41.3	41.3		√	√	√	√
拦沙后期第一阶段	42	240	23.7	23.7	√	√	√	√
拦沙后期第二阶段	60	250	6.8	6.8		√	√	√
拦沙后期第三阶段	75.5	254	0	过渡至 7.9			√	√
正常运用期	75.5 后	254	0	7.9			√	√

注:"√"表示该淤积量情况下水库可按此控制方式运用。

　　由表7-22可见,三花间来水为主洪水按控泄1级中的控4 000 m³/s、控5 000 m³/s、控6 000 m³/s方式及控泄2级方式运用,所需防洪库容依次为12.8亿 m³、8.7亿 m³、6.0亿 m³和7.2亿 m³。

　　仅从小浪底水库不同淤积量情况下控制中小洪水能力分析结果来看,在洪水泥沙分类管理防洪运用的第一阶段(淤积量达到42亿 m³之前),水库254 m以下防洪库容较大,以减小下游滩区淹没损失为主,宜按控制花园口中小洪水流量4 000 m³/s运用;在防洪运用的第二阶段(淤积量42亿~60亿 m³),水库可按控5 000 m³/s或控泄2级方式运用;在防洪运用的第三阶段至正常运用期(淤积量达到60亿 m³之后),可按控6 000 m³/s或控泄2级方式运用。

7.2.2.2　三花间来水为主中小洪水管理模式研究

　　三花间来水为主的洪水指三花间5 d洪量占花园口50%以上的洪水。它是花园口大流量级洪水的常见类型。主要特点是:洪水预见期较短,含沙量一般较低。洪水主要发生在7、8月,基本上量级越大,比例越大;发生在后汛期的概率较低,9月以后洪水一般量级低于8 000 m³/s。另外,6 000 m³/s以上洪水发生概率较高,其中6 000~8 000 m³/s占70%左右。

　　现阶段,小花间无控制区洪水较大和中小洪水滩区淹没损失严重是黄河中下游防洪面临的主要问题之一。对于三花间来水为主的洪水,洪水预见期仅8 h左右,小于水库至花园口的洪水传播时间,水库不能完全控制花园口流量。据此,对于该类型洪水,重点研究前汛期一般含沙量洪水的管理模式,分析比较小浪底水库拦沙后期分别按控泄1级、控泄2级方式运用后水库和下游的洪水情况。各控泄方案水库运用方式见7.1.4节。

　　1. 小花间不同量级来水时各控制运用方式的效果评价

　　选取1954~2008年期间三花间来水为主的11场实测洪水,分析比较小浪底水库淤积量达到42亿 m³之后,按控5 000 m³/s、控6 000 m³/s和控泄2级方式运用后水库蓄洪量和下游洪水情况,详见表7-23。

　　分析小花间不同量级来水时各控制运用方式的效果,可见:

　　(1)小花间来水量级小于3 000 m³/s时,上游来水一般较小,小浪底水库需拦蓄的库容并不大。因此,控泄2级方式实质上等同于控4 000 m³/s方式,与控5 000 m³/s、控6 000 m³/s方式相比,可更好地减小下游洪峰流量及平滩流量以上的洪量。

　　(2)小花间来水量级为3 000~5 000 m³/s时,控5 000 m³/s方式水库蓄量较大,花园口站平滩流量以上的洪量最小;控6 000 m³/s方式水库蓄量最小,花园口站洪峰流量和平滩流量以上的洪量最大;控泄2级方式水库拦蓄洪量最大,花园口站平滩流量以上的洪量也不小。总体而言,控5 000 m³/s方式最好,其次是控6 000 m³/s方式。

　　(3)小花间来水量级大于5 000 m³/s时,表中三种控制方式下,小浪底水库所能发挥的控制作用很小。因此,各控制运用方式情况下小浪底水库蓄洪量和下游洪水情况基本一致。

表 7-23　不同控制运用方式下小浪底水库蓄洪量和下游洪水情况　　　　　（单位：流量，m³/s；洪量，亿 m³）

类别(按小花间洪峰流量划分)		<3 000 m³/s			3 000 ~5 000 m³/s			5 000 ~ 9 000 m³/s		>9 000 m³/s		
洪号		19640517	19620816	20070731	20030907	19960805	19640728	19580707	19560805	19540805	19820802	19580718
洪水历时(d)		4	19	31	23	11	6	8	12	25	12	8
花园口站实测洪峰流量		4 510	5 030	4 360	6 310	8 710	9 200	7 130	7 910	15 000	15 300	22 300
小花间洪峰流量		2 680	2 700	2 740	3 000	3 890	4 430	5 650	6 280	9 010	9 120	9 100
小浪底入库洪峰流量		1 950	2 960	2 020	3 170	4 880	5 310	2 930	2 800	9 630	8 090	12 960
控 5 000 m³/s	小浪底蓄洪量	0.00	0.00	0.00	0.71	2.26	2.97	0.78	0.82	8.47	8.05	11.21
	花园口洪峰流量	4 540	4 950	4 560	6 310	6 020	6 320	6 920	7 280	11 000	10 200	10 500
	花园口超 4 000 m³/s 洪量	0.27	0.54	0.26	7.71	5.24	3.50	1.42	5.44	101.02	23.49	26.92
控 6 000 m³/s	小浪底蓄洪量	0.00	0.00	0.00	0.00	0.42	1.48	0.53	0.48	8.21	7.51	10.50
	花园口洪峰流量	4 540	4 950	4 560	5 830	6 620	7 150	7 150	7 310	11 000	10 200	10 100
	花园口超 4 000 m³/s 洪量	0.27	0.54	0.26	7.41	6.39	5.37	1.63	5.55	101.02	23.45	27.80
控泄 2 级	小浪底蓄洪量	0.27	0.32	0.31	3.03	3.07	3.12	0.78	0.80	8.82	8.65	11.91
	花园口洪峰流量	4 180	4 770	4 250	6 230	5 850	5 900	6 810	7 290	9 940	10 100	10 100
	花园口超 4 000 m³/s 洪量	0.08	0.25	0.07	7.65	5.35	5.16	1.54	5.49	100.90	23.04	26.12

注：19540805、19820802、19580718 三场水，水库蓄洪洪量达到中小洪水控制库容或小花间流量超过 9 000 m³/s 后，水库转入控制花园口 10 000 m³/s 运用。

(4)根据黄河下游滩区综合治理规划安排,村台防洪标准为20 a 一遇,花园口相应流量为 12 370 m³/s。选取 1954 年以来三花间来水为主洪峰流量超过 10 000 m³/s 的 3 场实测洪水(重现期为 10 ~ 20 a 一遇),计算三种控制方式下花园口洪峰流量,为 10 100 ~ 10 500 m³/s。可见,就近几十年发生的实际洪水而言,上述三种控制运用方式均能保证下游滩区村台防洪安全。

2. 三花间来水为主的中小洪水管理模式

综合以上分析,推荐三花间来水为主的中小洪水采用以下管理模式:

(1)在洪水泥沙分类管理防洪运用的第一阶段(淤积量达到 42 亿 m³ 之前),小浪底水库防洪库容较大,以减小下游滩区淹没损失为主,宜采用控 4 000 m³/s 流量方式。

(2)在洪水泥沙分类管理防洪运用的第二阶段(淤积量为 42 亿 ~ 60 亿 m³),宜采用控 5 000 m³/s 流量方式;在第二阶段末,小浪底水库 254 m 以下库容低于控 5 000 m³/s 运用所需的 8.7 亿 m³ 之后,水库开始向控 6 000 m³/s 流量方式过渡。

(3)在洪水泥沙分类管理防洪运用的第三阶段(淤积量达到 60 亿 m³ 之后),按控 6 000 m³/s 流量方式运用。

7.2.2.3 三花间来水为主大洪水和特大洪水管理模式研究

三花间来水为主的洪水简称"下大洪水",主要来自于三门峡至花园口区间,小浪底水库以下的小花间、小陆故花间(无工程控制区)是三花间洪水的主要来源区。

对于"下大洪水",由于水库下游来水较大,首先启用小浪底、陆浑、故县、河口村等水库拦蓄水库上游来水,削减进入下游的洪水流量。待小浪底水库不能完全承担下游防洪任务时,三门峡水库配合小浪底水库联合承担下游防洪任务。

1. 小浪底水库运用方式

"下大洪水"的预见期短、含沙量较低,为了争取滩区群众撤退时间、减轻滩区洪水淹没损失,在洪水起涨段,小浪底水库应首先按照控制中小洪水的方式运用,在防洪运用过程中,若预报小花间的流量即将达到中小洪水控制流量,且有上涨趋势,小浪底水库按照发电流量控制下泄流量。当水库蓄洪量达到中小洪水防洪库容或小花间流量大于等于 9 000 m³/s 后,小浪底水库按照控制花园口不超过 10 000 m³/s 运用。

2. 三门峡水库运用方式

"下大洪水"三门峡水库的运用原则是水库首先按照敞泄运用,待小浪底水库不能完全承担下游防洪任务时,三门峡水库再投入联合运用。因此,首先分析洪水泥沙分类管理防洪运用第一阶段末(淤积量达到 42 亿 m³ 左右)、三门峡敞泄运用时,水库和下游的洪水情况,见表 7-24。从表中可以看出,三门峡水库敞泄运用,100 a、200 a 一遇洪水小浪底水库的最高水位为 258.67 m、263.14 m;千年一遇洪水小浪底水库最高水位为 269.34 m;万年一遇洪水小浪底库水位超过 275 m,接近 278 m。在防洪运用第一阶段末,三门峡水库按照敞泄运用,不能保证万年一遇洪水小浪底水库和黄河下游的防洪安全。同时,由于"下大洪水"三门峡以上来水相对较小,各级洪水三门峡水库的最高水位都比较低,万年一遇洪水最高水位为 318.31 m,三门峡、小浪底水库的蓄洪量差距过大。因此,发生"下大洪水"时,三门峡水库应该适当控制,分担小浪底水库的蓄洪量。

表 7-24　"下大洪水"三门峡敞泄运用时水库和下游洪水情况

（单位:洪量,亿 m³;洪峰流量,m³/s;水位,m）

重现期（a）	水库情况						下游洪水情况			
	三门峡			小浪底			花园口		孙口	
	蓄洪量	最大蓄量	最高水位	蓄洪量	最大蓄量	最高水位	洪峰流量	超万洪量	洪峰流量	超万洪量
10 000	3.47	3.57	318.31	77.57	89.47	277.93	27 400	25.91	22 200	22.98
1 000	2.38	2.48	316.60	56.68	68.58	269.34	22 600	16.57	18 000	12.86
200	1.76	1.86	315.34	42.62	54.52	263.14	17 700	9.54	14 200	5.41
100	1.45	1.55	314.48	33.12	45.02	258.67	15 700	7.09	12 800	3.40

注:表中数据为 1954 年、1958 年、1982 年三个典型年计算统计,万年一遇洪水未考虑北金堤分洪。

在小浪底水库初步设计报告中,确定三门峡水库对 100 a 一遇"下大洪水"投入控制运用,即当小浪底水库的蓄洪量达到 26 亿 m³（相当于小浪底蓄水位 269.29 m）时,三门峡水库开始按照小浪底水库的出库流量控制泄流。本次根据小浪底水库的运用情况确定三门峡水库的控制运用时机,即当小浪底水库达到某一蓄水位时,三门峡水库开始进行控制运用,并按小浪底水库的出库流量泄流,拟定了小浪底水库蓄水位达 260 m、263 m、265 m 三个方案,进行三门峡水库投入控制运用时机对比,计算结果见表 7-25。

表 7-25　三门峡水库不同运用时机方案水库和下游洪水情况

（单位:洪量,亿 m³;洪峰流量,m³/s;水位,m）

方案	重现期（a）	水库情况						下游洪水情况			
		三门峡			小浪底			花园口		孙口	
		蓄洪量	最大蓄量	最高水位	蓄洪量	最大蓄量	最高水位	洪峰流量	超万洪量	洪峰流量	超万洪量
一	10 000	30.07	30.17	330.36	49.86	61.76	266.38	27 400	25.91	22 200	23.03
	1 000	13.52	13.62	324.82	43.20	55.10	263.40	22 600	16.57	18 000	12.86
二	10 000	22.69	22.79	328.15	55.11	67.01	268.66	27 400	25.91	22 200	22.98
	1 000	8.32	8.42	322.30	48.40	60.30	265.74	22 600	16.57	18 000	12.86
三	10 000	22.49	22.59	328.09	59.27	71.17	270.44	27 400	25.91	22 200	23.03
	1 000	4.97	5.07	319.99	51.75	63.65	267.20	22 600	16.57	18 000	12.86

注:方案一、二、三分别在小浪底水库水位达到 260 m、263 m 和 265 m 时,三门峡水库转入控制运用。

从表中可以看出:

（1）三门峡水库参与控制运用对黄河下游洪水没有削减作用,主要因为黄河下游洪水大小是由小浪底水库控制的。

（2）三门峡水库控制运用,可以减轻小浪底水库的蓄洪负担。三门峡水库投入控制运用越早,小浪底水库的蓄洪水位越低。千年一遇洪水,260 m 方案与 265 m 方案相比,小浪底蓄水位由 263.4 m 抬高至 267.2 m。

（3）三门峡水库投入控制运用时机不同,最高水位及最大蓄洪量不同,投入运用时机越早,三门峡蓄洪负担越重。千年一遇洪水,260 m 方案与 265 m 方案相比,三门峡最大蓄量由 13.62 亿 m³ 减小至 5.07 亿 m³。

（4）三门峡水库投入控制运用时机不同,三门峡与小浪底的总蓄洪量变化不大。

（5）260 m、263 m、265 m 方案三门峡水库的控制运用概率约为100 a 一遇、200 a 一遇和300 a 一遇。防洪运用第一阶段防洪库容较大,可以适当减小三门峡水库的控制运用概率。

（6）万年一遇洪水,260 m、263 m、265 m 方案三门峡、小浪底水库的蓄洪比例分别为1:1.7、1:2.4 和1:2.6。

综上分析,在防洪运用的第一阶段,由于小浪底水库库容较大,可以适当减轻三门峡水库的防洪负担,考虑到与小浪底水库正常运用期防洪运用方式的衔接,推荐选择 263 m 方案。即:对"下大洪水",小浪底水库蓄洪水位达 263 m 且有上涨趋势时,三门峡水库投入控制运用,并按小浪底水库的出库流量泄流,其控制运用概率为约 200 a 一遇。

在《黄河下游长远防洪和对策研究》中,分析了小浪底水库淤积量达到 50 亿 m³ 时"下大洪水"三门峡水库投入控制运用的时机,推荐小浪底水库水位达到 263 m 时三门峡水库控制运用。

因此,在小浪底水库淤积量达到 50 亿 m³ 之前,发生"下大洪水"时,小浪底水库的蓄水位达到 263 m 后,三门峡水库控制运用,按照小浪底水库的出库流量泄流,三门峡水库运用的概率约为 200 a 一遇。当水库淤积量超过 50 亿 m³,三门峡水库投入运用的时机适当提前,由 200 a 一遇逐渐增大,直至小浪底水库淤积量达到设计淤积量,三门峡水库的运用概率提高到 100 a 一遇,此时当小浪底水库的蓄水位达到 269.3 m 后,三门峡水库控制运用。

3. 东平湖滞洪区运用时机

对于"下大洪水",由于三花间水库无法控制小花间无控制区的洪水,经计算,为保证黄河下游防洪安全,近 30 a 一遇洪水就需要启用东平湖滞洪区,即东平湖滞洪区的分洪运用概率为近 30 a 一遇。

7.2.2.4　三花间来水为主洪水管理模式

综上所述,三花间来水为主洪水管理模式如下。

1. 小浪底水库

洪水来临时首先投入防洪运用,按照控制中小洪水的方式运用,中小洪水的控制流量为 4 000 ~ 6 000 m³/s,中小洪水的控制库容为 12.8 亿 ~ 7.9 亿 m³。在按照控制中小洪水运用的过程中,若预报小花间的流量即将达到中小洪水控制流量且有上涨趋势,小浪底水库按照发电流量控制下泄流量。当水库蓄洪量达到中小洪水控制库容或小花间流量大于等于 9 000 m³/s 后,小浪底水库按照控制花园口不超过 10 000 m³/s 运用。

2. 三门峡水库

三门峡水库首先按照敞泄滞洪运用,在小浪底库水位达到 263 ~ 269.3 m 时开始按照小浪底水库的出库流量控制运用,直到预报花园口流量小于 10 000 m³/s,三门峡水库按照控制花园口 10 000 m³/s 退水。

东平湖滞洪区在孙口流量大于 10 000 m³/s 后投入运用,分洪运用概率为近 30 a 一遇。

3. 支流水库

陆浑、故县水库按原设计方式运用,河口村水库按初步设计报告中的方式运用,详见 7.1.4.2 节。

7.2.3　潼关上下共同来水洪水管理模式研究

7.2.3.1　小浪底水库控制中小洪水能力分析

潼关上下共同来水的洪水分为潼关上下共同来水高含沙量洪水、潼关上下共同来水一般含沙量洪水两种类型。根据潼关上下共同来水的洪水不同控制运用方式所需防洪库容,分析小浪底水库拦沙后期、正常运用期控制中小洪水能力。小浪底水库不同淤积量下可用于控制中小洪水的库容与不同控制运用方式所需防洪库容比较见表 7-26。

表 7-26　小浪底不同淤积量情况下控制中小洪水能力分析

（单位:水位,m;库容,亿 m³）

防洪运用阶段	小浪底水库库容变化情况				潼关上下共同来水为主洪水所需防洪库容			
	淤积量（亿 m³）	汛限水位	汛限水位至 254 m 库容	可用于控制中小洪水的库容	控泄 1 级			控泄 2 级
					控 4 000 m³/s	控 5 000 m³/s	控 6 000 m³/s	
					10.2	6.7	3.4	5.6
现状	2010 年实测 225	41.3	41.3		√	√	√	√
拦沙后期第一阶段	42	240	23.7	23.7	√	√	√	√
拦沙后期第二阶段	60	250	6.8	6.8		√	√	√
拦沙后期第三阶段	75.5	254	0	过渡至 7.9		√	√	√
正常运用期	75.5 后	254	0	7.9		√	√	√

注:"√"表示该淤积量情况下水库可按此控制方式运用。

由表 7-26 可见,潼关上下共同来水的洪水按控泄 1 级中的控 4 000 m³/s、控 5 000 m³/s、控 6 000 m³/s 方式及控泄 2 级方式运用,所需防洪库容依次为 10.2 亿 m³、6.7 亿 m³、3.4 亿 m³ 和 5.6 亿 m³。

仅从小浪底水库不同淤积量情况下控制中小洪水能力分析结果来看,在洪水泥沙分类管理防洪运用的第一阶段(淤积量达到 42 亿 m³ 之前),水库 254 m 以下防洪库容较大,以减小下游滩区淹没损失为主,宜按控制花园口中小洪水流量 4 000 m³/s 运用;防洪运用的第二阶段至正常运用期(淤积量达到 42 亿 m³ 之后),水库可按控制花园口中小洪水流量 5 000 m³/s 或控泄 2 级方式运用。

7.2.3.2 潼关上下共同来水高含沙量洪水管理模式研究

潼关上下共同来水高含沙量洪水是指:潼关 5 d 洪量占花园口 51% ~69%,含沙量大于等于 200 kg/m³。该类型洪水的主要特点是:洪水发生时间比较集中,均发生在 7、8 月。花园口 4 000 m³/s 以上流量级洪水平均历时为 16 d 左右,洪水量级越大,发生频次越低。潼关以上来水与三花间来水基本不遭遇,峰现时差长则 5 ~6 d,短则 1 d 左右。其中,三花间来水普遍早于潼关以上来水。

对于潼关上下共同来水的高含沙量洪水,潼关以上来水和三花间来水量级均较大,支流水库需适时配合调度,防御该类型大洪水和特大洪水的运用方式与三花间来水为主洪水的相同。本节主要研究中小洪水管理模式,以解决水库减淤和下游滩区减灾的矛盾为重,研究前汛期高含沙量洪水敞泄和控泄的利弊,比较小浪底水库拦沙后期分别按控泄 1级、控泄 2 级和敞泄方式运用后水库和下游的洪水情况,分析水库控泄运用的可行性。同时,利用干流来水预见期较长和干、支流来水存在明显时空差的优势,在原方案基础上进行错峰调节和预泄优化,评估优化效果。各方案水库运用方式见 7.1.4 节。

1. 不同中小洪水管理模式对水库和下游河道冲淤影响分析

选择 1988 年 8 月 21 日("88·8")和 1996 年 8 月 5 日("96·8")两场潼关上下共同来水的高含沙典型洪水,计算小浪底水库不同管理模式下该类型洪水对水库及下游河道冲淤影响,结果见表 7-27、表 7-28。图 7-6、图 7-7 是各典型洪水敞泄方案优化前后花园口过程线。上述两场洪水花园口实测洪峰流量分别为 7 430 m³/s、4 220 m³/s。表中库区和下游河道冲淤采用数学模型计算。

表 7-27 "88·8"洪水不同方案下水库和下游冲淤分析

项目		运用方式(起调水位 225 m)			
		控泄 1 级(控 4 000 m³/s)	控泄 2 级	敞泄	
				常规	预泄 + 错峰调节
小浪底水库	最大入库(m³/s)	5 930	5 930	5 930	5 930
	最大出库(m³/s)	3 650	5 170	5 930	5 930
	最高水位(m)	237.85	228.59	225.00	229.27
	拦蓄洪量(亿 m³)	13.98	3.04	0	3.61
	淤积量(亿 t)	4.03	3.11	1.70	1.68
	排沙比(%)	35.35	50.21	72.67	73.15
	出库含沙量(kg/m³)	43.52	53.05	76.85	80.22
陆浑水库	最大入库(m³/s)	800	800	800	800
	最大出库(m³/s)	800	800	800	500
	最高水位(m)	317.00	317.00	317.00	317.68
	拦蓄洪量(亿 m³)	0	0	0	0.26

续表 7-27

项目		运用方式(起调水位 225 m)			
		控泄 1 级(控 4 000 m³/s)	控泄 2 级	敞泄	
				常规	预泄 + 错峰调节
故县水库	最大入库(m³/s)	1 320	1 320	1 320	1 320
	最大出库(m³/s)	820	820	820	660
	最高水位(m)	528.44	528.44	528.44	531.96
花园口	拦蓄洪量(亿 m³)	0.15	0.15	0.15	0.82
	洪峰流量(m³/s)	4 460	6 230	7 300	7 190
下游河道冲淤量	>4 000 m³/s 洪量(亿 m³)	0.97	14.24	15.08	10.99
	主槽(亿 t)	-0.78	-0.89	-0.53	-0.67
	滩地(亿 t)	0.11	0.25	0.38	0.41
	全断面(亿 t)	-0.67	-0.64	-0.15	-0.26

表 7-28　"96·8"洪水不同方案下水库和下游冲淤分析

项目		运用方式(起调水位 225 m)			
		控泄 1 级(控 4 000 m³/s)	控泄 2 级	敞泄	
				常规	预泄 + 错峰调节
小浪底水库	最大入库(m³/s)	4 880	4 880	4 880	4 880
	最大出库(m³/s)	3 730	4 800	4 880	4 880
	最高水位(m)	230.29	228.56	225.00	225.95
	拦蓄洪量(亿 m³)	4.85	3.07	0.00	0.80
	淤积量(亿 t)	1.53	1.39	0.52	0.53
	排沙比(%)	42.88	46.88	70.82	70.79
	出库含沙量(kg/m³)	74.64	72.50	109.31	107.97
陆浑水库	最大入库(m³/s)	2 300	2 300	2 300	2 300
	最大出库(m³/s)	1 000	1 000	1 000	1 000
	最高水位(m)	318.51	318.51	318.51	320.06
	拦蓄洪量(亿 m³)	0.57	0.57	0.57	1.17
故县水库	最大入库(m³/s)	620	620	620	620
	最大出库(m³/s)	620	620	620	620
	最高水位(m)	527.30	527.30	527.30	527.30
	拦蓄洪量(亿 m³)	0	0	0	0

续表 7-28

项目		运用方式(起调水位 225 m)			
		控泄 1 级 (控 4 000 m³/s)	控泄 2 级	敞泄	
				常规	预泄 + 错峰调节
花园口	洪峰流量(m³/s)	5 080	5 850	7 050	6 970
	>4 000 m³/s 洪量(亿 m³)	1.43	5.35	6.38	3.87
下游河道 冲淤量	主槽(亿 t)	−0.55	−0.56	−0.43	−0.46
	滩地(亿 t)	0.07	0.09	0.14	0.19
	全断面(亿 t)	−0.48	−0.47	−0.29	−0.27

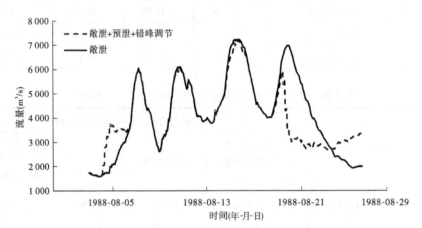

图 7-6　"88·8"洪水敞泄方案优化前后花园口过程线

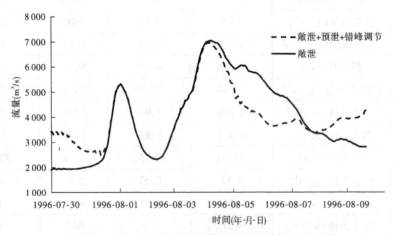

图 7-7　"96·8"洪水敞泄方案优化前后花园口过程线

从表 7-27、表 7-28 的计算结果可以看出：

(1)与潼关以上来水为主高含沙量洪水相比,潼关上下共同来水高含沙量洪水水库淤积程度相对较轻,控泄方案"88·8"、"96·8"场次洪水水库淤积量约为 3.50 亿 t、1.40 亿 t,有大约 55% 的泥沙淤积在水库里。敞泄方案水库排沙比增大,"88·8"、"96·8"场次洪水水库淤积量分别为 1.70 亿 t、0.52 亿 t,有大约 30% 的泥沙淤积在水库里。

(2)水库控泄 1 级(控 4 000 m³/s)与控泄 2 级方式相比,后者的库区淤积量小于前者;下游河道主槽冲刷量略小于前者,而滩地淤积量略大于前者。显然,控制流量越小,水库蓄水位越高,排沙比越小,淤积量越大,出库含沙量越小,下游主槽和滩地淤积量越小。

(3)与控制运用方案相比,敞泄运用方案水库排沙比大,出库含沙量大,水库淤积量小,下游主槽和滩地淤积量大。

(4)与常规敞泄方案相比,考虑水库预泄和干支流水库错峰调节之后,小浪底、陆浑、故县水库蓄水位均有所抬高;小浪底水库淤积量变化不大;洪水过后支流水库群凑泄花园口 2 600 ~ 4 000 m³/s,延长清水历时(见图 7-6、图 7-7),可增大下游河道主槽冲刷量,减少泥沙淤积量,花园口平滩流量以上洪量明显减小。

总体而言,对于潼关上下共同来水高含沙量洪水,敞泄方案与控制方案相比,花园口 4 000 m³/s 洪量明显增大,下游淹没损失较大,但是,敞泄方案水库排沙比明显增加,出库含沙量较大;又因为三花间来水较大,下游河道冲淤量与控泄方案相差不大。因此,从下游洪水淹没情况分析,控制方案优于敞泄方案;从对水库使用年限影响和下游减淤效果看,敞泄方案优于控泄方案。利用干支流来水时间差和空间差的组合和调整,进行水沙调节,在洪峰过后进行控泄运用,可缩短花园口平滩流量以上洪水历时,减少下游河道泥沙淤积和滩区淹没损失。

2. 对潼关上下共同来水高含沙量洪水进行控制运用的可行性分析

由于潼关站发生高含沙量洪水的概率较高,若对所有的高含沙量洪水均按照敞泄运用,黄河下游滩区的淹没概率和淹没损失较大。另外,花园口 8 000 ~ 10 000 m³/s 的洪水是中小洪水量级的上限,是中小洪水与大洪水的过渡流量,现状河道条件下这一量级洪水滩区淹没范围较大,与花园口 22 000 m³/s 洪水的淹没范围差别不大。虽然对这一量级洪水进行控制运用所需的防洪库容较大,但减少的淹没也较多,防洪效益较高。因此,根据洪水量级,对高含沙量洪水进行适当控制,有利于减小下游滩区的淹没面积,减灾效果显著。

从实测洪水资料来看,潼关上下共同来水高含沙量洪水三花间来水较大,小花间与潼关以上来水洪峰流量之比一般为 1:2,洪量之比一般为 2:3。随着三花间来水比重的增加,对高含沙量洪水进行适当控制(比如将 6 000 m³/s 左右的洪水控制到 4 000 m³/s、将 8 000 ~ 10 000 m³/s 的洪水控制到 6 000 m³/s),水库和下游的淤积量与敞泄运用相比都变化不大,但下游淹没面积会减少。

从典型洪水对水库和下游河道冲淤影响分析结果可见,对花园口洪峰流量不超过 8 000 m³/s 洪水,利用干支流来水存在显著时间差和空间差的特点,小浪底水库在沙峰过后与支流水库联合运用,按控制不超过下游平滩流量泄流,小浪底水库淤积量变化不大,下游河道减淤和滩区减灾效果优于敞泄方案。

根据小浪底水库初步设计,在小浪底水库正常运用期,对花园口 8 000 ~ 10 000 m³/s 量级的洪水按照控制花园口 8 000 m³/s 运用。若拦沙后期的某些年份,遇有利的水沙条件,下游河道平滩流量有较大提高,对这一量级的洪水也可根据洪水来源、含沙量、水库淤积情况等相机进行控制运用。

因此,对潼关上下共同来水高含沙量洪水进行控制运用是可行的。综合考虑水库和下游河道减淤、黄河下游和滩区防洪等多种因素,对于潼关上下共同来水高含沙量中小洪水,小浪底水库原则上按照敞泄方式进行运用,调度过程中可根据洪水量级适当进行控泄。

3.潼关上下共同来水高含沙量洪水管理模式

综上所述,对潼关上下共同来水高含沙量中小洪水,小浪底水库原则上按照敞泄方式进行运用,视洪水量级和干支流来水情况适当进行控泄。对花园口洪峰流量不超过 8 000 m³/s 洪水,支流水库酌情调整出库流量,配合小浪底水库进行水沙调节。大洪水和特大洪水情况下,运用方式与三花间来水为主洪水的相同,小浪底、陆浑、故县、河口村水库首先投入运用,待小浪底水库不能完全承担下游防洪任务时,三门峡水库再配合运用。潼关上下共同来水高含沙量洪水管理模式如下。

1) 三门峡水库

三门峡水库首先按照敞泄滞洪运用,在小浪底水库水位达到 263 ~ 269.3 m 时开始按照小浪底水库的出库流量控制运用,直到预报花园口流量小于 10 000 m³/s,三门峡水库按照控制花园口 10 000 m³/s 退水。

2) 小浪底水库

洪水来临时小浪底水库首先投入防洪运用,按照控制中小洪水的方式运用。具体如下:

若中期预报黄河中游有强降雨天气或潼关站发生含沙量大于等于 200 kg/m³ 的洪水,小浪底水库根据洪水预报,在洪水预见期(2 d)内,按照控制不超过下游平滩流量预泄,直到库水位降到 210 m。入库流量大于平滩流量后,水库原则上按照维持库水位或敞泄滞洪运用,此时,若预报花园口洪峰流量达到 8 000 ~ 10 000 m³/s,视洪水含沙量、三花间来水大小、水库淤积量等情况,水库酌情进行控制运用。退水过程中,视来水来沙、库区泥沙等情况,水库凑泄花园口 2 600 ~ 4 000 m³/s,水位最低降至 210 m。此后,按照减淤方式运用。

在按照控制中小洪水运用的过程中,若预报小花间的流量即将达到中小洪水控制流量且有上涨趋势,小浪底水库按照发电流量控制下泄流量。当水库蓄洪量达到中小洪水控制库容或小花间流量大于等于 9 000 m³/s 后,小浪底水库按照控制花园口不超过 10 000 m³/s 运用。

3) 陆浑、故县、河口村水库

陆浑、故县水库在原设计运用方式基础上,根据来水情况,适时配合小浪底水库进行错峰调节;河口村水库按初步设计报告中的方式运用。各水库运用方式详见 7.1.4.2 节。

东平湖滞洪区在孙口流量大于 10 000 m³/s 后投入运用。

7.2.3.3　潼关上下共同来水一般含沙量洪水管理模式

潼关上下共同来水一般含沙量洪水是指:潼关 5 d 洪量占花园口 51% ~ 69%,含沙量低于 200 kg/m³。该类型洪水的主要特点是:中小洪水量级一般不超过 8 000 m³/s,后汛期的发生概率较大。统计结果表明:1954 ~ 2008 年,花园口站 4 000 m³/s 以上流量级该类型洪水平均一年发生 0.3 次,其中 4 000 ~ 6 000 m³/s、6 000 ~ 8 000 m³/s 场次最多,各占约 50% 。洪水发生时间以 9、10 月次数最多,占总次数的 73% 。

对于潼关上下共同来水的一般含沙量洪水,采用干支流水库联合调度的管理模式。防御大洪水和特大洪水的运用方式与三花间来水为主洪水的相同。本节主要研究中小洪水管理模式,重点是分析前汛期水库按不同控泄方式运用的利弊。同时,利用干流来水预见期较长和干、支流来水存在明显时空差的特点对控泄方案进行优化,评估优化效果。各方案水库运用方式见 7.1.4 节。

1. 不同管理模式对水库和下游河道冲淤影响分析

选择 1963 年 5 月 27 日(“63 · 5”)和 1982 年 8 月 15 日(“82 · 8”)两场潼关上下共同来水的一般含沙量典型洪水,计算小浪底水库不同管理模式下该类型洪水对水库及下游河道冲淤影响,结果见表 7-29 ~ 表 7-31。图 7-8、图 7-9 是“63 · 5”洪水控泄方案优化前后花园口过程线。上述两场洪水花园口实测洪峰流量分别为 7 950 m³/s、7 540 m³/s。表中库区和下游河道冲淤采用数学模型计算。

从表 7-29 ~ 表 7-31 可见,小浪底水库不同淤积量情况下均表现出控制流量越小,水库淤积量越大,排沙比越小,下游主槽和滩地淤积量越小。由于潼关以上来水含沙量较小,各方案之间计算得到的下游主槽和滩地冲淤量相差不大。

从表 7-29、图 7-8、图 7-9 可见,小浪底水库提前预泄,并与支流水库联合运用进行错峰调节以后,能较有效地增加水库出库含沙量,增大排沙比;花园口平滩流量以上洪水历时明显缩短,洪量减小。

表 7-29　“63 · 5”洪水不同方案水库和下游冲淤分析

(小浪底水库累计淤积量:2010 年现状)

项目		运用方式				
		控泄 1 级(控 4 000 m³/s)		控泄 2 级		敞泄
		常规	预泄 + 错峰调节	常规	预泄 + 错峰调节	常规
小浪底水库	最大入库(m³/s)	4 770	4 770	4 770	4 770	4 770
	最大出库(m³/s)	3 610	3 200	5 310	4 840	4 770
	最高水位(m)	231.45	230.28	229.09	225.70	225.00
	拦蓄洪量(亿 m³)	5.89	4.84	3.45	0.59	0
	淤积量(亿 t)	0.77	0.48	0.62	0.57	0.35
	排沙比(%)	42.29	65.35	52.60	58.58	73.20
	出库含沙量(kg/m³)	13.24	19.08	16.48	17.11	22.93
陆浑水库	最大入库(m³/s)	1 010	1 010	1 010	1 010	1 010
	最大出库(m³/s)	1 000	500	1 000	500	1 000
	最高水位(m)	317.00	318.59	317.00	318.59	317.00
	拦蓄洪量(亿 m³)	0	0.60	0	0.60	0

续表 7-29

项目		运用方式				
		控泄 1 级(控 4 000 m³/s)		控泄 2 级		敞泄
		常规	预泄 + 错峰调节	常规	预泄 + 错峰调节	常规
故县水库	最大入库(m³/s)	730	730	730	730	730
	最大出库(m³/s)	730	370	730	370	730
	最高水位(m)	527.30	530.69	527.30	530.69	527.30
	拦蓄洪量(亿 m³)	0.00	0.59	0.00	0.59	0.00
花园口	洪峰流量(m³/s)	4 630	4 430	5 950	5 730	7 520
	>4 000 m³/s 洪量(亿 m³)	0.50	0.31	5.38	1.65	5.88
下游河道冲淤量	主槽(亿 t)	−0.93	−0.89	−0.85	−0.85	−0.83
	滩地(亿 t)	0.07	0.12	0.10	0.12	0.12
	全断面(亿 t)	−0.86	−0.77	−0.75	−0.73	−0.71

表 7-30 "82·8"洪水不同方案水库和下游冲淤分析
(小浪底水库累计淤积量:2010 年现状)

项目		运用方式				
		控泄 1 级(控 4 000 m³/s)		控泄 2 级		敞泄
		常规	预泄 + 错峰调节	常规	预泄 + 错峰调节	常规
小浪底水库	最大入库(m³/s)	5 150	5 150	5 150	5 150	5 150
	最大出库(m³/s)	3 220	2 790	3 220	2 790	5 150
	最高水位(m)	227.22	226.84	227.22	226.84	225.00
	拦蓄洪量(亿 m³)	1.88	1.55	1.88	1.55	0
	淤积量(亿 t)	0.17	0.16	0.17	0.16	0.16
	排沙比(%)	51.23	54.25	51.25	54.25	74.22
	出库含沙量(kg/m³)	16.12	17.04	16.13	17.04	23.32
陆浑水库	最大入库(m³/s)	370	370	370	370	370
	最大出库(m³/s)	370	300	370	300	370
	最高水位(m)	317.00	317.36	317.00	317.36	317.00
	拦蓄洪量(亿 m³)	0	0.14	0	0.14	0
故县水库	最大入库(m³/s)	480	480	480	480	480
	最大出库(m³/s)	480	290	480	290	480
	最高水位(m)	527.30	528.40	527.30	528.40	527.30
	拦蓄洪量(亿 m³)	0	0.14	0	0.14	0

续表 7-30

项目		运用方式				
		控泄 1 级(控 4 000 m³/s)		控泄 2 级		敞泄
		常规	预泄 + 错峰调节	常规	预泄 + 错峰调节	常规
花园口	洪峰流量(m³/s)	5 250	5 060	5 250	5 060	6 780
	>4 000 m³/s 洪量(亿 m³)	0.33	0.04	0.33	0.04	1.89
下游河道冲淤量	主槽(亿 t)	-0.56	-0.57	-0.57	-0.57	-0.61
	滩地(亿 t)	0.03	0.04	0.03	0.04	0.09
	全断面(亿 t)	-0.53	-0.53	-0.54	-0.53	-0.52

表 7-31　"63·5"洪水不同方案水库和下游冲淤分析

(小浪底水库累计淤积量:60 亿 m³)

项目		运用方式		
		控泄 1 级(控 5 000 m³/s)	控泄 2 级	敞泄
小浪底水库	最大入库(m³/s)	4 770	4 770	4 770
	最大出库(m³/s)	3 610	5 310	4 770
	最高水位(m)	253.49	252.04	250.00
	拦蓄洪量(亿 m³)	5.89	3.45	0
	淤积量(亿 t)	0.72	0.62	0.41
	排沙比(%)	30	40	60
	出库含沙量(kg/m³)	9.49	12.42	18.86
花园口	洪峰流量(m³/s)	4 630	5 950	7 520
	>4 000 m³/s 洪量(亿 m³)	0.50	5.38	5.88
下游河道冲淤量	主槽(亿 t)	-0.99	-0.91	-0.90
	滩地(亿 t)	0.07	0.09	0.12
	全断面(亿 t)	-0.92	-0.82	-0.78

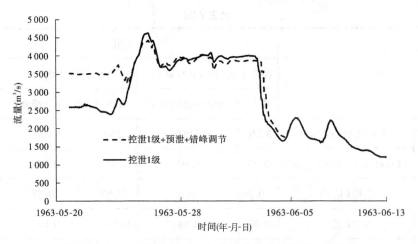

图 7-8　"63·5"洪水控泄 1 级方案优化前后花园口过程线

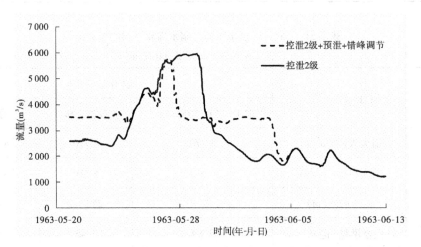

图 7-9　"63·5"洪水控泄 2 级方案优化前后花园口过程线

小浪底水库现状淤积情况下,254 m 以下防洪库容较大。从表 7-29 可见,对"63·5"洪水,水库分别按控 4 000 m³/s、控泄 2 级和敞泄方式运用,水库淤积量分别为 0.77 亿 t、0.62 亿 t 和 0.35 亿 t;花园口平滩流量以上洪量分别为 0.50 亿 m³、5.38 亿 m³ 和 5.88 亿 m³,水库淤积量相差不大,但控 4 000 m³/s 方式减灾效果明显优于其他方案。"82·8"次洪水量级较小,控 4 000 m³/s 所需的防洪库容仅 1.88 亿 m³,因此控 4 000 m³/s 和控泄 2 级(4 000/6 000 m³/s)方式效果相同。综合比较,认为控 4 000 m³/s 方式较好。

小浪底水库累计淤积量达 60 亿 m³ 时,254 m 以下防洪库容仅 6.8 亿 m³。从表 7-31 可见,对"63·5"次洪水,水库分别按控制花园口 5 000 m³/s、控泄 2 级(4 000/6 000 m³/s)和敞泄方式运用,水库淤积量分别为 0.72 亿 t、0.62 亿 t 和 0.41 亿 t;花园口平滩流量以上洪水分别为 0.50 亿 m³、5.38 亿 m³ 和 5.88 亿 m³,下游河道和滩地冲淤量分别为 -0.92 亿 t、-0.82亿 t 和 -0.78 亿 t。

总体而言,控 4 000 m³/s 方式减灾效果明显优于其他方案。

2. 潼关上下共同来水一般含沙量洪水的管理模式

综合考虑水库和下游河道减淤、黄河下游和滩区防洪等多种因素,潼关上下共同来水一般含沙量中小洪水采用控泄 1 级的管理方式,调度过程中视干支流来水情况适时进行错峰调节。大洪水和特大洪水情况下,运用方式与三花间来水为主洪水的相同。潼关上下共同来水一般含沙量洪水管理模式如下。

1)三门峡水库

三门峡水库首先按照敞泄滞洪运用,在小浪底水库水位达到 263～269.3 m 时开始按照小浪底水库的出库流量控制运用,直到预报花园口流量小于 10 000 m³/s,三门峡水库按照控制花园口 10 000 m³/s 退水。

2)小浪底水库

洪水来临时小浪底水库首先投入防洪运用,按照控制中小洪水的方式运用,中小洪水的控制流量为 4 000～5 000 m³/s,中小洪水的控制库容为 10.2 亿～7.9 亿 m³。具体运用方式如下:若中期预报黄河中游有强降雨天气,小浪底水库根据洪水预报提前预泄,直到库水位降到 210 m。洪水过程中,水库按控制花园口流量不大于 4 000 m³/s(淤积量达到 42 亿 m³ 之前)/5 000 m³/s(淤积量达到 42 亿 m³ 之后)运用。退水过程中,视来水来沙、库区泥沙等情况,水库凑泄花园口 2 600～4 000 m³/s,水位最低降至 210 m。

在按照控制中小洪水运用的过程中,若预报小花间的流量即将达到中小洪水控制流量且有上涨趋势,小浪底水库按照发电流量控制下泄流量。当水库蓄洪量达到中小洪水控制库容或小花间流量大于等于 9 000 m³/s 后,小浪底水库按照控制花园口不超过 10 000 m³/s 运用。

3)陆浑、故县、河口村水库

陆浑、故县水库在原设计运用方式基础上,根据来水情况,适时配合小浪底水库进行错峰调节;河口村水库按初步设计报告中的方式运用,详见 7.1.4.2 节。

东平湖滞洪区在孙口流量大于 10 000 m³/s 后投入运用。

7.2.4　场次洪水分析的分类管理模式

现阶段,洪水特点的多样性与洪水泥沙管理模式的有限性存在一定程度上的矛盾。一方面是受资料和样本系列代表性、预报技术水平的约束;另一方面,在调度方式制定过程中,通过对大量个性鲜明的洪水过程和不同时期独具特色的防洪边界条件进行统计、概化、提炼,得到的往往是只对设计条件最优的调度方式。

本节从洪水发生时间、来源区、含沙量、量级、过程线形状等多个因素,结合水库及下游防洪减淤要求,重点分析前汛期不同类型场次洪水管理模式。表 7-32 列出了不同类型场次洪水分析的水库运用方式。

表 7-32　根据场次洪水分析的不同类型洪水泥沙分类管理模式（前汛期：7 月 1 日至 8 月 31 日）

类型	花园口洪峰流量（m³/s）	洪水泥沙分类管理各阶段水库运用方式							
		小浪底水库				三门峡水库	陆浑水库	故县水库	河口村水库
		拦沙后期防洪运用第一阶段	拦沙后期防洪运用第二阶段	拦沙后期防洪运用第三阶段	正常运用期				
潼关以上来水为主高含沙量洪水	4 000~8 000	预泄+敞泄	预泄+敞泄	预泄+敞泄	原设计运用方式	先敞后控	—	—	—
	8 000~10 000	预泄+敞泄	预泄+敞泄	预泄+敞泄	原设计运用方式	先敞后控	—	—	—
	>10 000	防御"上大洪水"方式					—	—	—
潼关以上来水为主一般含沙量洪水	4 000~8 000	预泄+控泄 4 000 m³/s	预泄+控泄 5 000 m³/s	预泄+控泄 6 000 m³/s	原设计运用方式	先敞后控	—	—	—
	8 000~10 000	预泄+敞泄	预泄+敞泄	预泄+敞泄	原设计运用方式	先敞后控	—	—	—
	>10 000	防御"上大洪水"方式					—	—	—
三花间来水为主洪水	4 000~8 000	预泄+控泄 4 000 m³/s	预泄+控泄 5 000 m³/s	预泄+控泄 6 000 m³/s	原设计运用方式	先敞后控	原设计运用方式	原设计运用方式	《沁河枢纽初步设计报告》中的成果
	8 000~10 000	预泄+控泄 8 000 m³/s	预泄+控泄 8 000 m³/s	预泄+控泄 8 000 m³/s	原设计运用方式	先敞后控	原设计运用方式	原设计运用方式	《沁河枢纽初步设计报告》中的成果
	>10 000	防御"下大洪水"方式							
潼关上下共同来水高含沙量洪水	4 000~8 000	预泄+敞泄	预泄+敞泄	预泄+敞泄	原设计运用方式	先敞后控	原设计运用方式+错峰调节	原设计运用方式+错峰调节	《沁河枢纽初步设计报告》中的成果
	8 000~10 000	预泄+控泄 8 000 m³/s	预泄+控泄 8 000 m³/s	预泄+控泄 8 000 m³/s	原设计运用方式	先敞后控	原设计运用方式+错峰调节	原设计运用方式+错峰调节	《沁河枢纽初步设计报告》中的成果
	>10 000	防御"上大洪水"方式							
潼关上下共同来水一般含沙量洪水	4 000~8 000	预泄+控泄 4 000 m³/s	预泄+控泄 5 000 m³/s	预泄+控泄 5 000 m³/s	原设计运用方式	先敞后控	原设计运用方式+错峰调节	原设计运用方式+错峰调节	《沁河枢纽初步设计报告》中的成果
	8 000~10 000								
	>10 000	防御"下大洪水"方式							

7.3　中小洪水分类管理模式对水库和下游的长期影响研究

在场次洪水管理模式研究成果基础上,以理论和实测资料分析、数学模型计算为主要手段,结合实体模型试验成果,分析不同类型、不同级别洪水泥沙分类管理模式对小浪底水库拦沙库容使用年限和保持长期有效库容的影响,研究各种管理模式条件下黄河下游河道的冲淤演变,以及对黄河下游河道冲淤、中水河槽维持的效应。

7.3.1　小浪底水库年内不同时期的运用方式

小浪底水库运用方式在小浪底工程设计阶段(工程规划、可行性研究、初步设计、招标设计等)、"八五""九五"国家重点科技攻关阶段和小浪底水库初期运用方式研究项目中都做过一定深度的研究。自 2003 年以来,黄河勘测规划设计研究院有限公司、黄委会水科院、黄委会水文局、清华大学、武汉大学、中国水利科学研究院、西北水利科学研究所等多家单位,合作开展了小浪底水库拦沙后期防洪减淤运用方式研究。该项目是在前期研究的基础上,根据变化了的水沙条件、河道边界条件和经济社会发展对小浪底水库运用提出的新的更高要求,进行小浪底水库拦沙后期运用方式的研究。其指导思想是在满足黄河下游防洪要求的前提下,充分发挥水库减淤作用,并统筹考虑供水、灌溉、发电、生态用水等任务。目标是通过研究小浪底水库拦沙期防洪减淤运用的关键技术问题,提出水库运用原则及防洪减淤运用方式,重点研究水库拦沙后期第一阶段的运用方式;改善并最大限度地维持黄河下游河槽过流能力,延长水库拦沙库容使用年限,发挥水库综合效益。

本次小浪底水库年内不同时期减淤运用方式,拟借鉴小浪底水库拦沙后期防洪减淤运用方式研究成果,具体如下。

7.3.1.1　洪水泥沙分类管理减淤运用第一阶段调节指令

洪水泥沙分类管理减淤运用第一阶段是小浪底水库累计淤积量未达到 42 亿 m^3 的运用阶段,具体的调节指令如下。

1. 7 月 1 日至 7 月 10 日

1)入库流量加黑石关和武陟流量小于 4 000 m^3/s 时

水库将 6 月底预留的可调水量逐渐泄放至 2 亿 m^3,以满足 7 月上旬供水、灌溉需要;若遇枯水年份,则不再预留 2 亿 m^3,补水直至可调水量泄完为止。即当可调水量小于 2 亿 m^3 时,若入库流量大于等于 800 m^3/s,出库流量等于 800 m^3/s,否则补水使出库流量等于 800 m^3/s,直至蓄水泄空后出库流量等于入库流量;当可调节的蓄水量大于等于 2 亿 m^3 时,若入库流量大于等于 800 m^3/s,则出库流量等于入库流量,否则补水使出库流量等于 800 m^3/s,直至蓄水泄空后出库流量等于入库流量。7 月 1 日至 7 月 10 日调节指令执行流程见图 7-10(箭头连线:纵向代表"是",横向代表"否",下同)。

2)入库流量加黑石关和武陟流量大于等于 4 000 m^3/s 时

进入防洪运用。

2. 7 月 11 日至 9 月 10 日

7 月 11 日至 9 月 10 日调节指令执行流程见图 7-11。

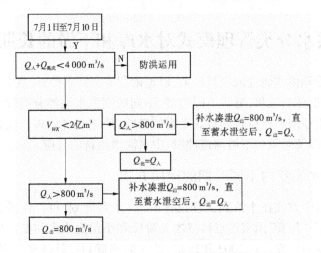

图7-10　7月1日至7月10日调节指令执行流程

1)入库流量加黑石关和武陟流量小于4 000 m³/s时

(1)水库可调节水量小于6亿 m³ 时,小浪底出库流量仅满足机组调峰发电需要,出库流量为 400 m³/s。

(2)潼关、三门峡平均流量小于2 600 m³/s,小浪底水库可调节水量大于等于6亿 m³ 且小于13亿 m³ 时,出库流量仅满足机组调峰发电需要,出库流量为 400 m³/s。

(3)当预报入库流量大于等于2 600 m³/s 且含沙量大于等于200 kg/m³ 时,水库适当拦截非漫滩高含沙量洪水。调节流程见图7-12,具体调度指令如下:

①当水库蓄水量大于等于3亿 m³ 时,提前2 d凑泄花园口流量等于下游主槽平滩流量,直至水库蓄水等于3亿 m³ 后,出库流量等于入库流量。

②当水库蓄水量小于3亿 m³ 时,提前2 d蓄水至3亿 m³ 后,出库流量等于入库流量。

③当入库流量小于2 600 m³/s,高含沙调节结束。

(4)当潼关、三门峡平均流量大于等于2 600 m³/s 且水库可调节水量大于等于6亿 m³ 时,水库相机凑泄造峰,凑泄花园口流量大于等于3 700 m³/s。即当入库流量加黑石关、武陟流量大于等于3 700 m³/s 时,出库流量按入库流量下泄;当入库流量加黑石关、武陟流量小于3 700 m³/s 时,水库凑泄花园口流量为 3 700 m³/s,若凑泄5 d后,水库可调水量仍大于2亿 m³,水库凑泄花园口断面流量为下游主槽平滩流量,直至水库可调水量等于2亿 m³,若最后一天凑泄流量不足2 600 m³/s,则凑泄造峰调节结束,当日蓄水,出库流量等于400 m³/s;若水库可调水量预留2亿 m³ 后,水库造峰流量不足5 d,则不再预留,水库继续造峰,满足5 d要求,但水库水位不得低于210 m;当水库造峰结束后,相邻日入库流量加黑石关、武陟流量大于等于2 600 m³/s,则出库流量按入库流量下泄,直到入库流量加黑石关、武陟流量小于2 600 m³/s 时,水库开始蓄水,出库流量等于400 m³/s。

(5)当水库可调节水量大于等于13亿 m³ 时,水库蓄满造峰,凑泄花园口流量大于等于3 700 m³/s。即当入库流量加黑石关、武陟流量大于等于3 700 m³/s 时,出库流量按入库流量下泄;当入库流量加黑石关、武陟流量小于3 700 m³/s 时,水库凑泄花园口流量为

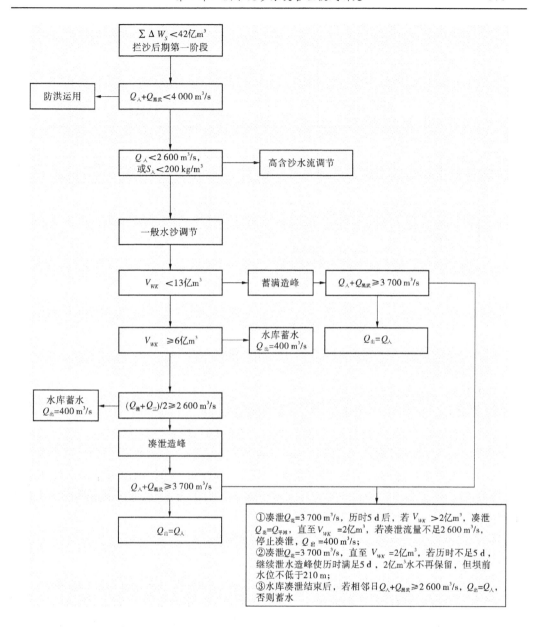

图 7-11　7 月 11 日至 9 月 10 日调节指令执行流程

$3\,700\ \text{m}^3/\text{s}$,若凑泄 5 d 后,水库可调水量仍大于 2 亿 m^3,水库凑泄花园口断面流量为下游主槽平滩流量,直至水库可调水量等于 2 亿 m^3,若最后一天凑泄流量不足 $2\,600\ \text{m}^3/\text{s}$,则凑泄造峰调节结束,当日改为蓄水,出库流量等于 $400\ \text{m}^3/\text{s}$;若水库可调水量预留 2 亿 m^3 后,水库造峰流量不足 5 d,则不再预留,水库继续造峰,满足 5 d 要求,但水库水位不得低于 210 m;当水库造峰结束后,相邻日入库流量加黑石关、武陟流量大于等于 $2\,600\ \text{m}^3/\text{s}$,则出库流量按入库流量下泄,直到入库流量加黑石关、武陟流量小于 $2\,600\ \text{m}^3/\text{s}$ 时,水库开始蓄水,出库流量等于 $400\ \text{m}^3/\text{s}$。

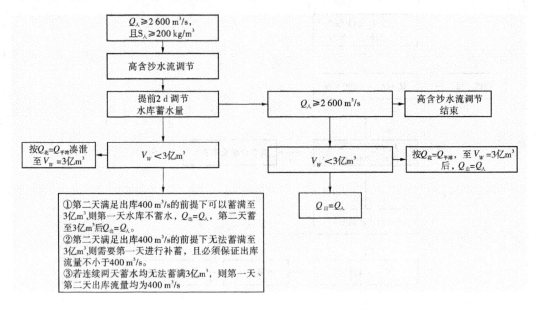

图 7-12　高含沙水流调节指令执行框图

2）入库流量加黑石关和武陟流量大于等于 4 000 m³/s 时

进行防洪运用。

3.9 月 11 日至 9 月 30 日

1）入库流量加黑石关、武陟流量小于 4 000 m³/s 时

（1）当水库在 9 月 10 日执行的造峰过程不足 5 d 时，则在 9 月 11 日开始继续造峰至 5 d。

（2）当入库流量加黑石关、武陟流量大于等于 2 600 m³/s 时，出库流量按入库流量下泄；当入库流量加黑石关、武陟流量小于 2 600 m³/s 时，不再造峰，水库提前蓄水，即凑泄出库流量为 400 m³/s，满足发电、供水要求。

2）入库流量加黑石关、武陟流量大于等于 4 000 m³/s 时

进行防洪运用。

4.10 月 1 日至 10 月 31 日

当入库流量加黑石关、武陟流量小于 4 000 m³/s 时，水库按下游供水、灌溉需求流量 400 m³/s 泄水，为满足防洪要求，保持坝前水位不超过 265 m；当入库流量加黑石关、武陟流量大于等于 4 000 m³/s 时，进行防洪运用。

5.11 月 1 日至次年 5 月 31 日

每年 11 月至次年 5 月水库按下游供水、灌溉需求调节径流，下泄流量见表 7-33，控制水位不高于 275 m。

6.6 月 1 日至 6 月 30 日

根据来水情况，首先满足下游供水、灌溉需求流量 650 m³/s，以 6 月 30 日水库水位不超过 254 m 为前提，有条件的情况下预留 8 亿 m³ 左右的蓄水量（8 亿 m³ 水基本能满足 7 月上旬供水、灌溉要求）；当水库有多余的蓄水量时，按下游主槽平滩流量造峰，冲刷下游河道。

表 7-33 供水、灌溉等要求小浪底水库 10 月至次年 7 月 10 日下泄流量

月份	10	11	12	1	2	3	4	5	6	7(上旬)
流量 (m³/s)	400	400	410	350	390	650	850	700	650	800

7.3.1.2 洪水泥沙分类管理减淤运用第二阶段调节指令

洪水泥沙分类管理减淤运用第二阶段,即小浪底水库累计淤积量为 42 亿 m³ 至拦沙期结束的运用阶段,水库主汛期开始相机降低水位冲刷。

1. 7 月 1 日至 7 月 10 日

调节指令同第一阶段。

2. 7 月 11 日至 9 月 10 日

7 月 11 日至 9 月 10 日调节流程见图 7-13。

1)入库流量加黑石关和武陟流量小于 4 000 m³/s 时

(1)潼关、三门峡平均流量小于 2 600 m³/s 且小浪底水库可调节水量小于 13 亿 m³ 时,出库流量等于 400 m³/s,满足机组调峰发电要求。

(2)当预报入库流量大于等于 2 600 m³/s 且含沙量大于等于 200 kg/m³ 时,执行高含沙洪水调节,具体调节与第一阶段相同。

(3)当潼关、三门峡平均流量大于等于 2 600 m³/s 时,水库降低水位泄水冲刷。提前 2 d 泄水,利用大水排沙冲刷恢复库容,待洪水过后(入库流量小于 2 600 m³/s)再恢复调水运用。在凑泄造峰和防洪调度过程中遇到此条,则执行此条。

(4)当潼关、三门峡平均流量大于等于 2 600 m³/s 且水库可调节水量大于等于 6 亿 m³ 时,水库相机凑泄造峰,凑泄花园口流量大于等于 3 700 m³/s。具体调节与第一阶段相同。

(5)当水库可调节水量大于等于 13 亿 m³ 时,水库蓄满造峰,凑泄花园口流量大于等于 3 700 m³/s。具体调节与第一阶段相同。

2)入库流量加黑石关、武陟流量大于等于 4 000 m³/s 时

进入防洪运用。

3. 9 月 11 日至次年 6 月 30 日

调节指令同第一阶段。

7.3.1.3 洪水泥沙分类管理减淤运用第三阶段调节指令

水库淤积量大于等于 75.5 亿 m³ 时进入洪水泥沙分类管理减淤运用第三阶段,当水库累计淤积量大于等于 79 亿 m³ 时,先泄空水库蓄水,之后水库进行敞泄排沙,直至淤积量小于等于 76 亿 m³,在泄水过程中,小黑武流量不大于下游河道的平滩流量。

其他与第二阶段调节指令相同。

7.3.2 不同管理模式对水库和下游的长期影响分析

7.3.2.1 不同阶段小浪底水库中小洪水运用方案拟定

花园口洪峰流量 4 000～10 000 m³/s 的洪水发生频率较高,基本上为 1 年 2 次,是水库调度中经常面临的洪水,这一量级洪水调度方式必须充分考虑对水库和下游河道冲淤、

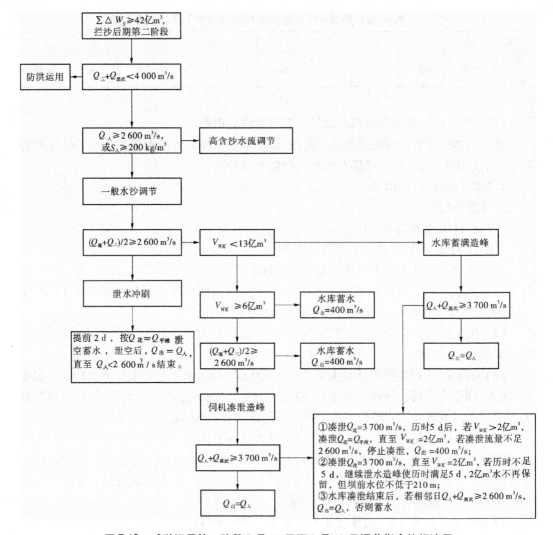

图 7-13　减淤运用第二阶段 7 月 11 日至 9 月 10 日调节指令执行流程

对下游滩区的长期影响。同时,在整个拦沙后期,随着小浪底水库淤积量的增加,水库防洪库容逐渐减小、防洪能力逐渐降低,而且中小洪水的防洪运用水位,应尽量控制不超过254 m,以确保水库设计的长期防洪库容。

　　因此,首先从下游滩区防洪的角度出发,不分高低含沙洪水,计算对中小洪水进行完全控制的全控方案,分析不同控制方式对小浪底水库和下游的影响,确定较优方案;然后在控制运用推荐方案的基础上,分析高含沙量洪水敞泄运用对水库和下游的影响,根据水库拦沙年限、拦沙减淤比、下游洪水情况等综合指标推荐中小洪水运用方案;最后,根据拦沙后期防洪库容变化情况,综合确定中小洪水的防洪运用方式。

　　根据前述洪水泥沙管理防洪运用阶段划分及场次洪水分类管理模式研究成果,拟定不同阶段中小洪水管理方案(见表 7-34)如下。

表 7-34　不同阶段小浪底水库中小洪水运用方案拟定　　（单位:流量,m³/s;淤积量,亿 m³）

防洪运用阶段	小浪底水库淤积量	前汛期						后汛期
		全控方案					高含沙敞泄、非高含沙控泄	
		方案一	方案二	方案三	方案四	方案五		
拦沙后期第一阶段	<42				控 4 000	控 4 000	√	
拦沙后期第二阶段	42~60	控 4 000	控 5 000	控 6 000	控 5 000	先控 4 000	√	控 4 000
拦沙后期第三阶段	>60				控 6 000	再控 6 000	√	

1. 全控方案

对高含沙量洪水是控还是不控是困扰小浪底水库防洪调度的关键问题。因此,拟定对所有中小洪水控制运用方案,对比分析下游减灾和小浪底水库拦沙库容运用年限,以利于权衡利弊,审慎抉择。具体方案如下。

1）前汛期（7~8 月）

（1）方案一,控花园口 4 000 m³/s。控制花园口中小洪水流量不大于 4 000 m³/s,在小浪底水库拦沙后期,对于预报花园口洪峰流量 4 000~10 000 m³/s 的中小洪水,小浪底水库按照控制花园口 4 000 m³/s 运用。

（2）方案二,控花园口 5 000 m³/s。控制花园口中小洪水流量不大于 5 000 m³/s,在小浪底水库拦沙后期,对于预报花园口洪峰流量 4 000~10 000 m³/s 的中小洪水,小浪底水库按照控制花园口 5 000 m³/s 运用。

（3）方案三,控花园口 6 000 m³/s。控制花园口中小洪水流量不大于 6 000 m³/s,在小浪底水库拦沙后期,对于预报花园口洪峰流量 4 000~10 000 m³/s 的中小洪水,小浪底水库按照控制花园口 6 000 m³/s 运用。

（4）方案四,控花园口 4 000~6 000 m³/s。若小浪底水库淤积量小于 42 亿 m³,按控制花园口流量不大于 4 000 m³/s 运用;若小浪底水库淤积量为 42 亿~60 亿 m³,按控制花园口流量不大于 5 000 m³/s 运用;若小浪底水库淤积量大于 60 亿 m³,按控制花园口流量不大于 6 000 m³/s 运用。

（5）方案五,分级控制,控花园口 4 000~6 000 m³/s。若小浪底水库淤积量小于 42 亿 m³,按控制花园口流量不大于 4 000 m³/s 运用;小浪底水库淤积量大于 42 亿 m³,先按控制花园口流量不大于 4 000 m³/s 运用,当水库蓄洪量达 3 亿 m³ 后,转入按控制花园口流量不大于 6 000 m³/s 运用。

2）后汛期（9~10 月）

对于预报花园口洪峰流量 4 000~10 000 m³/s 的中小洪水,小浪底水库按照控制花园口流量不超过 4 000 m³/s（下游平滩流量）方式运用。

防洪运用中,水库淤积量大于 60 亿 m³ 后,中小洪水防洪运用的库容不超过 7.9 亿 m³。

2. 高含沙敞泄、非高含沙控泄方案

水库拦蓄高含沙量洪水,会很快淤损水库库容,减小小浪底水库运用年限。鉴于小浪底水库的特殊战略地位,应长期维持小浪底水库较大库容,发挥小浪底水库防御大洪水的作用。因此,拟定高含沙中小洪水敞泄、非高含沙中小洪水控制运用方案(简称高含沙敞泄方案,下同)。具体如下:

当预报潼关洪水最大含沙量大于等于 200 kg/m³ 时,水库敞泄滞洪。当潼关洪水最大含沙量小于 200 kg/m³ 时,按照全控方案(五个方案)分析比较后推荐的控制方式运用。

7.3.2.2　全控方案分析计算

全控方案包括的各方案计算结果见表 7-35,从表中可以看出,水库运用前 10 年,五个控制运用方案中,控 4 000 m³/s 方案水库拦沙减淤比最大,其次是控 4 000/6 000 m³/s 方案;控 6 000 m³/s 方案的拦沙减淤比最小;控 5 000 m³/s 方案比控 6 000 m³/s 方案的拦沙减淤比略有增大,控 4 000~6 000 m³/s 方案与控 5 000 m³/s 方案相当。五个方案中,控 6 000 m³/s 的滩区淹没损失最大,其次为控 4 000~6 000 m³/s 方案;控 5 000 m³/s 最小,控 4 000/6 000 m³/s 方案次之。控 4 000 m³/s 方案出现花园口流量大于 6 000 m³/s 的情况,是因为在水库淤积量大于 60 亿 m³ 后,由于控制流量小、所需防洪库容较大,中小洪水的控制运用超过 7.9 亿 m³ 库容,之后,小浪底水库按照维持库水位运用,按照入库流量泄流。因此,从减淤和减灾的角度看,控制 5 000 m³/s 的方案优于其他三个方案。

从五个方案的拦沙期长度看,控 4 000 m³/s、5 000 m³/s、6 000 m³/s、4 000~6 000 m³/s、4 000/6 000 m³/s 方案的拦沙期分别约为 11 年、13 年、14 年零 8 个月和 14 年零 7 个月、12 年,控制流量越小水库拦沙期越短,控 4 000~6 000 m³/s 方案的拦沙期长度基本和控 6 000 m³/s 方案相当,控 5 000 m³/s 和控 6 000 m³/s 方案的拦沙期相差 1 年。从水库拦沙期长度看,控 6 000 m³/s 和控 4 000~6 000 m³/s 方案优于另外三个方案。

水库运用前 17 年,五个方案的水库拦沙减淤比相差不大,控 6 000 m³/s 方案为 1.31,控 5 000 m³/s 方案为 1.33,控 4 000 m³/s 方案为 1.38,控 4 000~6 000 m³/s 和控 4 000/6 000 m³/s 均为 1.32。从拦沙减淤比看,控 6 000 m³/s、控 4 000~6 000 m³/s 和控 4 000/6 000 m³/s 方案略优。从花园口不同流量级的天数和第 6.1.2.1 节不同流量级洪水滩区淹没损失分析结果判断,控 4 000 m³/s 方案滩区淹没损失最大,控 5 000 m³/s 方案损失最小,控 4 000/6 000 m³/s 方案次之,控 4 000~6 000 m³/s 和控 6 000 m³/s 方案滩区淹没损失相当,控 4 000~6 000 m³/s 方案损失略小于控 6 000 m³/s 方案。

综合比较五个方案的水库拦沙期长度、不同时段的拦沙减淤比、下游滩区的淹没损失等情况,认为方案一控 4 000 m³/s 方案最差,拦沙期长度仅有 11 年,从长期看,由于所需中小洪水的防洪库容较大,在 254 m 以下防洪库容较小时,下游滩区的淹没损失较大。方案三控 6 000 m³/s 下游滩区的淹没损失较大。方案二控 5 000 m³/s 和方案五控 4 000/6 000 m³/s 的拦沙期长度比方案三、四分别少了 1 年、2 年。因此,综合比较控 4 000 m³/s~6 000 m³/s 方案略优于其他四个方案,全控方案选择方案四作为推荐方案。

表 7-35　全控方案长系列冲淤计算成果表

项目			方案（m³/s）				
			一	二	三	四	五
			控 4 000	控 5 000	控 6 000	控 4 000～6 000	控 4 000/6 000
前10年	水库淤积量（亿 m³）		78.59	66.86	62.12	64.88	73.25
	冲淤量（亿 t）	主槽 高村以上	−5.89	−2.69	−1.83	−2.21	−4.41
		主槽 高村以下	−5.43	−3.45	−2.08	−2.72	−4.09
		主槽 全下游	−11.32	−6.14	−3.91	−4.93	−8.50
		滩地 高村以上	0.27	0.47	0.69	0.57	0.43
		滩地 高村以下	0.28	0.52	1.02	0.91	0.62
		滩地 全下游	0.55	0.99	1.71	1.48	1.05
		全断面 高村以上	−5.62	−2.22	−1.14	−1.64	−3.98
		全断面 高村以下	−5.15	−2.93	−1.06	−1.81	−3.47
		全断面 全下游	−10.77	−5.15	−2.20	−3.45	−7.45
	全下游全断面减淤量（亿 t）		46.60	40.97	38.02	39.27	43.27
	水库拦沙减淤比		1.52	1.36	1.31	1.35	1.48
	花园口某流量级（m³/s）出现天数（d）	4 000<Q≤5 000	1	34	14	15	3
		5 000<Q≤6 000	0	0	19	17	9
		6 000<Q≤8 000	1	0	0	0	0
前17年	水库淤积量（亿 m³）		78.83	78.69	78.79	78.77	78.70
	拦沙期长度（年-月-日）		2011-07-12	2013-08-27	2014-08-07	2014-07-09	2012-07-22
	冲淤量（亿 t）	主槽 高村以上	0.38	0.24	−0.27	−0.11	0.28
		主槽 高村以下	0.33	−0.10	−0.14	−0.17	0.13
		主槽 全下游	0.71	0.14	−0.41	−0.28	0.41
		滩地 高村以上	6.62	4.50	4.23	4.10	4.32
		滩地 高村以下	3.51	4.55	4.27	4.62	4.03
		滩地 全下游	10.13	9.05	8.50	8.72	8.35
		全断面 高村以上	7.00	4.74	3.96	3.99	4.60
		全断面 高村以下	3.84	4.45	4.13	4.45	4.16
		全断面 全下游	10.84	9.19	8.09	8.44	8.76
	全下游全断面减淤量（亿 t）		51.66	53.31	54.41	54.06	53.74
	水库拦沙减淤比		1.38	1.33	1.31	1.32	1.32
	花园口某流量级（m³/s）出现天数（d）	4 000<Q≤5 000	2	50	21	22	4
		5 000<Q≤6 000	1	0	26	24	13
		6 000<Q≤8 000	1	0	0	0	0
		8 000<Q≤10 000	4	0	0	0	0

图 7-14 是不同方案小浪底水库逐年累计淤积量图,从图中可以看出,水库淤积量 42 亿 m³ 之前,控 4 000 m³/s、控 4 000~6 000 m³/s、控 4 000/6 000 m³/s 方案的淤积量基本一致,控 5 000 m³/s、6 000 m³/s 方案基本一致,淤积量略小。小浪底水库淤积量 42 亿~60 亿 m³,控 4 000 m³/s 方案的淤积量最大,控 5 000 m³/s、6 000 m³/s 的淤积量最小且基本相同,控 4 000~6 000 m³/s、控 4 000/6 000 m³/s 方案的淤积量介于控 4 000 m³/s 和控 5 000 m³/s、6 000 m³/s 方案之间,控 4 000/6 000 m³/s 方案的淤积量大于控 4 000~6 000 m³/s 方案。水库淤积量达到 60 亿 m³ 之后,由于库内蓄水量减小、潼关以上洪水的量级大、历时长,控 4 000/6 000 m³/s、控 5 000 m³/s、控 4 000~6 000 m³/s 和控 6 000 m³/s 方案第 9 年水库发生明显冲刷(第 9 年是 1976 年,这一年花园口实测洪峰流量 9 210 m³/s,设计水沙系列中花园口大于 4 000 m³/s 的洪水历时达到 14 d,大于 6 000 m³/s 的洪水历时达到 9 d),且各方案冲刷量依次增大;控制 4 000 m³/s 运用方案水库未发生冲刷,淤积量较其他方案显著增加;第 9 年之后,控 6 000 m³/s、控 4 000~6 000 m³/s、控 5 000 m³/s、控 4 000/6 000 m³/s 和控 4 000 m³/s 方案水库淤积量依次增大,不同方案的差别逐渐明显。

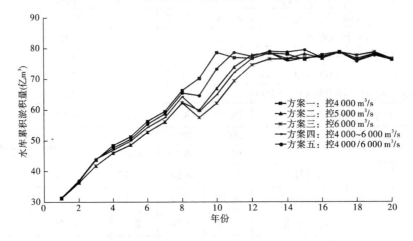

图 7-14　1968 系列全控方案小浪底水库累计淤积量

7.3.2.3　高含沙敞泄方案与全控推荐方案对比分析

高含沙敞泄的运用方式为:当预报潼关洪水最大含沙量大于等于 200 kg/m³ 时,水库敞泄滞洪。当潼关洪水最大含沙量小于 200 kg/m³ 时,按照控制花园口 4 000~6 000 m³/s 运用。即若小浪底水库淤积量小于 42 亿 m³,按控制花园口流量不大于 4 000 m³/s 运用;若小浪底水库淤积量为 42 亿~60 亿 m³,按控制花园口流量不大于 5 000 m³/s 运用;若小浪底水库淤积量大于 60 亿 m³,按控制花园口流量不大于 6 000 m³/s 运用。

高含沙敞泄方案和控 4 000~6 000 m³/s 方案计算结果比较见表 7-36,从表中可以看出,水库运用前 10 年,高含沙洪水敞泄方案水库淤积量为 59. 31 亿 m³,高村以上滩地淤积量 2. 65 亿 t,下游全断面减淤量 35. 37 亿 t,水库拦沙减淤比 1. 30。从减少水库淤积的角度看,高含沙敞泄方案优于控 4 000~6 000 m³/s 方案;但高含沙量洪水敞泄,使得花园口 6 000 m³/s 以上流量级天数明显增加,滩区淹没损失明显大于控制运用方案。综合比较高含沙敞泄和控 4 000~6 000 m³/s 方案,敞泄方案对减少水库淤积有利,对减小滩区淹没损失效果略差。

表 7-36　不同防洪方案长系列冲淤计算比较表

项目			方案	
			高含沙敞泄	控 4 000 ~ 6 000 m³/s
前 10 年	水库淤积量(亿 m³)		59.31	64.88
	冲淤量 (亿 t)	主槽 高村以上	−0.90	−2.21
		主槽 高村以下	−1.75	−2.72
		主槽 全下游	−2.65	−4.93
		滩地 高村以上	2.65	0.57
		滩地 高村以下	0.45	0.91
		滩地 全下游	3.10	1.48
		全断面 高村以上	1.75	−1.64
		全断面 高村以下	−1.30	−1.81
		全断面 全下游	0.45	−3.45
	全下游全断面减淤量(亿 t)		35.37	39.27
	水库拦沙减淤比		1.30	1.35
	花园口某流量级 (m³/s) 出现天数(d)	4 000 < Q ≤ 5 000	11	15
		5 000 < Q ≤ 6 000	5	17
		6 000 < Q ≤ 8 000	9	0
前 17 年	水库淤积量(亿 m³)		78.82	78.77
	拦沙期长度(年-月-日)		2017-07-28	2014-07-09
	冲淤量 (亿 t)	主槽 高村以上	−0.90	−0.11
		主槽 高村以下	−0.30	−0.17
		主槽 全下游	−1.20	−0.28
		滩地 高村以上	5.25	4.10
		滩地 高村以下	2.94	4.62
		滩地 全下游	8.19	8.72
		全断面 高村以上	4.35	3.99
		全断面 高村以下	2.64	4.45
		全断面 全下游	6.99	8.44
	全下游全断面减淤量(亿 t)		55.52	54.06
	水库拦沙减淤比		1.28	1.32
	花园口某流量级 (m³/s) 出现天数(d)	4 000 < Q ≤ 5 000	15	22
		5 000 < Q ≤ 6 000	8	24
		6 000 < Q ≤ 8 000	10	0
		8 000 < Q ≤ 10 000	2	0

从两方案的拦沙期长度看,高含沙敞泄方案约为 17 a,控 4 000 ~ 6 000 m³/s 方案的拦沙期约为 14 a,控制运用方案拦沙期长度明显低于高含沙敞泄方案。从水库拦沙期长度看,高含沙敞泄方案明显优于控制运用方案。

水库运用前 17 年,高含沙敞泄方案的水库拦沙减淤比为 1.28,控 4 000 ~ 6 000 m³/s 方案为 1.32;从花园口不同量级洪水天数和不同量级洪水滩区淹没损失判断,高含沙敞泄方案的淹没损失明显高于控 4 000 ~ 6 000 m³/s 方案。

分析长系列计算过程发现,当洪水主要来源于上游或龙潼间时,即使潼关洪水含沙量小于 200 kg/m³,为非高含沙量洪水,对于 8 000 m³/s 以上的中小洪水,由于入库流量较大,如果小浪底水库敞泄运用,利用大流量冲刷库内淤积泥沙,可形成出库的高含沙量洪水,对黄河下游进行淤滩刷槽。

图 7-15 是不同方案小浪底水库逐年累计淤积量图,从图中可以看出,水库淤积量 42 亿 m³ 之前,高含沙敞泄方案的淤积量与控 4 000 ~ 6 000 m³/s 方案基本一致。小浪底水库淤积量 42 亿 ~ 60 亿 m³,高含沙敞泄方案和控 4 000 ~ 6 000 m³/s 方案水库的淤积量也基本相同,控制运用方案略高于高含沙敞泄方案。水库淤积量达到 60 亿 m³ 之后,由于库内蓄水量减小、潼关以上洪水的量级大、历时长,两个方案第 9 年水库均发生明显冲刷,控 4 000 ~ 6 000 m³/s 方案的冲刷量小于高含沙敞泄方案,第 9 年之后,不同方案水库淤积量的差别逐渐明显。

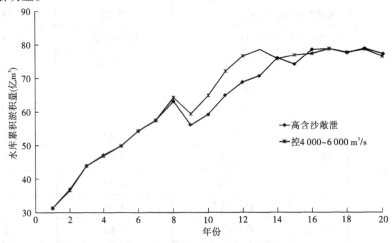

图 7-15 1968 系列不同方案小浪底水库累计淤积量

从整个拦沙期不同阶段的水库累计淤积量结果看,淤积量小于 60 亿 m³ 时,由于库内蓄水量较大,水库减淤运用效果不显著,控制 4 000 ~ 6 000 m³/s 方案与高含沙敞泄方案的差别不大。淤积量大于 60 亿 m³,控制运用方案将明显降低水位冲刷运用效果、缩短水库拦沙年限,因此降低水位冲刷期间应不考虑防洪控制运用。

综合比较水库河道减淤、下游滩区减灾和水库拦沙期长度等因素,最终推荐高含沙敞泄方案作为小浪底水库拦沙后期的中小洪水防洪运用方案。

7.3.3　中小洪水管理模式风险分析及模式选定

7.3.3.1　中小洪水管理模式风险分析

通过不同管理模式对小浪底水库下游长期影响分析并结合场次洪水分析结果,考虑水库及下游冲淤、滩区淹没损失等多种因素,确定高含沙敞泄的运用方式为:当预报潼关洪水最大含沙量大于等于 200 kg/m³ 时,水库敞泄滞洪。当潼关洪水最大含沙量小于 200 kg/m³ 时,按照控制花园口 4 000 ~ 6 000 m³/s 运用。即若小浪底水库淤积量小于 42 亿 m³,按控制花园口流量不大于 4 000 m³/s 运用;若小浪底水库淤积量为 42 亿 ~ 60 亿 m³,按控制花园口流量不大于 5 000 m³/s 运用;若小浪底水库淤积量大于 60 亿 m³,按控制花园口流量不大于 6 000 m³/s 运用。

通过对近期中小洪水特性、控制运用所需库容、水库调节能力分析等多方面研究,得到如下认识:

(1)中小洪水发生在 5 ~ 10 月,4 000 ~ 8 000 m³/s 量级各月份都有发生,8 000 ~ 10 000 m³/s 主要发生在 7、8、9 月。7、8 月洪水大部分为高含沙量洪水,9、10 月洪水大部分为低含沙量、长历时洪水。前、后汛期洪水含沙量特点明显不同,对后汛期洪水可进行洪水资源化利用,按不超过下游平滩流量控制运用。

(2)不同量级洪水的滩区淹没损失计算结果表明,花园口洪峰流量控制在 6 000 m³/s 以下,可以较有效减小淹没损失。

(3)将花园口洪峰流量 10 000 m³/s 左右的洪水按照控制花园口 4 000 m³/s、5 000 m³/s、6 000 m³/s 运用,小浪底需要 18 亿 m³、9 亿 m³、6 亿 m³ 左右库容;将花园口洪峰流量 8 000 m³/s 左右的洪水按照控制花园口 4 000 m³/s、5 000 m³/s、6 000 m³/s 运用,小浪底需要 10 亿 m³、5.5 亿 m³、3.2 亿 m³ 左右库容;由于小花间洪水的存在,小浪底水库能够控制的花园口洪峰流量最低为 6 000 m³/s。

(4)高含沙敞泄方案对减少水库淤积有利,对减少滩区淹没损失效果略差,高含沙敞泄方案拦沙减淤比最小,控制运用方案水库拦沙期长度小于高含沙敞泄方案。

(5)淤积量小于 60 亿 m³ 时,由于库内蓄水量较大,高含沙敞泄方案与控制运用方案水库淤积量差别不大;淤积量大于 60 亿 m³,对中小洪水进行防洪控制运用将增加水库淤积、缩短水库拦沙年限。

(6)预报花园口洪峰流量 8 000 ~ 10 000 m³/s 的洪水,视洪水来源、含沙量、水库淤积等情况,小浪底水库按敞泄或控泄方式运用(若洪水主要来源于潼关以上,按照敞泄运用;若洪水主要来源于三花间,视洪水含沙量、洪水过程、小浪底水库淤积量等情况,酌情进行控制运用)。

(7)小浪底水库拦沙后期,随着水库淤积量的增加,254 m 以下的防洪库容逐渐减小,对中小洪水的防洪作用也逐步减小。在淤积量超过 60 亿 m³ 后,对 10 000 m³/s 量级洪水进行控制,需要 6 亿 m³ 左右防洪库容,对 8 000 m³/s 洪水进行控制,需要约 3.2 亿 m³ 防洪库容,而这一阶段 254 m 以下防洪库容从 6.8 亿 m³ 左右逐渐减小为 0,中小洪水控制运用可能占用 254 m 以上防洪库容,影响水库长期有效库容的保持。

若对中小洪水不控制或根据 254 m 以下防洪库容进行不完全控制,又会使得下游滩区淹没损失较大。因此,在拦沙后期淤积量大于60亿 m³ 后,小浪底水库对中小洪水的防洪作用较小,下游滩区洪水淹没的风险较高。下游滩区中小洪水防洪问题不能仅靠小浪底水库,还必须依靠滩区安全建设、滩区淹没补偿政策、防洪非工程措施等多种手段共同解决。

根据《黄河下游滩区综合治理规划》安排,近期10 a 重点解决高村—陶城铺河段洪水风险较大的滩区和山东窄河段滩区群众的安全建设;远期规划完全实施后,可以保障20 a 一遇以下洪水滩区人民生命和主要财产安全,对洪水淹没耕地的损失进行补偿,逐步废除生产堤,滩区仍旧发挥滞洪沉沙作用。

因此,本次推荐的随着小浪底水库防洪库容逐渐减小、中小洪水控制流量逐步加大的运用方式与《黄河下游滩区综合治理规划》安排相协调,即随着滩区安全建设措施的逐步落实,滩区承受洪水风险的能力也在逐步提高,小浪底水库对中小洪水的防洪作用也可逐步降低。

7.3.3.2　前汛期中小洪水防洪运用方式

中小洪水防洪运用方式制定主要根据以下原则:统筹下游滩区减灾和水库、河道减淤,兼顾近期和长远利益;保证一般、兼顾特殊,适度控制;针对洪水特性分类、分级调度;综合考虑洪峰、洪量、含沙量(来源区)、洪水历时等多种因素;根据小浪底库容变化情况,分阶段制定运用方式。

1. 预报花园口洪峰流量4 000 ~ 8 000 m³/s

1)淤积量小于42亿 m³

(1)对于潼关以上来水为主的洪水,小花间洪峰流量一般小于下游河道平滩流量。若中期预报黄河中游有强降雨天气或潼关站发生含沙量大于等于200 kg/m³ 的洪水,小浪底水库按敞泄滞洪方式运用;否则,小浪底水库按照控制花园口流量不大于4 000 m³/s 运用,水库防洪控制运用的水位不超过254 m。

(2)对于三花间来水为主的洪水,潼关以上洪水流量相对较小,水库按照控制花园口流量不大于4 000 m³/s 运用;小花间流量达到下游平滩流量时,水库按照最大下泄流量不超过1 000 m³/s 控制运用,防洪控制运用水位不超过254 m。

2)淤积量42亿 ~ 60亿 m³

(1)对于潼关以上来水为主的洪水,小花间洪峰流量一般小于下游河道平滩流量。若中期预报黄河中游有强降雨天气或潼关站发生含沙量大于等于200 kg/m³ 的洪水,小浪底水库按敞泄滞洪方式运用;否则,小浪底水库按照控制花园口流量不大于5 000 m³/s 运用,水库防洪控制运用水位不超过254 m。

(2)对于三花间来水为主的洪水,潼关以上洪水流量相对较小,水库按照控制花园口流量不大于5 000 m³/s 运用;小花间流量达到4 000 m³/s 时,水库按照最大下泄流量不超过1 000 m³/s 控制运用,防洪控制运用水位不超过254 m。

3)淤积量大于60亿 m³

(1)对于潼关以上来水为主的洪水,小花间洪峰流量一般小于下游河道平滩流量。若中期预报黄河中游有强降雨天气或潼关站发生含沙量大于等于200 kg/m³ 的洪水,小浪底水库按敞泄滞洪方式运用;否则,小浪底水库按照控制花园口流量不大于6 000 m³/s

运用,水库防洪控制运用的库容不超过7.9亿m³。

（2）对于三花间来水为主的洪水,潼关以上洪水流量相对较小,水库按照控制花园口流量不大于6 000 m³/s运用;小花间流量达到5 000 m³/s时,水库按照最大下泄流量不超过1 000 m³/s控制运用,防洪控制运用库容不超过7.9亿m³。

2. 预报花园口洪峰流量8 000~10 000 m³/s

视潼关站洪水含沙量、水库淤积等情况,小浪底水库按敞泄或控泄(若洪水主要来源于潼关以上,按照敞泄方式运用;若洪水主要来源于三花间,视洪水含沙量、洪水过程、小浪底水库淤积量等情况,酌情进行控制运用,并控制花园口流量不超过8 000 m³/s)。

7.3.3.3 后汛期中小洪水防洪运用方式

后汛期潼关以上来水基本上都是低含沙量洪水,花园口洪峰流量一般不超过10 000 m³/s,因此对后汛期中小洪水一般进行洪水资源化利用,原则上对花园口洪峰流量4 000~10 000 m³/s洪水按不超过下游平滩流量控制运用。

7.4 本章小结

（1）分类管理阶段划分。以小浪底水库累计淤积量为阶段划分的控制指标。

对于小浪底水库拦沙后期,从防洪角度考虑,分为三个防洪运用阶段:第一阶段为水库淤积量达到42亿m³之前的时期,254 m以下防洪库容基本在20亿m³以上;第二阶段为水库淤积量为42亿~60亿m³的时期,这一阶段254 m以下防洪库容减少较多,但中小洪水防洪运用水位仍不超过254 m;第三阶段为水库淤积量大于60亿m³以后的时期,这一阶段254 m以下的防洪库容很小,中小洪水的控制运用可能使用254 m以上防洪库容。

从减淤角度考虑,拦沙后期具有降低库水位、基本泄空水库蓄水、冲刷恢复库容的机会。综合考虑水库运行年限、库区泥沙淤积形态、坝前滩面高程及其他工程建设情况,将小浪底水库拦沙后期分为三个减淤运用阶段:第一阶段为小浪底水库拦沙初期结束至水库淤积量达到42亿m³之前的时期,该阶段水库仍以拦沙为主;第二阶段为水库淤积量为42亿~75.5亿m³的时期,该阶段是合理延长水库拦沙后期年限的关键阶段;第三阶段为第二阶段结束之后至整个拦沙期结束(坝前滩面高程达254 m),该阶段拦沙容积已不多,实际是拦沙期向正常运用期的过渡阶段。因此,根据防洪减淤运用要求,按照小浪底水库累计淤积量,将小浪底水库运用阶段分为四个阶段(拦沙后期三个阶段+正常运用期)。

（2）中小洪水分类管理模式。根据不同类型洪水泥沙特点,有针对性地提出各类型洪水细化方式及优化方案。其中:①潼关以上来水为主的高含沙量洪水,小浪底水库敞泄运用,并考虑提前预泄。②潼关以上来水为主的一般含沙量洪水,根据洪水预报,小浪底水库提前预泄,预报花园口洪峰流量4 000~8 000 m³/s时,小浪底水库按照不同防洪阶段的中小洪水控制流量(4 000 m³/s、5 000 m³/s、6 000 m³/s)运用,防洪运用水位原则上不超过254 m。预报花园口洪峰流量8 000~10 000 m³/s时,小浪底水库敞泄运用。③三花间来水为主洪水,预报花园口洪峰流量4 000~8 000 m³/s时,小浪底水库按照不同防洪阶段的中小洪水控制流量(4 000 m³/s、5 000 m³/s、6 000 m³/s)运用,防洪运用水位原则上不超过254 m。预报花园口洪峰流量8 000~10 000 m³/s 时,按控制花园口流量8 000 m³/s 方式运用。④潼关上下共同来水的高含沙量洪水,根据洪水预报水库提前预泄。预报花园口洪峰流量4 000~8 000 m³/s 时,小浪底水库敞泄运用;预报花园口洪峰流量8 000~10 000 m³/s 时,按控制花园口流量8 000 m³/s 方式运用。陆浑、故县水库适时进行错峰调节。⑤潼关上下共同来水的一般含沙量洪水,根据洪水预报水库提前预泄。预报花园口洪峰流量4 000~8 000 m³/s 时,小浪底水库按照不同防洪阶段的中小洪水控制流量(4 000 m³/s、5 000 m³/s、6 000 m³/s)运用;预报花园口洪峰流量8 000~10 000 m³/s 时,小浪底水库按控制花园口流量8 000 m³/s 方式运用。陆浑、故县水库适时进行错峰调节。

(3)洪水泥沙分类管理模式。对于一般含沙量中小洪水,小浪底水库按控制花园口不超过下游主槽平滩流量方式运用,可有效减轻下游滩区淹没损失;对于高含沙量中小洪水,小浪底水库原则上敞泄运用。同时,水库提前预泄,可增大排沙比,预泄水位越低,排沙比越大。在水库提前预泄基础上,洪水过后继续降低小浪底水库水位,可进一步减少库区泥沙淤积。对于潼关上下共同来水的洪水,可利用干支流来水存在时空差特点,调整陆浑、故县水库运用方式,配合小浪底水库进行水沙调节。即水库先控泄运用,蓄洪削峰,后尽量延长清水下泄历时,直至降至汛限水位以下。

对于大洪水和特大洪水,三门峡水库按照"先敞后控"方式运用。潼关以上来水为主一般含沙量洪水、潼关上下共同来水一般含沙量洪水和三花间来水为主洪水,小浪底水库按控制中小洪水方式运用;潼关以上来水为主高含沙量洪水、潼关上下共同来水高含沙量洪水,小浪底水库按不控制中小洪水方式运用。

参 考 文 献

[1] 李文家,石春先,李海荣. 黄河下游防洪工程调度运用[M]. 郑州:黄河水利出版社,1998.
[2] 林秀山,李景宗. 黄河小浪底水利枢纽规划设计丛书之工程规划[M]. 北京:中国水利水电出版社,郑州:黄河水利出版社,2006.
[3] 林秀山,刘继祥. 黄河小浪底水利枢纽规划设计丛书之水库运用方式研究与实践[M]. 北京:中国水利水电出版社,郑州:黄河水利出版社,2008.
[4] 胡一三,张金良,钱意颖,等. 三门峡水库运用方式原型试验研究[M]. 郑州:河南科学技术出版社,黄河水利出版社,2009.
[5] 涂启华,张俊华,曾芹. 小浪底水库减淤运用方式及作用[J]. 人民黄河,1993(3):23-29.
[6] 石春先,安新代. 小浪底水库运用方式研究项目综述[J]. 人民黄河,2000(8):5-6.
[7] 刘红珍,王道席,余欣,等. 黄河中游水库群防洪调度中泥沙处理对策[J]. 人民黄河,2003(9):19-20.
[8] 谢守祥. 三门峡优化水沙调控协助小浪底调水调沙[J]. 水利发展研究,2004(8):11-13.
[9] 张素平,张淑兰. 水库调度与黄河下游防洪[J]. 水利建设与管理,2002(2):16-18.
[10] 李海荣,李文家,刘红珍. 小浪底水库运用初期防洪运用方式探讨[J]. 人民黄河,2002(12):7-10.
[11] 杨升全,张玉初,陈雯. 小浪底水库建成后黄河下游防洪形势浅析[J]. 防汛与抗旱,1998(3):5-8.
[12] 费祥俊. 黄河小浪底水库运用与下游河道防洪减淤问题[J]. 水利水电技术,1999(3):1-5.

[13] 李文家. 小浪底水库建成后的黄河下游防洪形势[J]. 人民黄河,1998(1):6-9.

[14] 张仁. 对于黄河下游治理方略的几点建议[J]. 人民黄河,2004(4):1-3.

[15] 彭瑞善. 黄河综合治理思考[J]. 人民黄河,2010(2):1-5.

[16] 刘晓燕,申冠卿,张原锋,等. 黄河下游高含沙洪水冲淤特性及其调控对策初探[J]. 北京师范大学学报(自然科学版),2009(Z1):490-494.

[17] 翟家瑞. 从黄河"96·8"洪水谈泥沙优化调度的必要性[J]. 人民黄河,2008(12):26-27.

[18] 张志红,刘红珍,李保国,等. 河口村水库在黄河下游防洪工程体系中的作用[J]. 人民黄河,2007(1):61-62.

[19] 崔秀梅,李作斌,林玉双. 浅谈长期中小洪水对黄河下游防洪的影响及对策[J]. 防汛与抗旱,1999(4):6-8.

第 8 章　洪水泥沙分类管理模式推荐

综合场次洪水分类管理模式研究和不同管理模式对水库及下游长期影响研究成果，根据中游水库、下游河道防洪减淤等多目标要求，考虑各种洪水泥沙管理模式对进入黄河下游洪水的调控作用，对小浪底水库拦沙库容使用年限和保持长期有效库容的影响，对黄河下游河道冲淤、中水河槽维持的效应，以及下游分滞洪区的投入运用概率，最终确定洪水泥沙分类管理模式。

8.1　前汛期洪水泥沙分类管理模式

8.1.1　三门峡水库

当没有发生洪水时，原则上按进出库平衡方式运用；当发生洪水时，首先按照敞泄滞洪运用。此后，视洪水来源、量级、水库蓄量等情况适时进行控制运用。

（1）对于潼关以上来水为主的大洪水，当三门峡水库水位达到滞洪最高水位后，视下游洪水情况进行泄洪。如预报花园口流量仍大于 10 000 m^3/s，维持库水位按入库流量泄洪；否则，按控制花园口 10 000 m^3/s 进行退水，直至库水位回落至汛限水位。

（2）对于潼关上下共同来水或三花间来水为主的洪水，三门峡水库在小浪底库水位达到 263 ~ 269.3 m 时开始按照小浪底水库的出库流量控制运用，直到预报花园口流量小于 10 000 m^3/s，三门峡水库按照控制花园口 10 000 m^3/s 退水。

8.1.2　小浪底水库

8.1.2.1　淤积量小于 42 亿 m^3

1. 预报花园口洪峰流量 4 000 ~ 8 000 m^3/s

（1）对于潼关以上来水为主的洪水，小花间洪峰流量一般小于下游河道平滩流量。若中期预报黄河中游有强降雨天气或潼关站发生含沙量大于等于 200 kg/m^3 的洪水，小浪底水库按敞泄滞洪方式运用；否则，小浪底水库按照控制花园口流量不大于 4 000 m^3/s 运用，水库防洪控制运用的水位不超过 254 m。

（2）对于三花间来水为主的洪水，潼关以上洪水流量相对较小，水库按照控制花园口流量不大于 4 000 m^3/s 运用，小花间流量达到下游平滩流量时，水库按照最大下泄流量不超过 1 000 m^3/s 控制运用，防洪控制运用水位不超过 254 m。

2. 预报花园口洪峰流量 8 000 ~ 10 000 m^3/s

视洪水来源、含沙量、水库淤积等情况，小浪底水库按敞泄或控泄方式运用（若洪水主要来源于潼关以上，按照敞泄方式运用；若洪水主要来源于三花间，视洪水含沙量、洪水过程、小浪底水库淤积量等情况，酌情进行控制运用，并控制花园口流量不超过 8 000 m^3/s）。

3. 预报花园口洪峰流量大于 10 000 m³/s

小浪底水库按照控制花园口流量不超过 10 000 m³/s 运用,控制运用的过程中,若预报小花间流量大于等于 9 000 m³/s,按不大于 1 000 m³/s 下泄。"上大洪水"库水位达到 263 m 时,小浪底水库加大泄量按敞泄或维持库水位运用;预报花园口超万洪量达到 20 亿 m³ 时,小浪底水库恢复按控制花园口 10 000 m³/s 运用。

4. 预报花园口流量回落到 10 000 m³/s 以下时

按控制花园口流量不大于 10 000 m³/s 泄洪,直到小浪底水库水位降至汛限水位。

8.1.2.2 淤积量 42 亿～60 亿 m³

1. 预报花园口洪峰流量 4 000～8 000 m³/s

(1)对于潼关以上来水为主的洪水,小花间洪峰流量一般小于下游河道平滩流量。若中期预报黄河中游有强降雨天气或潼关站发生含沙量大于等于 200 kg/m³ 的洪水,小浪底水库按敞泄滞洪方式运用;否则,小浪底水库按照控制花园口流量不大于 5 000 m³/s 运用,水库防洪控制运用水位不超过 254 m。

(2)对于三花间来水为主的洪水,潼关以上洪水流量相对较小,水库按照控制花园口流量不大于 5 000 m³/s 运用;小花间流量达到 4 000 m³/s 时,水库按照最大下泄流量不超过 1 000 m³/s 控制运用,防洪控制运用水位不超过 254 m。

2. 预报花园口洪峰流量 8 000～10 000 m³/s

视洪水来源、含沙量、水库淤积等情况,小浪底水库按敞泄或控泄方式运用(若洪水主要来源于潼关以上,按照敞泄方式运用;若洪水主要来源于三花间,视洪水含沙量、洪水过程、小浪底水库淤积量等情况,酌情进行控制运用,并控制花园口流量不超过 8 000 m³/s)。

3. 预报花园口洪峰流量大于 10 000 m³/s

小浪底水库按照控制花园口流量不超过 10 000 m³/s 运用,控制运用的过程中,若预报小花间流量大于等于 9 000 m³/s,按不大于 1 000 m³/s 下泄。"上大洪水"库水位达到 263～266.6 m 时,小浪底水库加大泄量按敞泄或维持库水位运用;预报花园口超万洪量达到 20 亿 m³ 时,小浪底水库恢复按控制花园口 10 000 m³/s 运用。

4. 预报花园口流量回落到 10 000 m³/s 以下时

按控制花园口流量不大于 10 000 m³/s 泄洪,直到小浪底水库水位降至汛限水位。

8.1.2.3 淤积量大于 60 亿 m³

1. 预报花园口洪峰流量 4 000～8 000 m³/s

(1)对于潼关以上来水为主的洪水,小花间洪峰流量一般小于下游河道平滩流量。若中期预报黄河中游有强降雨天气或潼关站发生含沙量大于等于 200 kg/m³ 的洪水,小浪底水库按敞泄滞洪方式运用;否则,小浪底水库按照控制花园口流量不大于 6 000 m³/s 运用,水库防洪控制运用的库容不超过 7.9 亿 m³。

(2)对于三花间来水为主的洪水,潼关以上洪水流量相对较小,水库按照控制花园口流量不大于 6 000 m³/s 运用;小花间流量达到 5 000 m³/s 时,水库按照最大下泄流量不超过 1 000 m³/s 控制运用,防洪控制运用库容不超过 7.9 亿 m³。

2. 预报花园口洪峰流量 8 000～10 000 m³/s

视洪水来源、含沙量、水库淤积等情况,小浪底水库按敞泄或控泄方式运用(若洪水主要来源于潼关以上,按照敞泄方式运用;若洪水主要来源于三花间,视洪水含沙量、洪水过程、小浪底水库淤积量等情况,酌情进行控制运用,并控制花园口流量不超过 8 000 m³/s)。

3. 预报花园口洪峰流量大于 10 000 m³/s

小浪底水库按照控制花园口流量不超过 10 000 m³/s 运用,控制运用的过程中,若预报小花间流量大于等于 9 000 m³/s,按不大于 1 000 m³/s 下泄。"上大洪水"库水位达到 263 ~ 266.6 m 时,小浪底水库加大泄量按敞泄或维持库水位运用;预报花园口超万洪量达到 20 亿 m³ 时,小浪底水库恢复按控制花园口 10 000 m³/s 运用。

4. 预报花园口流量回落到 10 000 m³/s 以下时

按控制花园口流量不大于 10 000 m³/s 泄洪,直到小浪底水库水位降至汛限水位。

另外,对于潼关以上来水比重较大的洪水(潼关以上来水为主和潼关上下共同来水洪水),可视中期预报和洪水预报水平、水库蓄量和淤积量、干支流来水等情况,适时进行水沙调节。具体如下:

若中期预报黄河中游有强降雨天气,小浪底水库根据洪水预报,在洪水预见期(2 d)内,按照控制不超过下游平滩流量预泄,直到库水位降到 210 m。入库流量大于平滩流量后,转入正常防洪运用。此后,对于潼关以上来水为主洪水,当入库流量小于下游平滩流量后,水库按照不超过下游平滩流量补水,水位最低降至 210 m。对于潼关上下共同来水洪水,在退水过程中,视来水来沙、库区泥沙等情况,水库凑泄花园口 2 600 ~ 4 000 m³/s,水位最低降至 210 m。

8.1.3 陆浑水库

(1)预报花园口站洪峰流量小于 12 000 m³/s 时,原则上按进出库平衡方式运用;当入库流量大于等于 1 000 m³/s 时,按控制下泄流量 1 000 m³/s 运用。当库水位达到 20 a 一遇洪水位(321.5 m)时,则灌溉洞控泄 77 m³/s 流量,其余泄水建筑物全部敞泄排洪;如水位继续上涨,达到 100 a 一遇洪水位(324.95 m),灌溉洞打开参加泄流。在退水过程中,按不超过本次洪水实际出现的最大泄流量泄洪,直到库水位降至汛限水位。

(2)预报花园口站洪峰流量达 12 000 m³/s 且有上涨趋势时,若水库水位低于 323 m,水库按不超过 77 m³/s 控泄。当水库水位达 323 m 时,若入库流量小于蓄洪限制水位相应的泄流能力(3 230 m³/s),原则上按入库流量泄洪;否则按敞泄运用,直到蓄洪水位回降到蓄洪限制水位。在退水阶段,若预报花园口站流量仍大于等于 10 000 m³/s,原则上按进出库平衡方式运用;当预报花园口站流量小于 10 000 m³/s 时,在故县、小浪底水库之前按控制花园口站流量不大于 10 000 m³/s 泄流至汛限水位。

另外,对于潼关上下共同来水洪水,若预报花园口站洪峰流量不超过 8 000 m³/s,可视中期预报和洪水预报水平、水库蓄量和淤积量、干支流来水等情况,适时配合小浪底水库进行水沙调节。即陆浑水库先控泄运用,蓄洪削峰,后尽量延长清水下泄历时,直至降至汛限水位以下。具体如下:

当入库流量达到某一量级且有上涨趋势时,按入库流量的一半控制下泄,最大泄量不超过 1 000 m³/s。若库水位达到 20 a 一遇洪水位(321.5 m),则灌溉洞控泄 77 m³/s 流量,其余泄水建筑物全部敞泄排洪。在退水过程中,当入库流量回落到 1 000 m³/s 以下时,水库开始凑泄花园口 2 600 ~ 4 000 m³/s,为减轻伊河下游防洪压力,最大出库流量不超过 700 m³/s,直到水位降至汛限水位。

8.1.4　故县水库

(1)预报花园口站洪峰流量 8 000 ~ 12 000 m³/s 时,原则上按进出库平衡方式运用;当入库流量大于等于 1 000 m³/s 时,按控制下泄流量 1 000 m³/s 运用。当库水位达 20 a 一遇洪水位(543.2 m)时,如入库流量不大于 20 a 一遇洪水位相应的泄洪能力(7 400 m³/s),原则上按进出库平衡方式运用;如入库流量大于 20 a 一遇洪水位相应的泄洪能力,按敞泄滞洪运用。在退水过程中,按不超过本次洪水实际出现的最大泄流量泄洪,直到库水位降至汛限水位。

(2)预报花园口站洪水流量达 12 000 m³/s 且有上涨趋势时,若水库水位低于 548 m,水库按不超过 90 m³/s(发电流量)控泄。当水库水位达 548 m 时,若入库流量小于蓄洪限制水位相应的泄流能力(11 100 m³/s),原则上按进出库平衡方式运用;否则按敞泄滞洪运用至 548 m。在退水阶段,若预报花园口站流量仍大于等于 10 000 m³/s,原则上按进出库平衡方式运用;当预报花园口站流量小于 10 000 m³/s 时,在小浪底水库之前按控制花园口站流量不大于 10 000 m³/s 泄流至汛限水位。

另外,对于潼关上下共同来水洪水,若预报花园口站洪峰流量不超过 8 000 m³/s,可视中期预报和洪水预报水平、水库蓄量和淤积量、干支流来水等情况,适时配合小浪底水库进行水沙调节。即故县水库先控泄运用,蓄洪削峰,后尽量延长清水下泄历时,直至降至汛限水位以下。具体如下:

当入库流量达到某一量级且有上涨趋势时,按入库流量的一半控制下泄,最大泄量不超过 1 000 m³/s。当库水位达到 20 a 一遇洪水位(543.2 m)时,如入库流量不大于 20 a 一遇洪水位相应的泄洪能力(7400 m³/s),原则上按进出库平衡方式运用;如入库流量大于 20 a 一遇洪水位相应的泄洪能力,按敞泄滞洪运用。在退水过程中,当入库流量回落到 1 000 m³/s 以下时,水库开始凑泄花园口 2 600 ~ 4 000 m³/s,为减轻伊河下游防洪压力,最大出库流量不超过 700 m³/s,直到水位降至汛限水位。

8.1.5　河口村水库

(1)预报花园口站流量小于 12 000 m³/s 时,若预报武陟站流量小于 4 000 m³/s,水库按敞泄滞洪运用;若预报武陟站流量大于 4 000 m³/s,控制武陟站流量不超过 4 000 m³/s。

(2)预报花园口流量大于等于 12 000 m³/s 且有上涨趋势时,水库关闭泄流设施。当水库水位达到防洪高水位(285.43 m)时,开闸泄洪,其泄洪方式取决于入库流量的大小:若入库流量小于防洪高水位相应的泄流能力,按入库流量泄洪;否则,按敞泄滞洪运用,直到水位回降至防洪高水位。此后,如果预报花园口流量大于 10 000 m³/s,控制防洪高水位,按入库流量泄洪;当预报花园口流量小于 10 000 m³/s 时,按控制花园口 10 000 m³/s 且沁河下游不超过 4 000 m³/s 泄流,直到水位回降至汛期限制水位。

8.2　后汛期洪水泥沙分类管理模式

后汛期潼关以上来水基本上都是低含沙量洪水,花园口洪峰流量一般不超过 10 000 m³/s,因此对后汛期洪水进行洪水资源化利用,对花园口洪峰流量 4 000 ~ 10 000 m³/s 洪水原则上按不超过下游平滩流量控制运用。

其中,小浪底水库自 8 月 21 日起可向后汛期汛限水位过渡,9 月 30 日之后,小浪底水库在后汛期汛限水位基础上,可逐步抬高水位,进行洪水资源化利用。

第 9 章　研究结论

本书紧密结合生产实践,基于河流水文学、泥沙工程学、泥沙运动力学、河床演变学、水库调度技术等学科,从理论研究、实测资料分析和数学模型模拟等方面开展了洪水泥沙分类管理关键技术研究工作。针对黄河中下游洪水泥沙特点,对洪水泥沙进行了分类研究;根据实测资料分析和水流泥沙运动规律,研究开发了五库联合防洪调度模型;分析了黄河中下游洪水泥沙调度情况及存在的问题,研究提出了黄河下游防洪减淤控制指标;划分了小浪底水库拦沙后期防洪运用阶段,制定了不同阶段、不同类型洪水泥沙管理模式。通过深入研究,得出以下认识和结论。

1. 近期洪水泥沙特性

20 世纪 70 年代以来,受气候变化的影响以及人类活动的加剧,特别是刘家峡、龙羊峡、小浪底等大型水库先后投入运用,其调蓄作用和沿途引用黄河水,使近期黄河中下游洪水泥沙特性发生了较大变化。主要表现为:①年均径流量和输沙量大幅度减少;②较大量级洪水发生频次减少;③汛期小流量历时增加、输沙比例提高,有利于输沙的大流量历时和水量明显减少,长历时洪水次数明显减少;④中小洪水的洪峰流量减小,但仍有发生大洪水的可能;⑤潼关、花园口断面以上各分区来水比例无明显变化;⑥中游泥沙粒径组成未发生趋势性变化。

2. 洪水泥沙分类

以场次洪水 5 d 洪量的比例作为划分不同来源洪水的指标,潼关 5 d 洪量占花园口 70% 以上划分为潼关以上来水为主;三花间 5 d 洪量占花园口 50% 以上划分为三花间来水为主;潼关 5 d 洪量占花园口 51% ~69% 划分为潼关上下共同来水。以场次洪水潼关站的瞬时最大含沙量作为划分不同含沙量洪水的指标,含沙量 200 kg/m^3 及其以上划分为高含沙量洪水,含沙量 200 kg/m^3 以下划分为一般含沙量洪水。

据此,初步将花园口站场次洪水划分为 5 类,即潼关以上来水为主高含沙量洪水、潼关以上来水为主一般含沙量洪水、潼关上下共同来水高含沙量洪水、潼关上下共同来水一般含沙量洪水和三花间来水为主洪水。

3. 不同类型洪水泥沙特点

(1)潼关以上来水为主高含沙量洪水是花园口洪水的常见类型,发生概率较大,且绝大多数洪水发生在 7、8 月,历时一般不超过 30 d,量级多在 4 000 ~6 000 m^3/s,最大含沙量多在 200 ~500 kg/m^3。

(2)潼关以上来水为主一般含沙量洪水也较为常见。洪水历时一般在 5 ~30 d,9 月以后多发生 6 000 ~8 000 m^3/s 洪水。

(3)三花间来水为主洪水是花园口大流量级洪水的常见类型,10 000 m^3/s 以上所占比例明显高于其他类型洪水。洪水发生时间集中在 7、8 月,历时多为 5 ~12 d。

(4)潼关上下共同来水高含沙量洪水的发生频次和最大含沙量明显低于潼关以上来

水为主高含沙量洪水。最大含沙量集中在 200 ~ 300 kg/m³。洪水全部发生在 7、8 月,历时集中在 5 ~ 12 d。

(5)潼关上下共同来水一般含沙量洪水多发生在 9 月以后,洪水历时较长,多为 12 d 以上。

4. 防洪控制指标

考虑下游河道主槽过流能力、下游堤防设防流量、花园口中小洪水量级、中游水库群运用情况和运用后下游洪水量级等多种因素,以花园口站洪峰流量 4 000 m³/s、6 000 m³/s、8 000 m³/s、10 000 m³/s、12 370 m³/s、22 000 m³/s 作为黄河下游和滩区防洪过流控制指标。其中,4 000 m³/s 为下游河道主槽过流能力,6 000 m³/s 为有效减小中小洪水对下游滩区淹没损失上限指标,8 000 ~ 10 000 m³/s 为中小洪水上限量级,滩区淹没损失较大,10 000 m³/s 为山东河段堤防过流标准,12 370 m³/s 为《滩区综合治理规划》实施后村台防洪能力,22 000 m³/s 为花园口河段设防流量。

5. 减淤控制指标及调节原则

(1)对于一般含沙量洪水,调控上限流量选择在 2 500 ~ 3 000 m³/s 时能取得较好的减淤效果,当调控上限流量选择在 3 500 ~ 4 000 m³/s 时减淤效果优于 2 500 ~ 3 000 m³/s 流量级。洪水历时控制在 4 ~ 5 d。小浪底水库拦沙后期,在正常的来水来沙条件下,黄河下游适宜的中水河槽保持规模为过流能力 4 000 m³/s 左右。

(2)对于高含沙量洪水,天然情况下 2 500 m³/s 流量以下的非漫滩高含沙量洪水,水库以拦为主;对于天然情况下 2 500 m³/s 流量以上的非漫滩高含沙量洪水,水库应适当拦蓄,低壅水排沙出库;对于漫滩高含沙量洪水,水库不予拦蓄。

6. 花园口 10 000 m³/s 以下洪水防洪运用指标

对于前汛期花园口洪峰流量 10 000 m³/s(约 5 a 一遇)洪水:①潼关以上来水为主高含沙中小洪水,按控制花园口 4 000 m³/s、5 000 m³/s、6 000 m³/s 和控泄 2 级方式运用所需的防洪库容分别为 13.4 亿 m³、8.0 亿 m³、5.7 亿 m³ 和 8.5 亿 m³。②潼关以上来水为主一般含沙中小洪水,按上述四种方式运用所需的防洪库容分别为 15.0 亿 m³、8.0 亿 m³、5.7 亿 m³ 和 8.5 亿 m³。③潼关上下共同来水高含沙、一般含沙中小洪水,按上述四种方式运用所需的防洪库容分别为 10.2 亿 m³、6.7 亿 m³、3.4 亿 m³ 和 5.6 亿 m³。④三花间来水为主中小洪水,按上述四种方式运用所需的防洪库容分别为 12.8 亿 m³、8.7 亿 m³、6.0 亿 m³ 和 7.2 亿 m³。

总体而言,花园口洪峰流量 10 000 m³/s 洪水按控制花园口 4 000 m³/s、5 000 m³/s、6 000 m³/s 运用所需的防洪库容分别为 18 亿 m³、8.7 亿 m³ 和 6.0 亿 m³;按控泄 2 级方式运用所需防洪库容为 6.0 亿 m³。相同控制方式下,不同类型中小洪水所需防洪库容不同。

7. 小浪底水库运用阶段划分

根据防洪减淤运用要求,按照小浪底水库累计淤积量,将其运用分为四个阶段(拦沙后期三个阶段 + 正常运用期),包括防洪运用阶段和减淤运用阶段两类。其中,防洪运用阶段划分如下:第一阶段为水库淤积量达到 42 亿 m³ 之前的时期,254 m 以下防洪库容基本在 20 亿 m³ 以上;第二阶段为水库淤积量为 42 亿 ~ 60 亿 m³ 的时期,这一阶段 254 m

以下防洪库容减少较多,但中小洪水防洪运用水位仍不超过 254 m;第三阶段为淤积量大于 60 亿 m³ 以后的时期,这一阶段 254 m 以下的防洪库容较小,中小洪水的控制运用可能使用 254 m 以上防洪库容。减淤运用阶段划分如下:第一阶段为小浪底水库拦沙初期结束至水库淤积量达到 42 亿 m³ 之前的时期,该阶段水库仍以拦沙为主;第二阶段为水库淤积量 42 亿 ~75.5 亿 m³ 的时期,该阶段是合理延长水库拦沙后期年限的关键阶段;第三阶段为第二阶段结束之后至整个拦沙期结束(坝前滩面高程达 254 m),该阶段拦沙容积已不多,实际是拦沙期向正常运用期的过渡阶段。

8. 不同类型中小洪水管理模式

结合不同类型洪水的个性特征,分析小浪底水库不同淤积量情况下控制中小洪水能力,并采用数学模型计算不同管理模式下各类型场次洪水对水库和下游河道冲淤影响,确定如下管理模式:

(1)潼关以上来水为主的高含沙量洪水。小浪底水库在洪水预见期(2 d)内按照控制不超过下游平滩流量预泄;入库流量大于平滩流量后,水库按照维持库水位或敞泄滞洪运用;入库流量小于下游平滩流量后,水库按照不超过下游平滩流量补水,水位最低降至 210 m。

(2)潼关以上来水为主的一般含沙量洪水。预报花园口洪峰流量 4 000 ~8 000 m³/s 时,小浪底水库在洪水预见期(2 d)内按照控制不超过下游平滩流量预泄;入库流量大于平滩流量后,按照不同防洪阶段的中小洪水控制流量(4 000 m³/s、5 000 m³/s、6 000 m³/s)运用,中小洪水防洪运用水位原则上不超过 254 m。入库流量小于下游平滩流量后,水库按照不超过下游平滩流量补水,水位最低降至 210 m。预报花园口洪峰流量 8 000 ~10 000 m³/s 时,小浪底水库敞泄运用。

(3)三门峡间来水为主洪水。预报花园口洪峰流量 4 000 ~8 000 m³/s 时,小浪底水库按照不同防洪阶段的中小洪水控制流量(4 000 m³/s、5 000 m³/s、6 000 m³/s)运用,中小洪水防洪运用水位原则上不超过 254 m。预报花园口洪峰流量 8 000 ~10 000 m³/s 时,小浪底水库按控制花园口流量 8 000 m³/s 方式运用。

(4)潼关上下共同来水的高含沙量洪水。预报花园口洪峰流量 4 000 ~8 000 m³/s,小浪底水库在洪水预见期(2 d)内按照控制不超过下游平滩流量预泄;入库流量大于平滩流量后,水库按照维持库水位或敞泄滞洪运用;退水过程中,视来水来沙、库区泥沙等情况,水库凑泄花园口 2 600 ~4 000 m³/s,水位最低降至 210 m。预报花园口洪峰流量 8 000 ~10 000 m³/s 时,小浪底水库按控制花园口流量 8 000 m³/s 方式运用。

陆浑、故县水库在原设计运用方式基础上,根据来水情况,适时配合小浪底水库进行错峰调节,即水库先控泄运用,蓄洪削峰,后尽量延长清水下泄历时,直至降至汛限水位以下。

(5)潼关上下共同来水的一般含沙量洪水。预报花园口洪峰流量 4 000 ~8 000 m³/s 时,小浪底水库在洪水预见期(2 d)内按照控制不超过下游平滩流量预泄;入库流量大于平滩流量后,按照不同防洪阶段的中小洪水控制流量(4 000 m³/s、5 000 m³/s、6 000 m³/s)运用;退水过程中,视来水来沙、库区泥沙等情况,水库凑泄花园口 2 600 ~4 000 m³/s,水位最低降至 210 m。预报花园口洪峰流量 8 000 ~10 000 m³/s 时,小浪底水库按控制花园口流量 8 000 m³/s 方式运用。

陆浑、故县水库在原设计运用方式基础上,根据来水情况,适时配合小浪底水库进行错峰调节,即水库先控泄运用,蓄洪削峰,后尽量延长清水下泄历时,直至降至汛限水位以下。

9.下游中小洪水防洪需多种措施共同解决

小浪底水库拦沙后期,随着水库淤积量的增加,254 m 以下的防洪库容逐渐减小,对中小洪水的防洪作用也逐步减小。在淤积量超过 60 亿 m³ 后,对中小洪水控制运用可能占用 254 m 以上防洪库容,影响水库长期有效库容的维持;若对中小洪水不控制或不完全控制,又会使得下游滩区淹没损失较大。由于中小洪水防洪问题复杂,涉及防洪与减淤、近期与长远、局部与全局等多种情况,仅靠小浪底水库不能解决黄河下游和滩区防洪问题,黄河下游和滩区防洪应依靠水库和滩区安全建设、滩区淹没补偿政策等多种措施共同解决。